新编高等职业教育电子信息、机电类精品教材

自动检测与转换技术

（第4版）

顾 阳 主 编

苏家健 纪 永 副主编

电子工业出版社

Publishing House of Electronics Industry

北京·BEIJING

内 容 简 介

本书主要介绍常用传感器的工作原理、基本结构及相应的测量电路，并穿插介绍了大量的应用实例。在取材上，在不削弱传统传感器基本内容的前提下，以较大的篇幅介绍了新技术和目前使用较多的新型传感器，强调内容的实用性和先进性，突出基本技能的培养。

本书共有 14 章。第 1 章介绍检测技术的基础知识；第 2～8 章介绍各种常用的传感器，包括电阻式、变磁阻式、电容式、热电偶、光电式、霍尔、压电式等各种传感器；第 9 章介绍光纤传感器；第 10 章介绍过程参数的控制；第 11 章介绍超声波传感器；第 12 章介绍自动检测技术的综合应用；第 13 章介绍数字式传感器技术；第 14 章介绍物联网传感器技术及其应用。

本次修订后，既保持原教材的特色，精选理论教学内容，体现适用、够用原则，又重点突出，各章增加例题、习题和习题解答，以便更方便、更好地为教学服务。

本书可作为高职高专院校电气自动化技术、应用电子技术、机电一体化技术、工业生产自动化技术、计算机控制技术及相近专业的教材，也可作为相关专业技术人员的参考书。

图书在版编目（CIP）数据

自动检测与转换技术 / 顾阳主编. —4 版. —北京：电子工业出版社，2022.10

ISBN 978-7-121-37921-5

Ⅰ. ①自… Ⅱ. ①顾… Ⅲ. ①自动检测–高等学校–教材②传感器–高等学校–教材 Ⅳ. ①TP274②TP212

中国版本图书馆 CIP 数据核字（2019）第 259327 号

责任编辑：王昭松

印　　刷：涿州市京南印刷厂

装　　订：涿州市京南印刷厂

出版发行：电子工业出版社

　　　　　北京市海淀区万寿路 173 信箱　邮编 100036

开　　本：787×1 092　1/16　印张：16.75　字数：428.8 千字

版　　次：2006 年 8 月第 1 版

　　　　　2022 年 10 月第 4 版

印　　次：2022 年 10 月第 1 次印刷

定　　价：55.00 元

凡所购买电子工业出版社图书有缺损问题，请向购买书店调换。若书店售缺，请与本社发行部联系，联系及邮购电话：(010) 88254888，88258888。

质量投诉请发邮件至 zlts@phei.com.cn，盗版侵权举报请发邮件至 dbqq@phei.com.cn。

本书咨询联系方式：(010) 88254015，wangzs@phei.com.cn，QQ83169290。

第4版前言

本书针对近年来传感器技术飞速发展的现状，以培养岗位核心能力为目标，精选内容，力图使学生通过本课程的学习，掌握生产一线技术人员、运行人员必须具备的传感器及检测技术的基本知识和操作技能。

本次修订在保持第3版的基本框架结构和内容不变的前提下，跟踪自动检测和传感器的新发展、新动向、新技术，对部分内容做了调整和补充，使本书第4版内容更加翔实，编排更加合理，实例更加丰富，更有利于教学的组织及学生的自学使用。

在教学内容选材上，本书以有限的篇幅尽可能覆盖比现有教材更宽的知识面，在不削弱传统传感器基本内容的前提下，以较大的篇幅充实了新技术和目前使用较多的新型传感器内容。本次修订，结合物联网技术的发展，增加了第14章物联网传感器技术及其应用、第11章超声波传感器的内容，并扩充了第6章光电传感器的内容，目的是适应本书的专业应用面，进一步满足传感器开发和应用的需要。

本书的主要特点：增加传感器的应用实例，特别是日常生活中的应用实例。在内容取材上，既考虑传感器和检测技术的数字化发展趋势及新技术应用，又考虑高职学生的学习基础和特点，使本书既有一定深度又有一定广度。

本书各章具有一定的独立性，对应的参考学时为48～96学时，在教学中，教师可以根据专业方向和特点选用不同的章节，合理安排课时。

本书共有14章。第1章介绍检测技术的基础知识；第2～8章介绍各种常用的传感器，包括电阻式、变磁阻式、电容式、热电偶、光电式、霍尔、压电式等各种传感器；第9章介绍光纤传感器；第10章介绍过程参数的控制；第11章介绍超声波传感器；第12章介绍自动检测技术的综合应用；第13章介绍数字式传感器技术；第14章介绍物联网传感器技术及其应用。

本书由上海第二工业大学顾阳任主编，上海第二工业大学苏家健、上海城建职业学院纪永老师任副主编。

顾阳编写第2、3、4、11、12章，纪永编写第1、6、10、13、14章，苏家健编写第5、7、8、9章，上海外国语大学周昕语为新型传感器技术的外文资料翻译做了大量的工作。全书由苏家健负责统稿。本书附赠思考与练习部分答案，提供考试试卷和答案各一套，读者可登录华信教育资源网（www.hxedu.com.cn）免费注册后下载使用。

本书可作为高职高专院校工业生产自动化技术、电气自动化技术、应用电子技术、机电一体化技术、计算机控制技术及相近专业的教材，也可作为相关专业技术人员的参考书。

本书在编写过程中，参阅了许多专家的著作、论文和教材，还得到电子工业出版社编辑的大力支持，在此表示衷心的感谢。

由于编者的水平有限，对于在本版中存在的不妥之处，恳请广大读者批评指正。

编　者

目　　录

第1章　检测技术的基础知识 ················ 1

1.1　测量的基本概念 ························· 1

  1.1.1　测量 ····························· 1

  1.1.2　测量方法 ······················· 1

1.2　测量误差及其分类 ····················· 3

  1.2.1　测量误差及其表示方法 ······· 3

  1.2.2　测量误差的分类 ··············· 5

1.3　测量误差的分析与处理 ··············· 6

  1.3.1　随机误差的统计特性 ·········· 6

  1.3.2　粗大误差 ······················· 9

  1.3.3　系统误差 ······················· 9

  1.3.4　直接测量数据的误差分析 ···· 10

1.4　传感器及其基本特性 ················· 12

  1.4.1　传感器的定义及组成 ········· 12

  1.4.2　传感器的分类 ················· 13

  1.4.3　传感器的基本特性 ··········· 15

  1.4.4　传感器技术的发展趋势 ······ 19

1.5　弹性敏感元件 ························· 20

  1.5.1　弹性敏感元件的弹性特性 ····· 20

  1.5.2　弹性敏感元件的材料及其基本

      要求 ···························· 21

  1.5.3　弹性敏感元件的转换原理 ····· 21

小结 ·· 25

思考与练习 ································· 25

第2章　电阻式传感器 ··················· 27

2.1　电位器式传感器 ······················ 27

  2.1.1　线性电位器 ··················· 27

  2.1.2　电位器式传感器的应用 ······ 29

2.2　电阻应变式传感器 ···················· 30

  2.2.1　电阻应变片的种类与结构 ····· 30

  2.2.2　电阻的应变效应 ··············· 31

  2.2.3　应变片测量原理 ··············· 32

  2.2.4　测量电路 ······················ 33

2.3　电阻应变式传感器的应用 ··········· 36

2.4　压阻式传感器 ························· 40

  2.4.1　压阻效应与压阻系数 ········· 40

  2.4.2　测量原理 ······················ 40

  2.4.3　温度补偿 ······················ 41

  2.4.4　压阻式传感器的应用 ········· 41

2.5　气敏电阻传感器 ······················ 42

2.6　湿敏电阻传感器 ······················ 45

小结 ·· 48

思考与练习 ································· 48

第3章　变磁阻式传感器 ················· 50

3.1　自感式传感器 ························· 50

  3.1.1　基本变间隙式自感传感器 ····· 50

  3.1.2　差动变间隙式自感传感器 ····· 51

  3.1.3　螺管型自感式传感器 ········· 52

  3.1.4　测量电路 ······················ 52

3.2　变压器式传感器 ······················ 54

  3.2.1　螺线管式差动变压器 ········· 55

  3.2.2　测量电路 ······················ 56

3.3　电涡流式传感器 ······················ 59

  3.3.1　电涡流式传感器的工作原理 ··· 59

  3.3.2　电涡流式传感器种类 ········· 59

  3.3.3　测量电路 ······················ 61

3.4　变磁阻式传感器的应用 ··············· 63

  3.4.1　自感式传感器的应用 ········· 63

  3.4.2　变压器式传感器的应用 ······ 64

  3.4.3　电涡流式传感器的应用 ······ 64

小结 ·· 66

思考与练习 ································· 66

第4章　电容式传感器 ··················· 68

4.1　电容式传感器的工作原理 ··········· 68

V

4.1.1　变面积式电容传感器 ………… 68

4.1.2　变间隙式电容传感器 ………… 70

4.1.3　变介电常数式电容传感器 …… 72

4.2　测量电路 …………………………… 75

4.2.1　调幅型电路 ………………… 75

4.2.2　差动脉冲宽度调制电路 …… 76

4.2.3　调频型电路 ………………… 78

4.3　电容式传感器的应用 ……………… 78

小结 ……………………………………… 80

思考与练习 ……………………………… 80

第5章　热电偶传感器 ………………… 82

5.1　热电偶工作原理和基本定律 ……… 82

5.1.1　热电偶工作原理 …………… 82

5.1.2　热电偶的基本定律 ………… 84

5.2　热电偶的材料、结构及种类 ……… 85

5.2.1　热电偶材料 ………………… 85

5.2.2　热电偶结构 ………………… 86

5.2.3　热电偶种类及分度表 ……… 87

5.3　热电偶的冷端补偿 ………………… 90

5.4　热电偶测温电路 …………………… 93

5.5　热电阻 ……………………………… 94

5.5.1　金属热电阻 ………………… 94

5.5.2　半导体热敏电阻 …………… 98

5.5.3　集成温度传感器 …………… 98

小结 ……………………………………… 103

思考与练习 ……………………………… 103

第6章　光电式传感器 ………………… 105

6.1　光电效应及光电器件 ……………… 105

6.1.1　光电效应 …………………… 105

6.1.2　光电管 ……………………… 105

6.1.3　光敏电阻 …………………… 106

6.1.4　光电二极管和光电晶体管 … 108

6.1.5　光电池 ……………………… 110

6.2　红外传感器 ………………………… 111

6.2.1　红外辐射 …………………… 111

6.2.2　红外探测器 ………………… 112

6.3　光电式传感器应用举例 …………… 113

6.3.1　光敏电阻传感器的应用 …… 113

6.3.2　光电晶体管的应用 ………… 115

6.3.3　光电池的应用 ……………… 117

6.3.4　红外测温仪 ………………… 118

6.4　光电开关和光电断续器 …………… 119

6.4.1　光电开关 …………………… 119

6.4.2　光电断续器 ………………… 120

6.5　CCD图像传感器及其应用 ………… 120

6.5.1　CCD图像传感器的工作原理 … 121

6.5.2　CCD图像传感器的分类 …… 122

6.5.3　CCD图像传感器的应用 …… 123

小结 ……………………………………… 124

思考与练习 ……………………………… 124

第7章　霍尔传感器 …………………… 126

7.1　霍尔元件工作原理 ………………… 126

7.2　霍尔元件的基本结构和主要特性

参数 ………………………………… 127

7.2.1　基本结构 …………………… 127

7.2.2　主要特性参数 ……………… 128

7.3　霍尔元件的测量电路及补偿 ……… 129

7.3.1　基本测量电路 ……………… 129

7.3.2　温度误差的补偿 …………… 129

7.3.3　不等位电势的补偿 ………… 131

7.4　霍尔集成电路 ……………………… 132

7.5　霍尔传感器的应用 ………………… 133

小结 ……………………………………… 135

思考与练习 ……………………………… 136

第8章　压电式传感器 ………………… 137

8.1　压电效应 …………………………… 137

8.1.1　石英晶体的压电效应 ……… 137

8.1.2　石英晶体的类型 …………… 139

8.1.3　压电陶瓷的压电效应 ……… 139

8.1.4　压电陶瓷的类型 …………… 140

8.2　压电材料的选用 …………………… 140

8.3　压电式传感器测量电路 …………… 140

8.3.1　压电器件的串联与并联 …… 140

8.3.2　压电式传感器的等效电路 … 141

8.3.3　压电式传感器的测量电路 … 141

8.4　压电式传感器应用举例 …………… 142

小结 ……………………………………… 145

思考与练习 ……………………………… 146

第9章 光纤传感器 ································· 147

9.1 光纤传感器的原理、结构及种类 ····· 147

   9.1.1 光纤传感器的原理 ··········· 147

   9.1.2 光纤的结构 ··········· 148

   9.1.3 光纤的种类 ··········· 148

9.2 光的传输原理 ·················· 149

   9.2.1 光的全反射定律 ··········· 149

   9.2.2 光纤的传光原理 ··········· 150

9.3 光纤传感器的类型 ··············· 150

   9.3.1 光纤传感器的分类 ········· 150

   9.3.2 功能型和非功能型光纤传

      感器 ···················· 151

   9.3.3 光纤传感器的主要部件 ······· 152

9.4 功能型光纤传感器 ··············· 152

   9.4.1 相位调制型光纤传感器 ······· 152

   9.4.2 光强调制型光纤传感器 ······· 154

9.5 非功能型光纤传感器 ············· 155

   9.5.1 遮断光路的光强调制型光纤

      传感器 ·················· 155

   9.5.2 改变光纤相对位置的光强调

      制型光纤传感器 ··········· 156

9.6 光纤传感器的应用 ··············· 157

   9.6.1 光纤微位移传感器 ········· 157

   9.6.2 光纤流量传感器 ··········· 157

   9.6.3 光纤图像传感器 ··········· 158

小结 ··································· 159

思考与练习 ···························· 160

第10章 过程参数的控制 ············· 161

10.1 压力测量 ······················ 161

   10.1.1 弹簧管压力表 ··········· 162

   10.1.2 压力、差压变送器的基本

      原理 ···················· 163

10.2 液位测量 ······················ 164

   10.2.1 浮力式液位仪表 ········· 165

   10.2.2 光纤液位计 ············· 166

   10.2.3 静压式液位计 ··········· 168

   10.2.4 电阻式液位计 ··········· 171

10.3 流量测量 ······················ 172

   10.3.1 容积式流量传感器 ········ 173

   10.3.2 差压式流量传感器 ·········· 175

   10.3.3 速度式流量传感器 ·········· 183

   10.3.4 流体阻力式流量传感器 ········ 190

小结 ··································· 194

思考与练习 ···························· 194

第11章 超声波传感器 ················· 196

11.1 超声波物理基础 ··············· 196

11.2 超声波传感器的原理及性能指标 ··· 197

11.3 超声波传感器的应用 ··········· 199

小结 ··································· 202

思考与练习 ···························· 202

第12章 自动检测技术的综合应用 ····· 204

12.1 传感器的选用原则 ············· 204

12.2 综合应用举例 ················· 205

   12.2.1 高炉炼铁自动检测与控制 ··· 205

   12.2.2 蒸馏塔自动检测与控制 ····· 209

   12.2.3 传感器在汽车中的应用 ····· 210

   12.2.4 传感器在空气污染监测中的

      应用 ···················· 213

   12.2.5 IC卡智能水表的应用 ········ 214

   12.2.6 传感器在全自动洗衣机中的

      应用 ···················· 216

   12.2.7 传感器在电冰箱中的应用 ··· 216

   12.2.8 传感器在空调中的应用 ····· 218

   12.2.9 传感器在厨具中的应用 ····· 219

   12.2.10 传感器在燃气热水器中的

      应用 ···················· 220

   12.2.11 传感器在家用吸尘器中的

      应用 ···················· 221

小结 ··································· 222

思考与练习 ···························· 222

第13章 数字式传感器技术 ············· 223

13.1 光栅传感器 ··················· 223

   13.1.1 光栅的基本知识 ········· 223

   13.1.2 莫尔条纹及其测量原理 ····· 225

   13.1.3 光栅测量系统 ··········· 227

   13.1.4 光栅测量系统的应用 ······· 231

13.2 磁栅传感器 ··················· 231

13.2.1 磁栅及其分类 ·············· 232

13.2.2 磁头及其结构 ·············· 233

13.2.3 信号处理方式 ·············· 235

13.2.4 磁栅传感器的应用 ·········· 236

13.3 数字编码器 ···················· 238

13.3.1 接触式码盘编码器 ·········· 238

13.3.2 光电编码器 ················ 240

13.3.3 光电编码器的应用 ·········· 243

13.4 感应同步器 ···················· 243

13.4.1 感应同步器的结构 ·········· 243

13.4.2 感应同步器的工作原理 ······ 245

13.4.3 数字位置测量系统 ·········· 246

小结 ································ 247

思考与练习 ·························· 248

第 14 章　物联网传感器技术及其应用 ··· 249

14.1 物联网基础知识 ·············· 249

14.1.1 什么是物联网 ·············· 249

14.1.2 物联网的核心技术和体系

结构 ···················· 250

14.2 物联网中常用的传感器 ·········· 252

14.3 传感器在智能家居领域的应用 ····· 253

14.4 物联网传感器技术在其他领域的

应用 ························ 257

小结 ································ 257

思考与练习 ·························· 257

参考文献 ·························· 258

第1章 检测技术的基础知识

在信息社会的一切活动领域中，检测是科学地认识各种现象的基础性方法和手段。现代化的检测手段在很大程度上决定了生产、科学技术的发展水平，而科学技术的发展又为检测技术提供了新的理论基础和制造工艺，同时对检测技术提出了更高的要求。检测技术是所有科学技术的基础，是自动化技术的支柱之一。

自动检测与转换技术是一门以研究检测系统中信息提取、转换及处理的理论和技术为主要内容的应用技术学科，本章是自动检测与转换技术的理论基础。

1.1 测量的基本概念

1.1.1 测量

测量是人们借助专门的技术和设备，通过实验的方法，把被测量与作为单位的标准量进行比较，以确定被测量是标准量的多少倍数的过程，所得的倍数就是测量值。测量结果包括数值大小和测量单位两部分，数值大小可以用数字、曲线或图形表示。测量的目的是为了精确获取表征被测量对象特征的某些参数的定量信息。

检测是意义更为广泛的测量。在自动化领域中，检测的任务不仅包括对成品或半成品的检验和测量，也包括为了检查、监督和控制某个生产过程或运动对象并使之处于给定的最佳状态，需要随时检查和测量各种参量的大小和变化等情况。在不强调它们之间细微差别的一般工程技术应用领域中，测量和检测可以相互替代。

1.1.2 测量方法

对于测量方法，从不同的角度出发，有不同的分类方法。本节重点阐述按测量手段分类的直接测量、间接测量和联立测量，及按测量方式分类的偏差式测量、零位式测量和微差式测量。

1. 按测量手段分类

（1）直接测量。在使用测量仪表进行测量时，对仪表读数不需要经过任何运算，就能直接得到测量的结果，称为直接测量。例如，用弹簧管式压力表测量流体压力就是直接测量。直接测量的优点是测量过程简单而迅速，缺点是测量精度不高。这种测量方法是工程上广泛采用的方法。

（2）间接测量。在使用仪表进行测量时，首先对与被测物理量有确定函数关系的几个量进行测量，将测量值代入函数关系式，经过计算得到测量所需的结果，这种测量称为间接测量。例如，对导线电阻率 ρ 的测量就是间接测量，由于 $\rho = \dfrac{R\pi d^2}{4l}$，其中 R、l、d 分别表示导线的电阻值、长度和直径，这时，只有先经过直接测量得到导线的 R、l、d 以后，再代入 ρ 的表达式，才能经计算得到所需要的结果 ρ 值。在这种测量过程中，步骤较多，花费时间较长，有时可以得到较高的测量精度。间接测量多用于科学实验中的实验室测量，在工程测量中也有所应用。

（3）联立测量。在应用仪表进行测量时，若被测物理量必须经过求解联立方程组才能得到最终结果，则这样的测量称为联立测量。在进行联立测量时，一般需要改变测量条件，才能获得一组联立方程所需要的数据。

联立测量的操作步骤很复杂，花费时间长，是一种特殊的测量方法。它只适用于科学实验或特殊场合。

2. 按测量方式分类

（1）偏差式测量。在测量过程中，用仪表指针的位移（即偏差）决定被测量的测量方法，称为偏差式测量。应用这种方法进行测量时，标准量具不装在仪表内，而是事先用标准量具对仪表刻度进行校准；在测量时，输入被测量，按照仪表指针在标尺上的示值，决定被测量的数值。这种方法是以间接方式实现被测量与标准量具的比较的。例如，用磁电式电流表测量电路中某支路的电流，用磁电式电压表测量某电气元件两端的电压等，就属于偏差式测量。采用这种方法进行测量，测量过程比较简单、迅速。但是，测量结果的精度低。这种测量方法广泛用于工程测量中。

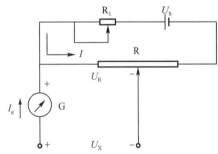

图 1.1　电位差计简化等效电路

（2）零位式测量。在测量过程中，用指零仪表的零位指示检测测量系统的平衡状态。在测量系统达到平衡时，用已知的基准量决定被测未知量的测量方法，称为零位式测量。应用这种方法进行测量时，标准量具装在仪表内，在测量过程中，标准量直接与被测量相比较，调整标准量，一直到被测量与标准量相等，即使指零仪表回零。如图 1.1 所示的电路是电位差计的简化等效电路。在进行测量之前，应先调 R_1，将回路工作电流 I 校准；在测量时，要调整 R 的活动触点，使检流计 G 回零，这时 $I_g = 0$，即 $U_R = U_x$，这样，标准电压 U_R 的值就表示被测未知电压值 U_x。

采用零位式测量法进行测量时，优点是可以获得比较高的测量精度，但是测量过程比较复杂。采用自动平衡操作以后，虽然可以加快测量过程，但它的反应速度由于受工作原理所限，也不会很高。因此，这种测量方法不适用于测量变化迅速的信号，只适用于测量变化较缓慢的信号。

（3）微差式测量。微差式测量法是综合了偏差式测量法与零位式测量法的优点而提出的测量方法。这种方法是将被测的未知量与已知的标准量进行比较，并取得差值后，用偏差法测得此值。应用这种方法测量时，标准量具装在仪表内，并在测量过程中将标准量直接与被测量进行比较。由于两者的值很接近，因此在测量过程中不需要调整标准量，而只需要测量两者的差值。

微差式测量法的优点是反应快，而且测量精度高，特别适用于在线控制参数的检测。

1.2　测量误差及其分类

1.2.1　测量误差及其表示方法

在一定条件下被测物理量客观存在的实际值，称为真值。真值是一个理想的概念。在实际测量时，由于实验方法和实验设备的不完善、周围环境的影响以及人们辨识能力所限等因素，使得测量值与其真值之间不可避免地存在着差异。测量值与真值之间的差值称为测量误差。

测量误差可用绝对误差表示，也可用相对误差和引用误差表示。

1. 绝对误差

绝对误差 Δx 是指测量值 x 与真值 L_0 之间的差值，即

$$\Delta x = x - L_0 \tag{1.1}$$

由于真值 L_0 的不可知性，在实际应用时，常用实际真值 L 代替，即用被测量多次测量的平均值或上一级标准仪器测得的示值作为实际真值 L，故有

$$\Delta x = x - L \tag{1.2}$$

绝对误差是一个有符号、大小、量纲的物理量，它只表示测量值与真值之间的偏离程度和方向，而不能说明测量质量的好坏。

在实际测量中，还经常用到修正值 c。所谓"修正值"是指与绝对误差数值相等但符号相反的数值，即 $c = -\Delta x = L - x$。修正值给出的方式可能是具体的数值、一条曲线、公式或数表，将测量值与修正值相加就可以得到实际真值。

2. 相对误差

相对误差常用百分比的形式来表示，一般多取正值。相对误差可分为实际相对误差、示值（标称）相对误差和引用相对误差等。

（1）实际相对误差 γ：是用测量值的绝对误差 Δx 与其实际真值 L 的百分比来表示的相对误差，即

$$\gamma = \frac{\Delta x}{L} \times 100\% \tag{1.3}$$

（2）示值（标称）相对误差 γ_x：是用测量值的绝对误差 Δx 与测量值 x 的百分比来表示的相对误差，即

$$\gamma_x = \frac{\Delta x}{x} \times 100\% \tag{1.4}$$

在检测技术中，由于相对误差能够反映出测量技术水平的高低，因此更具有实用性。例如，测量两地距离为 1 000km 的路程时，若测量结果为 1 001km，则测量结果的绝对误差是 1km，示值相对误差为 1‰；如果把 100m 长的一匹布量成 101m，尽管绝对误差只有 1m，与前者 1km 相比较小很多，但 1% 的示值相对误差却比前者 1‰ 大得多，这说明后者测量水平较低。

（3）引用相对误差：是指测量值的绝对误差 Δx 与仪器的量程 A_m 的百分比。引用相对误差的最大值称为最大引用相对误差 γ_m，即

$$\gamma_m = \frac{|\Delta x|_m}{A_m} \times 100\% \tag{1.5}$$

由于式（1.5）中的分子、分母都由仪表本身所决定，因此在测量仪表中，人们经常使用最大引用相对误差来评价仪表的性能。最大引用相对误差又称为满度相对误差，是仪表基本误差的主要形式，故也常称之为仪表的基本误差，它是仪表的主要质量指标。基本误差去掉百分号（%）后的数值定义为仪表的精度等级。精度等级规定取一系列标准值，通常用阿拉伯数字标在仪表的刻度盘上，等级数字外有一圆圈。我国目前规定的精度等级有 0.005、0.01、0.02、0.04、0.05、0.1、0.2、0.5、1.0、1.5、2.5、4.0、5.0 等。精度等级数值越小，测量的精确度越高，仪表的价格越贵。

由于仪表都有一定的精度等级，因此其刻度盘的分格值不应小于仪表的允许误差（绝对误差）值，小于允许误差的分度是没有意义的。

在正常工作条件下使用时，工业上常用的各等级仪表的基本误差不超过表 1.1 所规定的值。

表 1.1　仪表的精度等级和基本误差

精度等级	0.1	0.2	0.5	1.0	1.5	2.5	4.0	5.0
基本误差	±0.1%	±0.2%	±0.5%	±1.0%	±1.5%	±2.5%	±4.0%	±5.0%

【例1.1】　某温度计的量程范围为 0～500℃，校验时该表的最大绝对误差为 6℃，试确定该仪表的精度等级。

解：根据题意知 $|\Delta x|_m = 6℃$，$A_m = 500℃$，代入式（1.5）中

$$\gamma_m = \frac{|\Delta x|_m}{A_m} \times 100\% = \frac{6}{500} \times 100\% = 1.2\%$$

从表 1.1 中可知，该温度计的基本误差介于 1.0%～1.5%，因此该表的精度等级应定为 1.5 级。

【例1.2】　现有 0.5 级的 0～300℃ 和 1.0 级的 0～100℃ 两个温度计，欲测量 80℃ 的温度，试问选用哪一个温度计比较好？为什么？

解：0.5 级温度计测量时可能出现的最大绝对误差、测量 80℃ 时可能出现的最大示值相对误差分别为

$$|\Delta x|_{m1} = \gamma_{m1} A_{m1} = 0.5\% \times (300 - 0) = 1.5$$

$$\gamma_{x1} = \frac{|\Delta x|_{m1}}{x} \times 100\% = \frac{1.5}{80} \times 100\% = 1.875\%$$

1.0 级温度计测量时可能出现的最大绝对误差、测量 80℃ 时可能出现的最大示值相对误差分别为

$$|\Delta x|_{m2} = \gamma_{m2} A_{m2} = 1.0\% \times (100 - 0) = 1$$

$$\gamma_{x2} = \frac{|\Delta x|_{m2}}{x} \times 100\% = \frac{1}{80} \times 100\% = 1.25\%$$

计算结果 $\gamma_{x1} > \gamma_{x2}$，显然用 1.0 级温度计测量比用 0.5 级温度计测量示值相对误差更小。因此在选用仪表时，不能单纯追求高精度，而是应兼顾精度等级和量程，最好使测量值落在仪表满度值的 2/3 以上区域内。

【例1.3】　现对一个量程为 60MPa 的压力表进行校准，测得仪表刻度值、标准仪表示值数据如表 1.2 所示。

表 1.2 测量数据

仪表刻度值/MPa	0	10	20	30	40	50	60
标准仪表示值/MPa	0.0	9.8	20.1	30.3	40.4	50.2	60.1
绝对误差/MPa	0	0.2	−0.1	−0.3	−0.4	−0.2	−0.1
修正值/MPa	0	−0.2	0.1	0.3	0.4	0.2	0.1

试将各校准点的绝对误差和修正值填入表 1.2 中，并确定该压力表的精度等级。

解：最大绝对误差为 0.4MPa。

$$-\frac{0.4}{60}\times100\% = -0.67\%$$

该压力表精度等级为 1 级。

1.2.2 测量误差的分类

在测量过程中，由于被测量千差万别，影响测量工作的因素非常多，使得测量误差的表现形式也多种多样，因此测量误差有不同的分类方法。

1. 按误差表现的规律划分

（1）系统误差。对同一被测量进行多次重复测量时，若误差固定不变或者按照一定规律变化，则这种误差称为系统误差。

系统误差主要是由于测量系统本身不完备或者环境条件的变迁造成的。例如，所使用仪器仪表的误差、测量方法的不完善、各种环境因素的波动，以及测量者个体差异等原因。

系统误差反映了测量值偏离真值的程度，可用"正确度"一词表征。

系统误差是有规律性的。按其表现的特点可分为固定不变的恒值系差和遵循一定规律变化的变值系差。系统误差一般可通过实验或分析的方法，查明其变化的规律及产生的原因，因此它是可以预测的，也是可以消除的。

（2）随机误差。对同一被测量进行多次重复测量时，若误差的大小随机变化、不可预知，则这种误差称为随机误差。

随机误差是由很多复杂因素的微小变化引起的，尽管这些不可控微小因素中的一项对测量值的影响甚微，但这些因素的综合作用造成了各次测量值的差异。

随机误差反映了测量结果的"精密度"，即各个测量值之间相互接近的程度。

对随机误差的某个单值来说，是没有规律、不可预料的，但从多次测量的总体上看，随机误差又服从一定的统计规律，大多数服从正态分布规律。因此，可以用概率论和数理统计的方法，从理论上估计其对测量结果的影响。

应该指出，在任何一次测量中，系统误差和随机误差一般都是同时存在的，而且两者之间并不存在绝对的界限。

（3）粗大误差。测量结果明显地偏离其实际值所对应的误差，称为粗大误差或疏忽误差，又称为过失误差。含有粗大误差的测量值称为坏值。

产生粗大误差的原因有操作者的失误、使用有缺陷的仪器、实验条件的突变等。

正确的测量结果中不应包含粗大误差。实际测量时必须根据一定的准则判断测量结果中是否包含坏值，并在数据记录中将所有的坏值都予以剔除。同时还可采取提高操作人员的工作责任心，以及对测量仪器进行经常性检查、维护、校验和修理等方法，减少或消除粗大误差。

（4）缓变误差。数值随时间缓慢变化的误差称为缓变误差。

缓变误差主要是由测量仪表零件的老化、失效、变形等原因造成的。这种误差在短时间内不易被察觉，但在经过较长的时间后会显露出来。

通常可以采用定期校验的方法及时修正缓变误差。

2. 按被测量与时间的关系划分

（1）静态误差。被测量稳定不变时所产生的测量误差称为静态误差。

（2）动态误差。被测量随时间迅速变化时，系统的输出量在时间上却跟不上输入的变化，这时所产生的误差称为动态误差。例如，将水银温度计插入100℃沸水中，水银柱不可能立即上升到100℃，此时读数必然产生动态误差。

此外，按测量仪表的使用条件分类，可将误差分为基本误差和附加误差；按测量技能和手段分类，误差又可分为工具误差和方法误差。

1.3 测量误差的分析与处理

1.3.1 随机误差的统计特性

1. 随机误差的特征

随机误差就单次测量而言是无规律的，其大小、方向均不可预知，既不能用实验的方法消除，也不能修正，但当测量次数无限增加时，该测量列中的各个测量误差出现的概率密度分布服从正态分布，即

$$f(\Delta x) = \frac{1}{\sigma\sqrt{2\pi}}e^{\frac{-(\Delta x)^2}{2\sigma^2}} \tag{1.6}$$

式中，$\Delta x = x - L$ 为测量值的绝对误差；σ 为分布函数的标准误差。图 1.2 给出了相应的正态分布曲线。

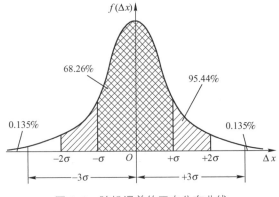

图 1.2 随机误差的正态分布曲线

测量结果符合正态分布曲线的例子非常多，如某校男生身高的分布、交流电源电压的波动等。由式（1.6）和图1.1不难看出，具有正态分布的随机误差具有以下4个特征。

（1）对称性：绝对值相等的正、负误差出现的概率大致相等。

（2）单峰性：绝对值越小的误差在测量中出现的概率越大。

（3）有界性：在一定的测量条件下，随机误差的绝对值不会超过一定的界限。

（4）抵偿性：在相同的测量条件下，当测量次数增加时，随机误差的算术平均值趋近于零。

2. 正态分布随机变量的数字特征

随机变量的统计规律由概率密度函数进行了全面的描述，而数字特征则可以通过一些简单的数据来反映随机变量的某些关键特征。

（1）算术平均值。由上述正态分布的抵偿性可得

$$\mu = \lim_{n \to \infty} \frac{\sum_{i=1}^{n} x_i}{n} = \lim_{n \to \infty} \bar{x}$$

式中，$\bar{x} = \dfrac{\sum\limits_{i=1}^{n} x_i}{n}$ 为算术平均值。

上式表明，当等精度测量次数无穷增加时，被测量的真值就等于测量值的算术平均值，即算术平均值是被测量真值的最佳估计值。

（2）方差和标准偏差。在实际应用中，不仅要考虑如何由测量值来对被测量值的真值进行最佳估计，还应注意测量值偏离真值的程度。前一个问题通过算术平均值来解决，而后一个问题则由方差或标准偏差来衡量。

方差就是当等精度测量次数无穷增加时，测量值与真值之差的平方和的算术平均值，用 σ^2 表示，即

$$\sigma^2 = \lim_{n \to \infty} \frac{\sum_{i=1}^{n} (x_i - \mu)^2}{n} = \lim_{n \to \infty} \frac{\sum_{i=1}^{n} \delta^2}{n} \tag{1.7}$$

方差的正平方根称为标准偏差，用 σ 表示，即

$$\sigma = \sqrt{\sigma^2} = \lim_{n \to \infty} \sqrt{\frac{\sum_{i=1}^{n} (x_i - \mu)^2}{n}} = \lim_{n \to \infty} \sqrt{\frac{\sum_{i=1}^{n} \delta^2}{n}} \tag{1.8}$$

符合正态分布的随机误差，其概率密度函数的数学表达式为

$$f(\delta) = \frac{1}{\sqrt{2\pi} \sigma} e^{-\frac{\delta^2}{2\sigma^2}} \tag{1.9}$$

式中，$\delta = x - \mu$。

概率密度函数曲线的形状取决于 σ。首先，σ 是曲线上拐点的横坐标值。其次，σ 值越小，则分布曲线越陡，随机误差的分散程度越小，这是人们所希望的；σ 值越大，则分布曲线越平坦，随机误差越分散。标准偏差 σ 的意义如图 1.3 所示。

若随机变量 X 具有形式为式（1.9）的概率密度函数，则称 X 服从参数为 μ、σ^2 的正态分布，记为 $X \sim N(\mu, \sigma^2)$。

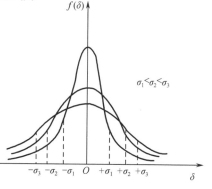

图 1.3 标准偏差 σ 的意义

利用式（1.8）计算标准偏差是在真值已知且测量次数 $n \to \infty$ 的条件下定义的，在实际应用中无法使用。因此，σ 的精确值是无法得到的，只能求得其最佳估计值 $\hat{\sigma}$。

数理统计的研究表明，$\hat{\sigma}$ 可由贝塞尔公式计算

$$\hat{\sigma} = \sqrt{\frac{\sum\limits_{i=1}^{n}(x_i - \overline{x})^2}{n-1}} = \sqrt{\frac{\sum\limits_{i=1}^{n}v_i^2}{n-1}} \tag{1.10}$$

式中，$v_i = x_i - \overline{x}$ 为第 i 次测量值的残差（即残余误差）。

3. 置信区间与置信概率

被测量的测量值是一个随机变量 X，显然，随机误差 $\delta = X - \mu$ 也是一个随机变量，通常需要确定 δ 落入某一区间 $(a, b]$ 的概率有多大。由式（1.6）和式（1.9）可知

$$P\{a < \delta \le b\} = \int_{-\infty}^{b} f(\delta)\mathrm{d}\delta - \int_{-\infty}^{a} f(\delta)\mathrm{d}\delta = \int_{a}^{b} f(\delta)\mathrm{d}\delta = \int_{a}^{b} \frac{1}{\sqrt{2\pi}\,\sigma} e^{-\frac{\delta^2}{2\sigma^2}}\mathrm{d}\delta \tag{1.11}$$

随机变量 δ 的取值范围 $(a, b]$ 称为置信区间，而随机变量在置信区间内取值的概率 $P\{a < \delta \le b\}$，则称为置信概率。由于概率密度函数 $f(\delta)$ 曲线具有对称性，并且其形状取决于 σ，因此置信区间一般以 σ 的倍数 $\pm k_\mathrm{p}\sigma$ 表示，其中 k_p 称为置信系数。

在式（1.11）中，设 $\delta/\sigma = Z$，则置信概率可表示为

$$P\{-k_\mathrm{p}\sigma < \delta \le +k_\mathrm{p}\sigma\} = \int_{-k_\mathrm{p}}^{+k_\mathrm{p}} \frac{1}{\sqrt{2\pi}\,\sigma} e^{-\frac{Z^2}{2}}\sigma\mathrm{d}Z = \frac{2}{\sqrt{2\pi}} \int_{0}^{+k_\mathrm{p}} e^{-\frac{Z^2}{2}}\mathrm{d}Z \tag{1.12}$$

式（1.12）中的函数称为概率积分函数（或拉普拉斯函数），并可表示为

$$\phi(Z = k_\mathrm{p}) = \frac{2}{\sqrt{2\pi}} \int_{0}^{+k_\mathrm{p}} e^{-\frac{Z^2}{2}}\mathrm{d}Z \tag{1.13}$$

表1.3列出了置信系数 k_p 取不同值时 $\phi(Z)$ 的数值。

表1.3　正态分布下概率积分函数数值表

Z	$\phi(Z)$	Z	$\phi(Z)$	Z	$\phi(Z)$	Z	$\phi(Z)$
0	0.00000	0.9	0.63188	1.9	0.94257	2.7	0.99307
0.1	0.07966	1.0	0.68269	1.96	0.95000	2.8	0.99489
0.2	0.15852	1.1	0.72867	2.0	0.95450	2.9	0.99627
0.3	0.23585	1.2	0.76986	2.1	0.96427	3.0	0.99730
0.4	0.31084	1.3	0.80640	2.2	0.97219	3.5	0.999535
0.5	0.38293	1.4	0.83849	2.3	0.97855	4.0	0.999937
0.6	0.45149	1.5	0.86639	2.4	0.98361	4.5	0.999993
0.6745	0.50000	1.6	0.89040	2.5	0.98758	5.0	0.999999
0.7	0.51607	1.7	0.91087	2.58	0.99012	∞	1.000000
0.8	0.57629	1.8	0.92814	2.6	0.99068		

例如，$P\{-\sigma < \delta < \sigma\} = \phi(1) = 0.68269$，说明随机误差落入区间 $(-\sigma, \sigma]$ 的概率为 68.26%。

4. 仅包含随机误差测量结果的表示

算术平均值虽然是被测量真值的最佳估计值，但仍存在误差。如果把在相同条件下对同

一被测量进行的等精度测量分为 m 组，每组重复进行 n 次测量，则各组测量值的算术平均值也不尽相同。数理统计学的研究表明，这种误差也符合随机误差的性质，并有如下定理：

若随机变量 $X \sim N(\mu,\ \sigma^2)$，则 $\bar{X} \sim N\left(\mu,\ \dfrac{\sigma^2}{n}\right)$。

显然，X 的标准偏差为

$$\sigma_{\bar{x}} = \frac{\sigma}{\sqrt{n}} \tag{1.14}$$

在实际中采用 $\sigma_{\bar{x}}$ 的最佳估计值 $\hat{\sigma}_{\bar{x}}$，并且

$$\hat{\sigma}_{\bar{x}} = \frac{\hat{\sigma}}{\sqrt{n}} \tag{1.15}$$

式中，$\hat{\sigma}$ 可由式（1.10）的贝塞尔公式求出。

设测量值的算术平均值 $\bar{x}$ 相对于被测量真值的误差为 $\delta_{\bar{x}} = \bar{x} - \mu$，则因为

$$P\{-\hat{\sigma}_{\bar{x}} < \delta_{\bar{x}} \leqslant +\hat{\sigma}_{\bar{x}}\} = P\{\bar{x} - \hat{\sigma}_{\bar{x}} \leqslant \mu < \bar{x} + \hat{\sigma}_{\bar{x}}\} = 0.68269$$

即 μ 落入置信区间 $[\bar{x} - \hat{\sigma}_{\bar{x}},\ \bar{x} + \hat{\sigma}_{\bar{x}})$ 内的置信概率可达 68.269%，所以一般就将被测量 x 的测量结果表示为

$$x = \bar{x} \pm \hat{\sigma}_{\bar{x}} \tag{1.16}$$

1.3.2 粗大误差

当置信系数 k_p 取 3，即置信区间设定为 $(-3\sigma,\ +3\sigma]$ 时，相应的置信概率为

$$P\{-3\sigma < \delta \leqslant +3\sigma\} = \phi(3) = 0.99730$$

说明测量误差在 $(-3\sigma,\ +3\sigma]$ 范围内的概率达 99.73%，超出 $(-3\sigma,\ +3\sigma]$ 范围的概率仅为 0.27%，即一般情况下测量误差的绝对值大于 3σ 的可能性极小。因此，如果某次测量结果出现了这一小概率情况，就认为该测量结果存在粗大误差，应予以剔除，以消除其对测量结果的影响。

实际使用中常采用拉依达准则，即当测量次数足够多时，如果

$$|v_i| = |x_i - \bar{x}| > 3\hat{\sigma} \tag{1.17}$$

那么第 i 次测量值 x_i 就存在粗大误差。

1.3.3 系统误差

已知在相同条件下对同一个量进行的多次等精度测量中，如果仅存在随机误差，那么可用多次测量值的算术平均值 $\bar{x}$ 作为被测量真值 μ 的最佳估计，即认为 $\bar{x}$ 就是被测量的约定真值 x_0。这时某次测量值的绝对误差

$$\Delta x_i = x_i - x_0 = x_i - \bar{x} = v_i \tag{1.18}$$

可见，如果仅存在随机误差，则残差 v_i 就是该次测量的随机误差。但是，在许多测量中发现，$\bar{x}$ 与 x_0 之间存在明显的偏差，并且这种偏差常保持为常数，或按某一确定的规律变化。

显然，这是与随机误差性质不同的另一类误差。分析表明，造成这类误差的原因可能是测量仪器不准确，测量方法不完善，或环境因素影响等。这种性质的误差就称为系统误差。

对式（1.18）进行如下变换

$$\Delta x_i = x_i - x_0 = (x_i - \bar{x}) + (\bar{x} - x_0) = v_i + \varepsilon \tag{1.19}$$

式中，残差 v_i 是每次测量的随机误差，而 ε 就是在多次等精度测量中出现的系统误差。

在多次等精度测量中，如果系统误差 ε 的大小和符号保持不变，则称之为恒定系统误差；如果 ε 按某一确定的规律变化，则称之为可变系统误差，而这种确定的变化规律可能是线性的、周期性的或更为复杂的规律。

如何才能知道测量中是否存在系统误差呢？下面介绍几种简单和常用的判别方法。

（1）残余误差观察法。将一个测量列的残余误差在 p_i-n 坐标中依次连接后，通过观察误差曲线即可判断有无系统误差的存在。这种方法很直观，如图 1.4 所示。图 1.4（a）所示不存在系统误差；图 1.4（b）所示存在恒定变化的系统误差；图 1.4（c）所示存在周期性变化的系统误差；图 1.4（d）所示同时存在线性变化和周期性变化的系统误差。

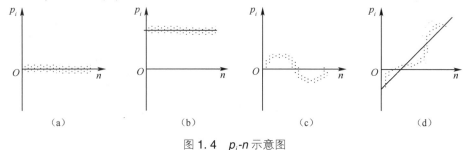

图 1.4　p_i-n 示意图

残余误差观察法简单、方便，但当系统误差相对于随机误差不显著，或残差变化规律较为复杂时，这种方法就不适用了，此时需要借助一些判据。

（2）判据判别法。以下简单介绍两种常用的判据。

① 马利科夫判据。将一组等精度测量值顺序排列并分成两组，分别求出两组残差和 $\sum\limits_{i=1}^{k} v_i$、$\sum\limits_{i=k+1}^{n} v_i$。当 n 为偶数时，取 $k=\dfrac{n}{2}$；当 n 为奇数时，取 $k=\dfrac{n+1}{2}$。若

$$M=\left|\ \sum_{i=1}^{k} v_i - \sum_{i=k+1}^{n} v_i\ \right| > |v_i|_{\max}$$

则说明测量中存在线性系统误差。式中，$|v_i|_{\max}$ 为残差绝对值的最大值。

② 阿贝—赫梅特判据。将一组等精度测量值顺序排列，并求出

$$A=\left|\ \sum_{i=1}^{n} v_i v_{i+1}\ \right| = |v_1 v_2 + v_2 v_3 + \cdots + v_{n-1} v_n|$$

若 $A > \sqrt{n-1}\,\hat{\sigma}^2$，则说明测量中存在周期性系统误差。

如果在测量结果中发现含有系统误差，则要根据具体情况分析其产生的原因，然后有的放矢地采取相应的校正或补偿措施，以消除其对测量结果的影响。

1.3.4　直接测量数据的误差分析

在相同条件下，对某一个量进行多次等精度的直接测量，从而得出一组测量数据。为了求出被测量真值的最佳估计值及其误差范围，一般需要通过以下步骤完成。

（1）检查测量数据中有无粗大误差，若有，则剔除该测量值；然后重复上述步骤，直至剩余的数据中不再有粗大误差。

（2）检查剔除粗大误差后的测量数据中有无系统误差，若有，则采取相应的校正或补偿措施，以消除其对测量结果的影响。

（3）经过上述处理后的测量数据中只存在随机误差，因此，可用这些测量数据的算术平均值 $\bar{x}$ 作为被测量真值的最佳估计值，并给出 $\bar{x}$ 的标准偏差 $\hat{\sigma}_{\bar{x}}$。

【例 1.4】 在相同条件下，对某一电压进行了 16 次等精度测量，测量结果如表 1.4 的第二列所示，试求出对该电压的最佳估计值及其标准偏差。

解：（1）检查 16 次测量值中有无粗大误差。

首先计算 16 次测量值的算术平均值

$$\bar{x} = \frac{\sum\limits_{i=1}^{n} x_i}{n} = \frac{\sum\limits_{i=1}^{16} x_i}{16} = 205.3 。$$

填入表 1.4 第二列的最后一行。

再计算各次测量值的残差 $v_i = x_i - \bar{x}$，分别填入表 1.4 的第三列。

然后根据贝塞尔公式计算

$$\hat{\sigma} = \sqrt{\frac{\sum\limits_{i=1}^{n} v_i^2}{n-1}} = \sqrt{\frac{\sum\limits_{i=1}^{16} v_i^2}{16-1}} = 0.444$$

$$3\hat{\sigma} = 1.332$$

因为 $|v_5| = 1.35 > 3\hat{\sigma}$，所以第 5 次测量值含有粗大误差，应剔除 x_5。

表 1.4 测量结果及分析

测量顺序号 i	测量值 x_i/V	残差 v_i/V	剔除 x_5 以后		
			i'	v_i'/V	$v_i' v_{i+1}'$/V²
1	205.30	0.00	1	0.09	−0.0243
2	204.94	−0.36	2	−0.27	−0.1134
3	205.63	0.33	3	0.42	0.0126
4	205.24	−0.06	4	0.03	−0.0072
5	206.65	1.35	—	—	−0.0360
6	204.97	−0.33	5	−0.24	−0.0075
7	205.36	0.06	6	0.15	0.0180
8	205.16	−0.14	7	−0.05	0.1836
9	204.85	−0.45	8	−0.36	−0.2550
10	204.70	−0.60	9	−0.51	0.0700
11	205.71	0.41	10	0.50	0
12	205.35	0.05	11	0.14	0
13	205.21	−0.09	12	0.00	0
14	205.19	−0.11	13	−0.02	0
15	205.21	−0.09	14	0.00	
16	205.32	0.02	15	0.11	
	$\bar{x}=205.30$ $\bar{x}'=205.21$				$A=0.1592$

（2）检查余下的 15 次测量值中有无粗大误差。

对余下的 15 次测量值重编顺序号 $i' = 1 \sim 15$，检查方法与第（1）步类似。

$$\bar{x}' = \frac{\sum\limits_{i'=1}^{n} x_i}{n} = \frac{\sum\limits_{i'=1}^{15} x_i}{15} = 205.21 \quad \hat{\sigma}' = \sqrt{\frac{\sum\limits_{i'=1}^{n} v'^2}{n-1}} = \sqrt{\frac{\sum\limits_{i'=1}^{15} v'^2}{15-1}} = \sqrt{\frac{1.0127}{14}} = 0.269 \quad 3\hat{\sigma}' = 0.807$$

显然，余下的 15 次测量值中已不包含粗大误差。

（3）检查余下的 15 次测量值中有无系统误差。

$$M = \left| \sum\limits_{i'=1}^{k} v_i' - \sum\limits_{i=k+1}^{n} v_i' \right| = \left| \sum\limits_{i'=1}^{8} v_i' - \sum\limits_{i=9}^{15} v_i' \right| = |(-0.23) - 0.22)| = 0.45$$

而

$$|v_i'|_{max} = |V_{10}| = 0.51 > M$$

所以根据马利科夫判据知，测量结果中不包含线性系统误差。

又因为

$$A = \left| \sum\limits_{i'=1}^{n} v_i' v_{i+1}' \right| = |v_1' v_2' + v_2' v_3' + \cdots + v_{14}' v_{15}'| = 0.1592$$

而

$$\sqrt{n-1}\,\hat{\sigma}'^2 = \sqrt{15-1} \times 0.269^2 = 0.2708 > A$$

所以根据阿贝—赫梅特判据知，测量结果中不包含周期性系统误差。

综上所述可认为，剔除 x_5 以后，余下的 15 次测量值中不包含粗大误差和系统误差，而仅有随机误差。

（4）写出测量结果的表达式。

现已求出 $\bar{x}' = 205.21$，其标准偏差为

$$\hat{\sigma}_{\bar{x}}' = \frac{\hat{\sigma}'}{\sqrt{n}} = \frac{0.269}{\sqrt{15}} \approx 0.07$$

所以测量结果可表示为

$$x = \bar{x}' \pm \hat{\sigma}_{\bar{x}}' = 205.21 \pm 0.07 \ （V）$$

1.4 传感器及其基本特性

1.4.1 传感器的定义及组成

现代信息技术包括计算机技术、通信技术和传感器技术等，计算机相当于人的大脑，通信相当于人的神经，而传感器则相当于人的感觉器官。如果没有各种精确可靠的传感器去检测原始数据并提供真实的信息，那么即使是性能非常优越的计算机，也无法发挥其应有的作用。

1. 传感器的定义

从广义上讲，传感器是能够感觉外界信息并按一定规律将这些信息转换成可用的输出信号的器件或装置。这一概念包含了以下 3 方面的含义。

（1）传感器是一种能够完成提取外界信息任务的装置。

（2）传感器的输入量通常指非电量信号，如物理量、化学量、生物量等；而输出量是便于传输、转换、处理、显示等的物理量，主要是电量信号。例如，电容式传感器的输入量可以是力、压力、位移、速度等非电量信号，输出则是电压信号。

（3）传感器的输出量与输入量之间精确地保持一定的规律。

2. 传感器的组成

传感器一般由敏感元件、转换元件和转换电路三部分组成，如图 1.5 所示。

图 1.5 传感器组成框图

（1）敏感元件。敏感元件是传感器中能直接感受被测量的部分，即直接感受被测量，并输出与被测量成确定关系的某一物理量。例如，弹性敏感元件将压力转换为位移，且压力与位移之间保持一定的函数关系。

（2）转换元件。转换元件是传感器中将敏感元件输出量转换为适于传输和测量的电信号的部分。例如，应变式压力传感器中的电阻应变片将应变转换成电阻的变化。

（3）转换电路。转换电路将电参量转换成便于测量的电压、电流、频率等电量信号。例如，交、直流电桥，放大器，振荡器，电荷放大器等。

应该注意，并不是所有的传感器必须同时包括敏感元件和转换元件。如果敏感元件直接输出的是电量，则它就同时兼为转换元件，如热电偶；如果转换元件能直接感受被测量，而输出与之成一定关系的电量，则此时的传感器就没有敏感元件，如压电元件。

1.4.2 传感器的分类

传感器千差万别，种类繁多，分类方法也不尽相同，常用的分类方法有下面几种。

1. 按被测物理量分类

按被测物理量可分为温度、压力、流量、物位、位移、加速度、磁场、光通量等传感器。这种分类方法明确表明了传感器的用途，便于使用者选用，如压力传感器用于测量压力信号。

2. 按传感器工作原理分类

按工作原理可分为电阻式传感器、热敏传感器、光敏传感器、电容式传感器、电感式传感器、磁电式传感器等。这种方法表明了传感器的工作原理，有利于传感器的设计和应用。例如，电容式传感器就是将被测量转换成电容值的变化。表 1.5 列出了这种分类方法中各类型传感器的名称及典型应用。

表 1.5　各类型传感器的名称及典型应用

传感器分类		转换原理	传感器名称	典型应用
转换形式	中间参量			
电参量	电阻	移动电位器触点改变电阻	电位器式传感器	位移
		改变电阻丝（或片）的尺寸	电阻应变式传感器、半导体应变式传感器	微应变、力、负荷
		利用电阻的温度效应（电阻温度系数）	热丝传感器	气流速度、液体流量
			电阻式温度传感器	温度、辐射热
			热敏传感器	温度
		利用电阻的光敏效应	光敏传感器	光强
		利用电阻的湿敏效应	湿敏传感器	湿度

传感器分类		转换原理	传感器名称	典型应用
转换形式	中间参量			
电参量	电容	改变电容的几何尺寸	电容式传感器	力、压力、负荷、位移
		改变电容的介电常数		液位、厚度、含水量
	电感	改变磁路几何尺寸、导磁体位置	电感式传感器	位移
		涡流去磁效应	电涡流式传感器	位移、厚度、硬度
		利用压磁效应	压磁式传感器	力、压力
		改变互感	差动变压器式传感器	位移
			自整角机传感器	位移
			旋转变压器式传感器	位移
	频率	改变谐振回路中的固有参数	振弦式传感器	压力、力
			振筒式传感器	气压
			石英谐振式传感器	力、温度等
	计数	利用莫尔条纹	光栅传感器	大角位移、大直线位移
		改变互感	感应同步器	
		利用数字编码	角度编码器	
	数字	利用数字编码	角度编码器	大角位移
电量	电动势	温差电动势	热电偶传感器	温度、热流
		霍尔效应	霍尔传感器	磁通、电流
		电磁感应	磁电式传感器	速度、加速度
		光电效应	光电式传感器	光强
	电荷	辐射电离	电离式传感器	离子计数、放射性强度
		压电效应	压电式传感器	动态力、加速度

3. 按传感器转换能量供给形式分类

按转换能量供给形式可分为能量变换型（发电型）和能量控制型（参量型）两种。

能量变换型传感器在进行信号转换时不需要另外提供能量，就可将输入信号能量变换为另一种形式能量输出，如热电偶传感器、压电式传感器等。

能量控制型传感器工作时必须有外加电源，如电阻式传感器、电感式传感器、电容式传感器、霍尔传感器等。

4. 按传感器工作机理分类

按工作机理可分为结构型传感器和物性型传感器。

结构型传感器是指被测量变化时引起传感器结构发生改变，从而引起输出电量变化。例如，电容式压力传感器就属于这种传感器，当外加压力变化时，电容极板发生位移，结构的改变引起电容值变化，输出电压也随之发生变化。

物性型传感器是利用物质的物理或化学特性随被测参数变化的原理构成的，一般没有可动结构部分，易小型化，如各种半导体传感器。

习惯上常把工作原理和用途结合起来命名传感器，如电容式压力传感器、电感式位移传感器等。

1.4.3 传感器的基本特性

传感器的基本特性是指传感器的输出与输入之间的关系。传感器测量的参数一般有两种形式：一种是不随时间的变化而变化（或变化极其缓慢）的静态信号；另一种是随时间的变化而变化的动态信号。因此，传感器的基本特性分为静态特性和动态特性。

1. 传感器的静态特性与指标

传感器的静态特性是指传感器输入信号处于稳定状态时，其输出与输入之间呈现的关系。这种关系可表示为

$$y = a_0 + a_1 x + a_2 x^2 + \cdots + a_n x^n \qquad (1.20)$$

式中，y 为传感器输出量；x 为传感器输入量；a_0 为传感器的零位输出；a_1 为传感器的灵敏度，a_2、a_3、$\cdots$、a_n 为非线性项系数。

衡量静态特性的主要指标有精确度、稳定性、灵敏度、线性度、迟滞和可靠性等。

（1）精确度。精确度是反映测量系统中系统误差和随机误差的综合评定指标。与精确度有关的指标有精密度和准确度。

① 精密度：说明测量系统指示值的分散程度。精密度反映了随机误差的大小，精密度高则随机误差小。

② 准确度：说明测量系统的输出值偏离真值的程度。准确度是系统误差大小的标志，准确度高则系统误差小。

精确度是准确度与精密度两者的总和，常用仪表的基本误差表示。精确度高表示精密度和准确度都高。

图 1.6 所示的射击例子有助于对准确度、精密度和精确度三个概念的理解。图 1.6（a）表示准确度高而精密度低；图 1.6（b）表示精密度高而准确度低；图 1.6（c）表示准确度和精密度都高，即它的精确度高。

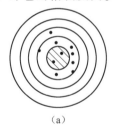 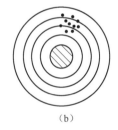 

（a） （b） （c）

图 1.6 射击例子

（2）稳定性。传感器的稳定性常用稳定度和影响系数表示。

① 稳定度：是指在规定工作条件范围和规定时间内，传感器性能保持不变的能力。传感器在工作时，内部随机变动的因素很多，如发生周期性变动、漂移或机械部分的摩擦等都会引起输出值的变化。

稳定度一般用重复性的数值和观测时间的长短表示。例如，某传感器输出电压值每小时变化 1.5mV，可写成稳定度为 1.5mV/h。

② 影响系数：是指由于外界环境变化引起传感器输出值变化的量。一般传感器都有给定的标准工作条件，如环境温度 20℃、相对湿度 60%、大气压力 101.33kPa、电源电压 220V等。而实际工作时的条件通常会偏离标准工作条件，这时传感器的输出也会发生变化。

影响系数常用输出值的变化量与影响量变化量的比值表示，如某压力表的温度影响系数为 200Pa/℃，即表示环境温度每变化 1℃，压力表的示值变化 200Pa。

（3）灵敏度。灵敏度 S 是指传感器在稳态下输出变化量 Δy 与输入变化量 Δx 的比值，即

$$S = \frac{\mathrm{d}y}{\mathrm{d}x} \approx \frac{\Delta y}{\Delta x} \tag{1.21}$$

显然，灵敏度表示静态特性曲线上相应点的斜率。对于线性传感器来说，灵敏度为一个常数；对于非线性传感器来说，灵敏度则为一个变量，其值随着输入量的变化而变化，如图 1.7 所示。

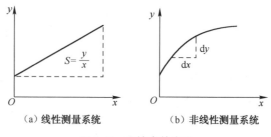

（a）线性测量系统　　　　（b）非线性测量系统

图 1.7　灵敏度的定义

灵敏度的量纲取决于传感器输入、输出信号的量纲。例如，压力式传感器灵敏度的量纲可表示为 mV/Pa。对于数字式仪表，灵敏度以分辨力表示。所谓分辨力是指数字式仪表最后一位数字所代表的值。一般地，分辨力数值小于仪表的最大绝对误差。

在实际应用中，一般希望传感器的灵敏度高一些，且在满量程范围内保持恒定值，即传感器的静态特性曲线为直线。

（4）线性度。线性度 γ_{L}，又称非线性误差，是指传感器实际特性曲线与其理论拟合直线之间的最大偏差 Δ_{Lmax} 与传感器满量程输出 y_{FS} 的百分比，即

$$\gamma_{\mathrm{L}} = \frac{\Delta_{\mathrm{Lmax}}}{y_{\mathrm{FS}}} \times 100\% \tag{1.22}$$

理论拟合直线的选取方法不同，线性度的数值就不同。图 1.8 所示为传感器线性度示意图，图中的拟合直线是一条将传感器的零点与对应于最大输入量的最大输出值点（满量程点）连接起来的直线，这条直线称为端基直线，由此得到的线性度称为端基线性度。

实际上，人们总是希望线性度越小越好，即传感器的静态特性曲线接近于拟合直线，这时传感器的刻度是均匀的，读数方便且不易引起误差，容易标定。检测系统的非线性误差多采用计算机来纠正。

（5）迟滞。迟滞是指传感器在正（输入量增大）、反（输入量减小）行程中输出曲线不重合的现象，如图 1.9 所示。

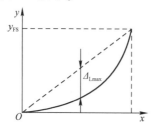

图 1.8　传感器线性度示意图

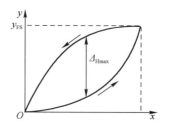

图 1.9　传感器迟滞示意图

迟滞 γ_H 用正、反行程输出值间的最大差值 Δ_{Hmax} 与满量程输出 y_{FS} 的百分比表示，即

$$\gamma_H = \pm \frac{\Delta_{Hmax}}{y_{FS}} \times 100\% \tag{1.23}$$

造成迟滞的原因有很多，如轴承摩擦、间隙、螺钉松动、电路元件老化、工作点漂移、积尘等。迟滞会引起分辨力变差或造成测量盲区，因此一般希望迟滞越小越好。

（6）可靠性。可靠性是指传感器或检测系统在规定的工作条件和规定的时间内，具有正常工作性能的能力。它是一种综合性的质量指标，包括可靠度、平均无故障工作时间、平均修复时间和失效率。

① 可靠度：传感器在规定的使用条件和工作周期内，达到所规定性能的概率。

② 平均无故障工作时间（MTBF）：指相邻两次故障期间传感器正常工作时间的平均值。

③ 平均修复时间（MTTR）：指排除故障所花费时间的平均值。

④ 失效率：指在规定的条件下工作到某个时刻，检测系统在连续单位时间内发生失效的概率。对可修复的产品，又称为故障率。

失效率是时间的函数，如图 1.10 所示。一般分为 3 个阶段：早期失效期、偶然失效期和衰老失效期。

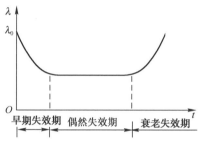

图 1.10　失效率变化曲线

2. 传感器的动态特性与指标

传感器的动态特性是指传感器对于随时间变化的输入信号的响应特性。通常希望传感器的输出信号和输入信号随时间的变化曲线一致或相近，但实际上两者总是存在着差异，因此必须研究传感器的动态特性。

在研究传感器的动态特性时首先要建立动态模型，动态模型有微分方程、传递函数和频率响应函数几种，可以分别从时域、复数域和频域对系统的动态特性及规律进行研究。

系统的动态特性取决于系统本身及输入信号的形式，工程上常用正弦函数和单位阶跃函数作为标准的输入信号。通常在时域主要分析传感器在单位阶跃输入下的响应；而在频域主要分析在正弦输入下的稳态响应，并着重从系统的幅频特性和相频特性来讨论。

（1）传感器阶跃响应。传感器的动态模型可以用线性常系数微分方程表示，即

$$a_n \frac{d^n y}{dt^n} + a_{n-1} \frac{d^{n-1} y}{dt^{n-1}} + \cdots + a_1 \frac{dy}{dt} + a_0 y = b_m \frac{d^m x}{dt^m} + b_{m-1} \frac{d^{m-1} x}{dt^{m-1}} + \cdots + b_1 \frac{dx}{dt} + b_0 x \tag{1.24}$$

式中，a_0、a_1、$\cdots$、a_n，b_0、b_1、$\cdots$、b_m 是取决于传感器参数的常数，一般 $b_1 = b_2 = \cdots = b_m = 0$，而 $b_0 \neq 0$。若 $n=0$，则传感器为零阶系统；若 $n=1$，则传感器为一阶系统；若 $n=2$，则传感器为二阶系统；若 $n \geq 3$ 时，则传感器称为高阶系统。

当传感器输入一个单位阶跃信号 $u(t)$ 时，其输出信号称为阶跃响应。

$$u(t) = \begin{cases} 0 & t \leq 0 \\ 1 & t > 0 \end{cases} \tag{1.25}$$

常见的一阶、二阶传感器阶跃响应曲线如图 1.11 所示，主要动态指标如下。

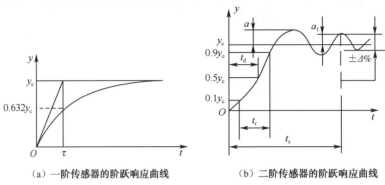

（a）一阶传感器的阶跃响应曲线　　　　（b）二阶传感器的阶跃响应曲线

图 1.11　阶跃响应曲线

① 时间常数 τ：传感器输出 $y(t)$ 由零上升到稳态值 y_c 的 63.2% 所需的时间，如图 1.11（a）所示。

② 上升时间 t_r：传感器输出 $y(t)$ 由稳态值的 10% 上升到 90% 所需的时间，如图 1.11（b）所示。

③ 调节时间 t_s：传感器输出 $y(t)$ 由零上升达到并一直保持在允许误差范围 $\pm\Delta\%$ 所需的时间。$\pm\Delta\%$ 可以是 2%、5% 或 10%，根据实际情况确定。

④ 最大超调量 a：输出最大值 y_{max} 与输出稳态值 y_c 的相对误差，即

$$a = \frac{y_{max} - y_c}{y_c} \times 100\% \tag{1.26}$$

⑤ 振荡次数 N：调节时间内，输出量在稳态值附近上下波动的次数。

⑥ 稳态误差 e_{ss}：无限长时间后，传感器的稳态输出值 y_c 与目标值 y_0 之间偏差的相对值，即

$$e_{ss} = \frac{y_c - y_0}{y_c} \times 100\% \tag{1.27}$$

（2）传感器频率响应。将各种频率不同而幅值相等的正弦信号输入到传感器，其输出正弦信号的幅值、相位与频率之间的关系称为频率响应特性。频率响应特性可由频率响应函数表示，它由幅频特性和相频特性组成。

由控制理论知，传感器的频率响应函数为

$$G(j\omega) = \frac{b_m (j\omega)^m + b_{m-1} (j\omega)^{m-1} + \cdots + b_1 (j\omega) + b_0}{a_n (j\omega)^n + a_{n-1} (j\omega)^{n-1} + \cdots + a_1 (j\omega) + a_0} \tag{1.28}$$

① 幅频特性：频率特性 $G(j\omega)$ 的模，即输出与输入的幅值比 $A(\omega) = |G(j\omega)|$ 称为幅频特性。以 ω 为自变量、$A(j\omega)$ 为因变量的曲线称为幅频特性曲线。

② 相频特性：频率特性 $G(j\omega)$ 的相角 $\varphi(\omega)$，即输出与输入的相位差 $\phi(\omega) = -\arctan G(j\omega)$ 称为相频特性。以 ω 为自变量、$\varphi(\omega)$ 为因变量的曲线称为相频特性曲线。

对于最小相位系统，幅频特性与相频特性之间存在一一对应关系，因此在进行传感器的频率响应分析时，主要使用幅频特性，图 1.12 所示为典型测量仪表的幅频特性。当测量仪表

的输入信号频率较低时，测量仪表能够在精度范围内检测到被测量；随着输入信号频率的增大，幅频特性逐渐减小，测量仪表将无法等比例复现被测量。

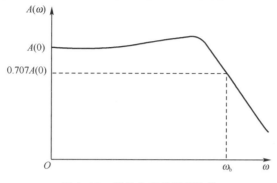

图 1.12　测量仪表的幅频特性

幅频特性中对应于幅值为 $0.707A(0)$ 时的频率称为截止频率 ω_b。对应的频率范围 $0 \leqslant \omega \leqslant \omega_b$ 称为频带宽度，频带宽度反映了测量仪表对快变信号的检测能力。

1.4.4　传感器技术的发展趋势

1. 传感器的作用

在信息时代，人们的社会活动将主要依靠对信息资源的开发、获取、传输与处理，而传感器处于自动检测与控制系统之首，处于研究对象与测控系统的接口位置，是感知、获取与检测信息的窗口。一切科学研究和生产过程要获取信息，都要通过传感器转换为便于传输与处理的电信号。系统的自动化、智能化程度越高，系统对传感器的依赖性越大，因此传感器对系统的功能起着决定性的作用。

现代科学技术的发展离不开检测技术，而检测技术更离不开传感器，特别是在科学技术迅猛发展的今天，传感器已广泛应用于工业自动化、航天技术、军事领域、机器人开发、环境检测、医疗卫生、家电行业等各学科和工程领域。传感器技术是现代科技的前沿技术，是现代信息技术的三大支柱之一。传感器技术的水平高低是衡量一个国家科技发展水平的主要标志之一。

2. 传感器技术的发展趋势

从 20 世纪 80 年代起，日本就将传感器技术列为优先发展的高新技术之首，美国等西方国家也将其列为国家科技和国际技术发展的重点内容。我国自 20 世纪 80 年代以来在传感器技术方面取得了很大突破。

目前，传感器技术已从单一的物性型传感器进入功能更强大、技术高度集成的新型传感器阶段。新型传感器的开发和应用已成为现代传感器技术和系统的核心和关键。21 世纪传感器发展的总趋势是微型化、多功能化、集成化、数字化、智能化、网络化和系统化。

（1）传感器的微型化。微型传感器是以微机电系统（Micro-ElectroMechanical Systems，MEMS）技术为基础的。MEMS 的核心技术是微电子机械加工技术，主要包括体硅微机械加工技术、表面硅微加工技术、LIGA 技术（即 X 光深层光刻、微电铸和微复制技术）、激光微加工技术和微型封装技术等。微型传感器具有体积小、质量轻、反应快、灵敏度高及成本低等特点。比较成熟的微型传感器有压力式传感器、微加速度传感器、微机械陀螺等。

（2）传感器的多功能化与集成化。由于传统的传感器只能用于检测一种物理量，但在许多应用领域，为了能准确反映客观事物和环境，通常需要同时测量大量参数，由若干种敏感元件组成的多功能传感器应运而生，多种功能集成于一个传感器系统中，即在同一芯片上或将众多同一类型的单个传感器集成为一维、二维阵列型传感器，或将传感器与调整、补偿等电路集成一体化。半导体、电介质材料的进一步开发和集成技术的不断发展为集成化提供了基础。

（3）传感器的数字化、智能化、网络化与系统化。智能化的传感器是一种涉及多学科的新型传感器系统，它是一种带微处理器的具有自校准、自补偿、自诊断、数据处理、网络通信和数字信号输出功能的新型传感器。嵌入式技术、集成电路技术和微控制器的引入，使传感器成为硬件和软件的结合体，一方面传感器的功耗降低、体积减小、抗干扰性和可靠性提高；另一方面利用软件技术实现了传感器的非线性补偿、零点漂移和温度补偿等；同时网络接口技术的应用使传感器能方便地接入工业控制网络，为系统的扩充和维护提供了极大的方便。

1.5 弹性敏感元件

物体在外力作用下改变原来尺寸或形状的现象称为变形。若去除外力后物体能完全恢复其原来的尺寸和形状，则这种变形称为弹性变形。具有弹性变形特性的物体称为弹性元件。

弹性元件在传感器技术中占有极其重要的地位。它首先把力、力矩或压力转换成相应的应变或位移，然后配合各种形式的传感元件，将被测力、力矩或压力转换成电量。

根据弹性元件在传感器中的作用，它基本上可以分为两种类型：弹性敏感元件和弹性支承。前者感受力、力矩、压力等被测参数，并通过它将被测量转换为应变、位移等，也就是通过它把被测参数由一种物理状态转换为另一种所需要的物理状态。由于它直接起到测量的作用，故称为弹性敏感元件。

1.5.1 弹性敏感元件的弹性特性

作用在弹性敏感元件上的外力与由该外力所引起的相应变形（应变、位移或转角）之间的关系称为弹性敏感元件的弹性特性。弹性特性可由刚度和灵敏度来表示。

1. 刚度

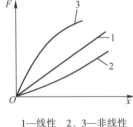

1—线性 2、3—非线性
图 1.13 弹性特性

刚度是弹性敏感元件在外力作用下抵抗变形的能力，其数学表达式为

$$k = \lim_{\Delta x \to 0} \frac{\Delta F}{\Delta x} = \frac{\mathrm{d}F}{\mathrm{d}x} \tag{1.29}$$

式中，F 为作用在弹性敏感元件上的外力；x 为弹性敏感元件产生的应变。

若刚度 k 是常数，则元件的弹性特性是线性的，否则是非线性的，如图 1.13 所示。

2. 灵敏度

灵敏度是刚度的倒数，可表示为

$$K = \frac{\mathrm{d}x}{\mathrm{d}F} \tag{1.30}$$

从式（1.30）可以看出，灵敏度就是单位力产生应变的大小。与刚度相似，如果元件弹性特性是线性的，则灵敏度为常数；若弹性特性是非线性的，则灵敏度为变数。

3. 弹性滞后

弹性敏感元件在弹性变形范围内，弹性特性的加载曲线与卸载曲线不重合的现象称为弹性滞后，如图1.14所示。

4. 弹性后效

弹性敏感元件所加载荷改变后，不是立即完成相应的变形，而是在一定时间间隔内逐渐完成变形的现象称为弹性后效。由于弹性后效存在，弹性敏感元件的变形不能迅速地随作用力的改变而改变，因而会引起测量误差。

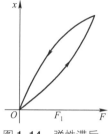

图1.14 弹性滞后

1.5.2 弹性敏感元件的材料及其基本要求

因为弹性敏感元件在传感器中直接参与转换和测量，所以对它有一定要求。在任何情况下，它应保证有良好的弹性特性、足够的精度和稳定性，以及在长时间使用中和温度变化时都应保持稳定的特性。因此，对其材料的基本要求如下。

（1）具有良好的机械特性（强度高、抗冲击、韧性好、疲劳强度高等）和良好的机械加工及热处理性能。

（2）良好的弹性特性（弹性极限高、弹性滞后和弹性后效小等）。

（3）弹性模量的温度系数小且稳定，材料的线膨胀系数小且稳定。

（4）抗氧化性和抗腐蚀性等化学性能良好。

1.5.3 弹性敏感元件的转换原理

下面介绍几种常用弹性敏感元件及其将力与压力转换为所需物理量的原理。

1. 弹性圆柱

弹性圆柱具有结构简单的特点，可承受很大的载荷，根据截面形状可分为圆筒形与圆柱形两种，如图1.15所示。

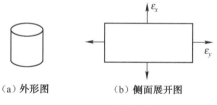

（a）外形图 （b）侧面展开图

图1.15 弹性圆柱

在力的作用下，弹性圆柱产生应变。当受到轴向拉或压的作用力 F 时，在与轴线成90°的侧面上产生轴向应力和横向应力，其轴向应力的应变量为

$$\sigma_x = \frac{F}{S} \tag{1.31}$$

$$\varepsilon_x = \frac{F}{SE} \tag{1.32}$$

横向应力的应变量为

$$\sigma_y = -\mu \frac{F}{S} \qquad (1.33)$$

$$\varepsilon_y = -\mu \frac{F}{SE} \qquad (1.34)$$

式中，F 为沿轴线方向的作用力；E 为材料的弹性模量；μ 为材料的泊松系数，一般为 $0 \sim 0.5$；S 为圆柱的横截面积。

由上述几个公式可以看出，圆柱的应变大小决定于圆柱的结构、横截面积、材料性质和圆柱所承受的力，而与圆柱的长度无关。

对于空心的圆柱弹性敏感元件，上述表达式也是适用的，而且空心的弹性元件在某些方面还要优于实心元件。但是当空心圆柱的壁太薄时，受压力作用后将产生较明显的变形而影响精度。

2. 悬臂梁

悬臂梁可分为等截面梁和等强度梁，分别如图 1.16、图 1.17 所示。悬臂梁是一端固定、另一端自由的弹性敏感元件，它具有结构简单、加工方便的特点，在较小力的测量中应用较多。

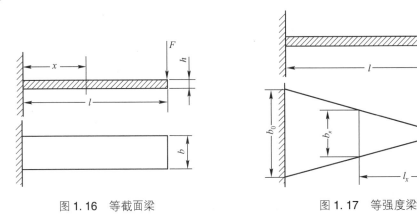

图 1.16　等截面梁　　　　　　　　图 1.17　等强度梁

（1）等截面梁。一端固定，另一端自由，且截面为矩形的梁称为等截面梁。等截面梁所受作用力 F 与某一位置处的应变关系可按下式计算：

$$\varepsilon_x = \frac{6F(l-x)}{ESh} \qquad (1.35)$$

式中，ε_x 为距固定端 x 处的应变值；l 为梁的长度；x 为某一位置到固定端的距离；E 为梁的材料的弹性模量；S 为梁的横截面积；h 为梁的厚度。

由式（1.35）可知，随着位置 x 的不同，在梁上各个位置所产生的应变也是不同的。

（2）等强度梁。等截面梁的不同部位所产生的应变是不相等的，这对电阻应变式传感器中应变片的粘贴位置提出了较高的要求。而等强度梁在自由端加上作用力时，在梁上各处产生的应变大小相等。当作用力 F 加在梁的两斜边的交汇点处时，等强度梁各点的应变值为

$$\varepsilon = \frac{6l}{Eb_0 h^2} F \qquad (1.36)$$

式中，ε 为梁各点的应变值；l 为梁的长度；b_0 为梁的固定端宽度；E 为梁的材料的弹性模量；h 为梁的厚度。

3. 薄壁圆筒

薄壁圆筒与弹簧管等弹性元件可将气体压力转换为应变。薄壁圆筒的壁厚一般都小于圆筒直径的1/20，内腔与被测压力相通时，内壁均匀受压，薄壁无弯曲变形，只是均匀地向外扩张。所以，筒壁的每一单元将在轴线方向和圆周方向产生拉伸应力，如图1.18所示，其值为

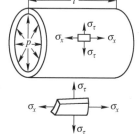

$$\sigma_x = \frac{r_0}{2h}p \qquad (1.37)$$

$$\sigma_\tau = \frac{r_0}{h}p \qquad (1.38)$$

图1.18 薄壁圆筒受力分析

式中，σ_x 为轴向的拉伸应力；σ_τ 为圆周方向的拉伸应力；p 为筒内气体压强；r_0 为圆筒的半径；h 为圆筒的壁厚。

轴向应力 σ_x 与周向应力 σ_τ 相互垂直，应用胡克定律，可求得这种弹性敏感元件压力–应变关系式

$$\varepsilon_x = \frac{r_0}{2Eh}(1-2\mu)p \qquad (1.39)$$

$$\varepsilon_\tau = \frac{r_0}{2Eh}(2-\mu)p \qquad (1.40)$$

由式（1.39）、式（1.40）可知，它的应变与圆筒的长度无关，而仅取决于圆筒的半径 r_0、壁厚 h 和弹性模量 E，而且轴线方向应变与圆周方向应变不相等。

4. 弹簧管

弹簧管的截面形状为椭圆形、卵形或更复杂的形状。它主要在测量流体压力时作为压力敏感元件使用，将压力转换为弹簧管端部的位移。弹簧管大多是弯曲成 C 形的空心管子，管子的一端开口，作为固定端；另一端封死，作为自由端。C 形弹簧管的结构与截面示意图如图1.19所示。弹簧管的自由端连在管接头上，压力 p 通过管接头导入弹簧管的内腔，在管内压力作用下，管截面将趋于变成圆形，从而使 C 形管趋于伸直。于是，管的自由端移动。弹簧管自由端的位移反映管内压力的大小。为了减小应力，可将其制成螺旋形弹簧管，如图1.20所示。

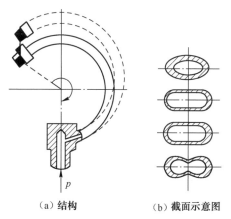

（a）结构　　　　　　（b）截面示意图

图1.19 C 形弹簧管的结构与截面示意图

对于椭圆形截面的薄壁弹簧管，管壁厚与短半轴之比应为 $0.7 \sim 0.8$。在一定范围内，其自由端位移 d 和所受压力 p 之间的关系呈线性特性，如图 1.21 所示。当压力超过某一压力值 p 时，特性曲线将偏离直线而上翘。

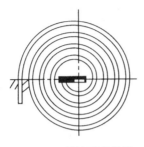

图 1.20　螺旋形弹簧管

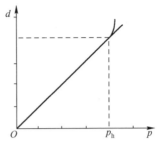

图 1.21　特性曲线

5. 膜片

膜片分平膜片和波纹膜片两种，在相同压力下，波纹膜片可产生较大的挠度（位移）。

（1）平膜片。常用的平膜片为圆平模片，简称圆模，如图 1.22 所示。圆膜在压力作用下，中心挠度（位移）最大，且当膜片中心的最大挠度远远小于膜片的厚度时，膜片的中心挠度正比于压力。当膜片中心的最大挠度大于或等于膜片的厚度时，圆膜中心的位移与压力间呈非线性关系。为了减小非线性，位移量应当比膜片的厚度小得多。

（2）波纹膜片。波纹膜片是一种压有环状同心波纹的圆形薄板，一般用于测量压力（或压差），为了增加膜片中心的位移，可把两个膜片焊在一起，制成膜盒，它的位移为单个膜片的两倍。如果需要得到更大的位移，则可把数个膜盒串联成膜盒组。

波纹膜片的形状可以做成多种形式，通常采用正弦形、梯形、锯齿形。膜片的轴向截面如图 1.23 所示，为了便于与其他零件相连接，在膜片中央留有一个光滑部分，有时还在中心焊上一块金属片，称为膜片的硬心。

图 1.22　圆膜示意图

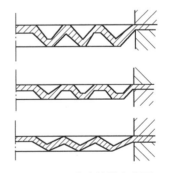

图 1.23　膜片的轴向截面

在一定的压力作用下，正弦形波纹膜片给出最大的挠度；锯齿形波纹膜片给出最小的挠度，但它的特性比较接近于直线；梯形波纹膜片的特性介于上述二者之间。

6. 波纹管

波纹管是一种表面上有许多同心环状波形皱纹的薄壁圆管，如图 1.24 所示。在流体压力或轴向力的作用下，将产生伸长或缩短；在横向力的作用下，波纹管将在平面内弯曲。金属波纹管的轴向容易变形，即灵敏度非常好，在变形量允许的情况下，压力或轴向力的变化与伸缩量是成比例的，所以利用它可把压力或轴向力转换为位移。

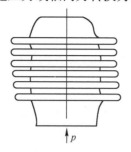

图1.24 波纹管

小 结

测量就是通过实验对客观事物取得定量数值的过程。

测量方法有多种不同的分类方法：直接测量、间接测量与联立测量，偏差式测量、零位式测量和微差式测量。

测量误差是客观存在的。测量误差可用绝对误差、相对误差和引用误差表示。按照误差的表现规律，主要包括系统误差和随机误差。系统误差是有规律的，是可以预测并消除的；随机误差大多服从正态分布规律，从理论上可以估计随机误差对测量结果的影响。

传感器是能够感觉外界信息并按一定规律将这些信息转换成可用的输出信号的器件或装置。一般由敏感元件、转换元件和转换电路三部分组成。有时还要加上辅助电源。

传感器的静态特性反映了输入信号处于稳定状态时的输出与输入关系。衡量静态特性的主要指标有精确度、稳定性、灵敏度、线性度、迟滞和可靠性等。

传感器的动态特性是指传感器对于随时间变化的输入信号的响应特性。时域分析主要讨论传感器在单位阶跃输入下的响应，主要从稳定性、准确性和快速性三方面衡量；频域分析则是讨论传感器在正弦输入下的稳态响应，并着重从系统的幅频特性和相频特性来分析。

传感器技术是现代科技的前沿技术，是衡量一个国家科技发展水平的主要标志之一。21世纪传感器发展的总趋势是微型化、多功能化、集成化、数字化、智能化、网络化和系统化。

思考与练习

1. 什么是仪表的基本误差？它与仪表的精度等级是什么关系？

2. 什么是测量误差？测量误差有几种表示方法？各有什么用途？

3. 误差按照表现出来的规律主要分为哪几种？它们各有什么特点？它们与准确度和精密度的关系是什么？

4. 某电压表刻度为 $0\sim10V$，在5V处标准仪表示值为4.995V，求在5V处的绝对误差、相对误差及引用误差。

5. 0.1级量程为10A电流表经标定，最大绝对误差为8mA，问该表是否合格？

6. 工艺要求检测温度指标为 (300 ± 6)℃，现拟用一台 $0\sim500$℃ 的温度表检测该温度，试选择该表的精度等级。

7. 使用一只 0.2 级、量程为 10V 的电压表，测得某一电压为 5.0V，试求此测量值可能出现的绝对误差和相对误差的最大值。

8. 现对一个量程为 100mV、表盘为 100 等分刻度的毫伏表进行校准，测得数据如表 1.6 所示。

表 1.6 测量数据

仪表刻度值/mV	0	10	20	30	40	50	60	70	80	90	100
标准仪表示值/mV	0.0	9.9	20.2	30.4	39.8	50.2	60.4	70.3	80.0	89.7	100.0
绝对误差/mV											
修正值/mV											

试将各校准点的绝对误差和修正值填入表 1.6 中，并确定该毫伏表的精度等级。

9. 用温度传感器对某温度进行 12 次等精度测量，测量数据（单位：℃）如下：

20.46、20.52、20.50、20.52、20.48、20.47、20.50、20.49、20.47、20.49、20.51、20.51

要求对该组数据进行分析整理，并写出最后结果。

10. 已知对某电压的测量值 $U \sim N$（50V，$0.04V^2$），若要求置信概率达到 50%，求相应的置信区间。

11. 设用某压力表对容器内的压力进行了 14 次等精度测量，获得测量数据（单位：MPa）如表 1.7 所示。

表 1.7 测量数据

i	1	2	3	4	5	6	7	8	9	10	11	12	13	14
x	1.13	1.07	1.08	1.13	1.14	1.09	1.08	1.07	1.09	1.12	1.08	1.10	1.11	1.10

试对该测量数据进行处理，并写出最后结果。

12. 被测温度为 400℃，现有量程为 0～500℃、精度为 1.5 级和量程为 0～1 000℃、精度为 1.0 级的温度仪表各一块，问选用哪块仪表测量更好一些？为什么？

13. 什么是传感器？传感器一般由哪几部分组成？传感器有哪些分类方法？

14. 什么是传感器的静态特性？传感器静态特性的技术指标及各自的定义是什么？

15. 什么是传感器的动态特性？传感器动态特性的分析方法有哪几种？其技术指标及各自的定义是什么？

16. 为什么在研究传感器的动态特性时常用的标准输入信号是正弦信号和阶跃信号？

17. 甲、乙二人分别用不同的方法对同一电感进行多次测量，结果如下（假设均无粗大误差和系统误差）：

甲 x_1（mH）：1.28 1.31 1.27 1.26 1.19 1.25

乙 x_2（mH）：1.29 1.23 1.22 1.24 1.25 1.20

写出测量结果表达式，评价哪个人的测量精密度高。

18. 对某量进行 5 次等精度测量，获得测量数据为 29.18、29.24、29.27、29.25、29.26，求算术平均值 X 及最佳估计值。

第2章 电阻式传感器

电阻式传感器是一种能把非电量（如力、压力、位移、扭矩等）转换成与之有对应关系的电阻值，再经过测量电桥把电阻值转换成便于传送和记录的电压（电流）信号的装置。电阻式传感器的种类很多，主要有电位器式传感器、电阻应变式传感器、压阻式传感器、气敏电阻式传感器、湿敏电阻式传感器、热电阻传感器等。电阻应变式传感器和压阻式传感器采用弹性敏感元件作为传递信号的敏感元件，这些弹性敏感元件主要有弹性圆柱、悬臂梁、弹簧管、膜片等。电位器式传感器主要用于非电量变化较大的测量场合；电阻应变式传感器主要用于测量变化量相对较小的场合；压阻式传感器因灵敏度高、动态响应好等特点被广泛使用；气敏电阻式传感器和湿敏电阻式传感器能将相应的非电量转变为电阻的变化。

2.1 电位器式传感器

由于电位器式传感器可以测量位移、压力、加速度、容量、高度等多种物理量，且具有结构简单、尺寸小、质量轻、价格低、精度高、性能稳定、输出信号大、受环境影响小等优点，因而在自动检测与自动控制中有着广泛的应用。但电位器式传感器的动触点与线绕电阻或电阻膜的摩擦存在磨损，因此可靠性差，寿命较短，分辨力较低，动态性能不好，干扰（噪声）大，一般用于静态和缓变量的检测。

根据电位器的输出特性，电位器可分为线性电位器和非线性电位器。下面以线绕式电位器为例分析其特性。

2.1.1 线性电位器

线性电位器由绕于骨架上的电阻丝线圈和沿电位器滑动的滑臂，以及安装在滑臂上的电刷组成。线绕电位器传感元件有直线式、旋转式及两者相结合的形式。线性线绕电位器骨架的截面积处处相等，由材料和截面均匀的电阻丝等节距绕制而成。直线位移电位器式传感器示意图如图2.1所示。

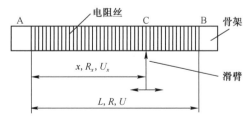

图2.1 直线位移电位器式传感器示意图

假定全长为 L 的电位器其总电阻为 R，电阻沿长度的分布是均匀的，当滑臂由 A 端向 B

端移动距离 x 至 C 处时，A 端到电刷间的阻值为

$$R_x = \frac{x}{L} R \qquad (2.1)$$

若加在电位器 A、B 两端的电压为 U，则 A、C 间的输出电压为

$$U_x = \frac{x}{L} U \qquad (2.2)$$

图 2.2 所示为电位器式角度传感器。同理，其电阻与角度的关系为

$$R_\alpha = \frac{\alpha}{\theta} R \qquad (2.3)$$

输出电压与角度的关系为

$$U_\alpha = \frac{\alpha}{\theta} U \qquad (2.4)$$

电刷在电位器的线圈上移动时，线圈长度一匝一匝地变化，因此，电位器阻值不是随电刷移动呈连续变化的。电刷在与导线中某一匝接触的过程中，虽有微小的位移，但电阻值并无变化，因而输出电压也不改变，在输出特性曲线上对应地出现平直段；当电刷离开这一匝而与下一匝接触时，电阻突然增加一匝阻值，因此特性曲线相应地出现阶跃段。这一特性称为线绕电位器的阶梯特性，如图 2.3 所示。

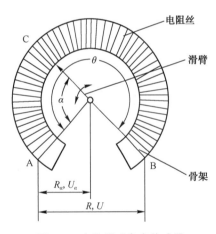

图 2.2 电位器式角度传感器

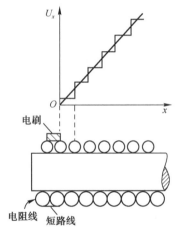

图 2.3 线绕电位器的阶梯特性

对理想阶梯特性的线绕电位器，在电刷行程内，电位器输出电压阶梯的最大值与最大输出电压之比的百分数，称为电位器的电压分辨率，其公式为

$$e = \frac{U/n}{U} = \frac{1}{n} \times 100\% \qquad (2.5)$$

式中，n 为线绕电位器线圈的总匝数。

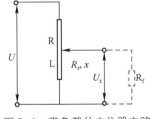

图 2.4 带负载的电位器电路

上面讨论的电位器特性相当于负载开路或为无穷大时的情况，称为空载特性。而一般情况下，电位器接有负载，如图 2.4 所示。接入负载时，由于负载电阻与电位器电阻的比值为有限值，因此负载特性与理想空载特性有一定差异。负载特性偏离理想空载特性的偏差称为电位器的负载误差，对于线性电位器，负载误差即为其非线性误差。

线性电位器误差的大小可由下式计算：

$$\delta_f = \left[1 - \frac{1}{1+mX(1-X)} \right] \times 100\% \tag{2.6}$$

式中，$X = \dfrac{x}{L}$，为电阻相对变化率；$m = \dfrac{R}{R_f}$，为电位器的负载系数。

线性电位器误差 δ_f 与 m、X 的曲线关系如图 2.5 所示。

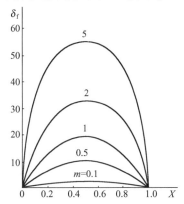

图 2.5 线性电位器误差 δ_f 与 m、X 的曲线关系

由图 2.5 可见，无论 m 为何值，$X=0$ 和 $X=1$，即电刷分别在起始位置和最终位置时，负载误差都为 0；当 $X=1/2$ 时，负载误差最大，且增大负载系数时，负载误差也随之增加。

若要求负载误差在整个行程中都保持在 3% 以内，则必须要求在负载误差最大的 $X=1/2$ 时，其负载误差为

$$\delta_f = \left[1 - \frac{1}{1+m \times \frac{1}{2}\left(1-\frac{1}{2}\right)} \right] \times 100\% = \left(\frac{m}{4+m}\right) \times 100\% < 3\% \tag{2.7}$$

由式（2.7）可知，$m = \dfrac{R}{R_f}$ 应小于 1.2，即必须使 $R_f > 0.83R$。但是，有时负载满足不了这个条件，一般可以采取限制电位器工作区间的办法减小误差，或将电位器的空载特性设计为某种上凸的曲线，即设计出非线性电位器，使其带负载时满足线性关系，以消除误差。

2.1.2 电位器式传感器的应用

1. 电位器式位移传感器

电位器式位移传感器常用于测量几毫米到几十米的位移和几度到 360° 的角度。

如图 2.6 所示的推杆式位移传感器可测量 5～200mm 的位移。该传感器由外壳、推杆和齿轮系统组成。由 3 个齿轮组成的齿轮系统将被测位移转换成旋转运动，旋转运动通过爪牙离合器传送到线绕电位器的轴上，电位器轴上装有电刷，电刷因推杆位移而沿电位器绕组滑动，通过轴套和焊在轴套上的螺旋弹簧及电刷来输出电信号，弹簧还可以保证传感器的所有活动系统复位。

电位器式位移传感器结构简单，价格低廉，性能稳定，能承受恶劣环境条件，输出功率大，一般不需要对输出信号放大就可以直接驱动伺服元件和显示仪表；其缺点是精度不高，动态响应差，不适于测量快速变化的量。

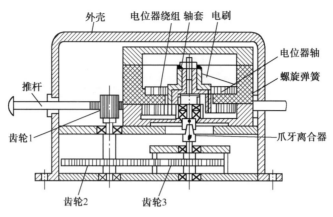

图2.6 推杆式位移传感器

2. 电位器式压力传感器

电位器式压力传感器由弹簧管和电位器组成，如图2.7所示。电位器被固定在壳体上，电刷与弹簧管的传动机构相连。当被测压力 p 变化时，弹簧管的自由端产生位移，带动指针偏转，同时带动电刷在线绕电位器上滑动，就能输出与被测压力成正比的电压信号。

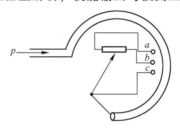

图2.7 电位器式压力传感器

2.2 电阻应变式传感器

电阻应变式传感器可测量位移、加速度、力、力矩、压力等各种参数，是目前应用最广泛的传感器之一。它具有结构简单、使用方便、性能稳定、可靠、灵敏度高、测量速度快等诸多优点，被广泛应用于航空、机械、电力、化工、建筑、医学等许多领域。

2.2.1 电阻应变片的种类与结构

电阻应变片（简称应变片或应变计）种类繁多，形式各样，分类方法各异。主要的分类方法是根据敏感元件的不同，将应变片分为金属式和半导体式两大类。

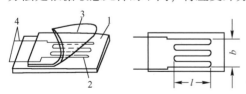

1—基底；2—电阻丝；3—覆盖层；4—引线

图2.8 丝式应变片的基本结构

1. 丝式应变片

丝式应变片是将电阻丝绕制成敏感栅粘贴在各种绝缘基底上制成的，是一种常用的应变片，其基本结构如图2.8所示。它主要由四部分组成。

（1）敏感栅。它是实现应变与电阻转换的敏感元件，由直径为 $0.015\sim0.05\text{mm}$ 的金属细丝绕成栅状或用金属箔腐蚀成栅状制成。应变片的电阻值有 60Ω、120Ω、200Ω 等各种规格，以 120Ω 最为常用。

（2）基底和盖片。基底用于保持敏感栅、引线的几何形状和相对位置；盖片既可保持敏感栅与引线的形状与相对位置，又可保护敏感栅。

（3）黏结剂。它用于将盖片和敏感栅固定于基底上，同时用于将应变片基底粘贴在试件表面某个方向和位置上，也起着传递应变的作用。

（4）引线。它是从应变片的敏感栅中引出的细金属线，常用直径为 0.1～0.15mm 的镀锡铜线或扁带形的其他金属材料制成。

2. 箔式应变片

箔式应变片是利用照相制版或光刻腐蚀的方法，将电阻箔材在绝缘基底上制成各种图形而形成的应变片，如图 2.9 所示。箔材厚度多为 0.001～0.01mm。箔式应变片的应用日益广泛，在常温条件下已逐步取代线绕式应变片。它具有如下几个主要优点。

（1）制造技术能保证敏感栅尺寸准确、线条均匀，可以制成任意形状以适应不同的测量要求。

（2）敏感栅薄而宽，黏结情况好，传递应变性能好。

（3）散热性能好，允许通过较大的工作电流，从而增大输出信号。

（4）敏感栅弯头横向效应可以忽略。

（5）蠕变、机械滞后较小，疲劳寿命高。

图 2.9 箔式应变片

3. 薄膜应变片

薄膜应变片是薄膜技术发展的产物，其厚度在 0.1μm 以下。它是采用真空蒸发或真空沉积等方法，将电阻材料在基底上制成一层各种形式的敏感栅而形成的应变片。这种应变片灵敏系数高，易实现工业化生产，是一种很有前途的新型应变片。

目前，薄膜应变片在实际使用中存在的主要问题是尚难控制其电阻与温度和时间的变化关系。

4. 半导体应变片

半导体应变片的优点是尺寸、横向效应、机械滞后都很小，灵敏系数极大，因而输出也大，可以不需放大器直接与记录仪器连接，使得测量系统得以简化；其缺点是电阻值和灵敏系数的强度稳定性差，测量较大应变时非线性严重，灵敏系数随受拉或受压而变化，且分散度大，一般为 3%～5%，因而使测量结果有±(3～5)%的误差。

2.2.2 电阻的应变效应

电阻应变片的工作原理是金属的电阻应变效应，即金属丝的电阻随着它所受的机械变形（拉伸或压缩）的大小而发生相应变化。

金属丝的电阻随着应变而产生变化的原因是：金属丝的电阻与材料的电阻率及其几何尺寸有关，而金属丝在承受机械变形的过程中，这两者都要发生变化，因而引起金属丝的电阻变化。

设有一根金属丝，其电阻为

$$R = \rho \frac{l}{S} \qquad (2.8)$$

式中，R 为金属丝的电阻（Ω）；ρ 为金属丝的电阻率（Ω·m）；l 为金属丝的长度（m）；S

为金属丝的横截面积（mm^2）。

当金属丝受拉时，其长度伸长 dl，横截面积将相应地减小 dS，电阻率也将改变 $d\rho$，这些量的变化必然引起金属丝电阻改变 dR，即

$$dR = \frac{\rho}{S}dl - \frac{\rho l}{S^2}dS + \frac{l}{S}d\rho \tag{2.9}$$

式（2.9）两边分别除以 $R = \rho\frac{l}{S}$，得

$$\frac{dR}{R} = \frac{dl}{l} - \frac{dS}{S} + \frac{d\rho}{\rho} \tag{2.10}$$

因为 $S = \pi r^2$（r 为金属丝半径），得 $dS = 2\pi r dr$，所以

$$\frac{dR}{R} = \frac{dl}{l} - 2\frac{dr}{r} + \frac{d\rho}{\rho} \tag{2.11}$$

令 $\frac{dl}{l} = \varepsilon_x$ 为金属丝的轴向应变量；$\frac{dr}{r} = \varepsilon_y$ 为金属丝的径向应变量，则由式（2.11）得

$$\frac{dR}{R} = \varepsilon_x - 2\varepsilon_y + \frac{d\rho}{\rho} \tag{2.12}$$

根据材料力学原理可知，当金属丝受拉时，沿轴向伸长，而沿径向缩短，二者之间应变的关系为

$$\varepsilon_y = -\mu\varepsilon_x \tag{2.13}$$

式中，μ 为金属丝材料的泊松系数。

将式（2.13）代入式（2.12），得

$$\frac{dR}{R} = (1+2\mu)\varepsilon_x + \frac{d\rho}{\rho}$$

或

$$\frac{dR/R}{\varepsilon_x} = (1+2\mu) + \frac{d\rho/\rho}{\varepsilon_x} \tag{2.14}$$

令

$$K = \frac{dR/R}{\varepsilon_x} = (1+2\mu) + \frac{d\rho/\rho}{\varepsilon_x} \tag{2.15}$$

式中，K 称为金属丝的灵敏系数，表示金属丝产生单位变形时，其电阻相对变化的大小。显然，K 越大，单位变形引起的电阻相对变化越大，故灵敏度越高。

从式（2.15）可以看出，金属丝的灵敏系数 K 受两个因素影响：第一项（$1+2\mu$），它是由于金属丝受拉伸后，材料的几何尺寸发生变化而引起的；第二项 $\frac{d\rho/\rho}{\varepsilon_x}$，它是由于材料发生变形时，其自由电子的活动能力和数量均发生变化而引起的，这项可能是正值，也可能是负值，但作为应变片材料都选正值，否则会降低灵敏度。金属丝电阻的变化主要由材料的几何形变引起。

实验证明，在金属丝变形的弹性范围内，电阻的相对变化 dR/R 与应变 ε_x 是成正比的，因而 K 为一常数，故式（2.15）中 dR/R 的微分式可用增量表示为

$$\frac{\Delta R}{R} = K\varepsilon_x \tag{2.16}$$

2.2.3 应变片测量原理

用应变片测量应变或应力时，是将应变片粘贴于被测对象上的。在外力作用下，被测对

象表面产生微小的机械变形，粘贴在其表面上的应变片也随其发生相同的变化，因此应变片的电阻也发生相应的变化。如果应用仪器测出应变片的电阻值变化 ΔR，则根据式（2.16），可以得到被测对象的应变值 ε_x，在材料力学中，根据应力-应变关系

$$F = A \cdot E \cdot \varepsilon_x \tag{2.17}$$

可以得到应力值 F。式中，F 为试件的应力；ε_x 为试件的应变量，A 为试件的横截面积；E 为材料的弹性模量。

通过弹性敏感元件的转换作用，将位移、力、力矩、加速度、压力等参数转换为应变，因此可以将应变片由测量应变扩展到测量上述参数，从而形成各种电阻应变式传感器。

【例 2.1】 电阻应变片的灵敏度 $K=2$，沿纵向粘贴于直径为 0.05m 的圆形钢柱表面，钢材的 $E = 2 \times 10^{11} \text{N/m}^2$，$\mu = 0.3$。求钢柱受 10t 拉力作用时，应变片电阻的相对变化量。若应变片沿钢柱圆周方向粘贴，则受同样的拉力作用时，应变片电阻的相对变化量为多少？

解：
$$A = \frac{\pi}{4}D^2 = \frac{\pi}{4} \times 0.05^2 \approx 0.00196 \text{（m}^2\text{）}$$

$$\varepsilon_x = \frac{F}{AE} = \frac{10 \times 9.8 \times 10^3}{0.00196 \times 2 \times 10^{11}} = 2.5 \times 10^{-4}$$

$$\varepsilon_y = -\mu \varepsilon_x = -0.75 \times 10^{-4}$$

$$\frac{\Delta R}{R} = K\varepsilon_x = 2 \times 2.5 \times 10^{-4} = 5 \times 10^{-4}$$

$$\frac{\Delta R_1}{R} = K\varepsilon_y = -1.5 \times 10^{-4}$$

2.2.4 测量电路

由于弹性敏感元件产生的机械变形微小，引起的应变量 ε 也很微小，使得电阻应变片的电阻变化率 dR/R 也很小，因此为了把微小的电阻变化率反映出来，必须采用测量电路，把应变电阻的变化转换成电压或电流的变化，从而达到精确测量的目的。

1. 直流电桥工作原理

图 2.10 所示为一直流供电的平衡电阻电桥，它的 4 个桥臂由电阻 R_1、R_2、R_3、R_4 组成。E 为直流电源，接入电桥的两个端点，从电桥的另两个端点得到输出，输出电压为 U_o。

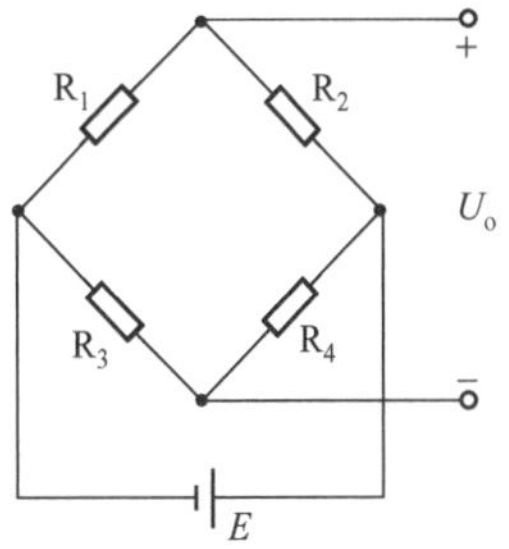

当电桥输出端开路时，根据分压原理，电阻 R_1 两端的电压 $U_1 = \frac{R_1}{R_1 + R_2}E$；电阻 R_3 两端的电压 $U_3 = \frac{R_3}{R_3 + R_4}E$；则输出端电压 U_o 为

$$U_o = U_1 - U_3 = \frac{R_1 E}{R_1 + R_2} - \frac{R_3 E}{R_3 + R_4} = \frac{R_1 R_4 - R_2 R_3}{(R_1 + R_2)(R_3 + R_4)}E \tag{2.18}$$

由式（2.18）可知，当电桥各桥臂电阻满足条件

$$R_1 R_4 = R_2 R_3 \tag{2.19}$$

图 2.10 平衡电阻电桥

则电桥的输出电压 U_o 为 0，电桥处于平衡状态。式（2.19）称为电桥的平衡条件。

2. 电阻应变片测量电桥

电阻应变片测量电桥在工作前应使电桥平衡（称为预调平衡），以使工作时的电桥输出电压只与应变片感受应变所引起的电阻变化有关。初始条件为

$$R_1 = R_2 = R_3 = R_4 = R$$

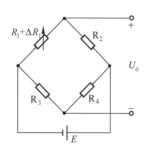

图 2.11　单臂工作直流电桥

（1）应变片单臂工作直流电桥。单臂工作直流电桥只有一只应变片 R_1 接入，如图 2.11 所示。测量时应变片的电阻变化为 ΔR，电路输出端电压为

$$U_o = \frac{(R_1 + \Delta R_1)R_4 - R_2 R_3}{(R_1 + \Delta R_1 + R_2)(R_3 + R_4)}E$$

$$U_o = \frac{R\Delta R}{2R(2R + \Delta R)}E \tag{2.20}$$

一般情况下，$\Delta R \ll R$，所以

$$U_o \approx \frac{R\Delta R}{2R \times 2R}E = \frac{E}{4} \times \frac{\Delta R}{R} \tag{2.21}$$

由电阻应变效应可知 $\dfrac{\Delta R}{R} = K\varepsilon$，则式（2.21）可写为

$$U_o = \frac{E}{4}K\varepsilon \tag{2.22}$$

（2）应变片双臂工作直流电桥（半桥）。半桥电路中用两只应变片，把两只应变片接入电桥的相邻两个桥臂。根据被测试件的受力情况，一个受拉，一个受压，如图 2.12 所示，使两个桥臂的应变片的电阻变化大小相同，方向相反，即处于差动工作状态，此时输出端电压为

$$U_o = \frac{(R_1 + \Delta R_1)R_4 - (R_2 - \Delta R_2)R_3}{(R_1 + \Delta R_1 + R_2 - \Delta R_2)(R_3 + R_4)}E$$

若 $\Delta R_1 = \Delta R_2 = \Delta R$，则

$$U_o = \frac{2\Delta R \cdot R}{2R \cdot 2R}E = \frac{E}{2} \times \frac{\Delta R}{R}$$

同理，上式可写为

$$U_o = \frac{E}{2}K\varepsilon \tag{2.23}$$

（3）应变片直流全桥电路。把 4 只应变片接入电桥，并且差动工作，即两只应变片受拉，两只应变片受压，如图 2.13所示，则

$$U_o = \frac{(R_1 + \Delta R_1)(R_4 + \Delta R_4) - (R_2 - \Delta R_2)(R_3 - \Delta R_3)}{(R_1 + \Delta R_1 + R_2 - \Delta R_2)(R_3 - \Delta R_3 + R_4 + \Delta R_4)}E \tag{2.24}$$

若 $R_1 = R_2 = R_3 = R_4 = R$，$\Delta R_1 = \Delta R_2 = \Delta R_3 = \Delta R_4 = \Delta R$，则

$$U_o = \frac{4R \cdot \Delta R}{2R \cdot 2R}E = \frac{\Delta R}{R}E = EK\varepsilon \tag{2.25}$$

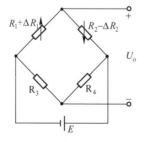

图 2.12　双臂工作直流电桥

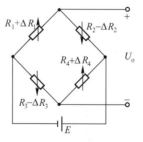

图 2.13　直流全桥电路

对比式（2.22）、式（2.23）、式（2.25）可知，用直流电桥做应变的测量电路时，电桥输出电压与被测应变量呈线性关系。在相同条件下（供电电源和应变片的型号不变），差动工作电路输出信号大，半桥差动输出是单臂输出的 2 倍，全桥差动输出是单臂输出的 4 倍，即全桥工作时，输出电压最大，检测的灵敏度最高。

若全桥工作时，各应变片的应变所引起的电阻变化不等，即分别为 ΔR_1、ΔR_2、ΔR_3、ΔR_4，则将其代入式（2.24），可得全桥工作时的输出电压为

$$U_\text{o} = \frac{E}{4}\left(\frac{\Delta R_1}{R_1}+\frac{\Delta R_2}{R_2}+\frac{\Delta R_3}{R_3}+\frac{\Delta R_4}{R_4}\right) = \frac{E}{4}K(\varepsilon_1+\varepsilon_2+\varepsilon_3+\varepsilon_4) \qquad (2.26)$$

在式（2.26）中，ε 可以是轴向应变，也可以是径向应变。当应变片的粘贴方向确定后，若为压应变，则 ε 以负值代入；若是拉应变，则 ε 以正值代入。

3. 应变片的温度误差及其补偿

（1）温度误差。测量时，希望应变片的阻值仅随应变变化，而不受其他因素的影响，然而由温度变化所引起的电阻变化与试件应变所造成的变化几乎处于相同的数量级。为补偿温度对测量的影响，就要了解环境温度变化而引起电阻变化的主要因素。事实上，因环境温度改变而引起电阻变化的两个主要因素是：应变片的电阻丝具有一定的温度系数；电阻丝材料与测试材料的线膨胀系数不同。

电阻丝电阻与温度的关系可用下式表示：

$$R_t = R_0(1+\alpha\Delta t) = R_0 + R_0\alpha\Delta t \qquad (2.27)$$

式中，R_t 为温度为 t 时的电阻值；R_0 为温度为 t_0 时的电阻值；Δt 为温度的变化值；α 为敏感栅材料的电阻温度系数。因此，应变片由于温度系数产生的电阻相对变化为

$$\Delta R_1 = R_0\alpha\Delta t \qquad (2.28)$$

另外，如果敏感栅材料线膨胀系数与被测构件材料线膨胀系数不同，则环境温度变化时，也将引起应变片的附加应变，其对电阻产生的变化值为

$$\Delta R_2 = R_0 \cdot K(\beta_\text{e}-\beta_\text{g}) \cdot \Delta t \qquad (2.29)$$

式中，β_e 为被测构件（弹性元件）材料的线膨胀系数；β_g 为敏感栅（应变丝）材料的线膨胀系数。

因此，由温度变化形成的总电阻变化为

$$\Delta R = \left[\alpha\Delta t + K(\beta_\text{e}-\beta_\text{g}) \cdot \Delta t\right]R_0 \qquad (2.30)$$

而电阻的相对变化量为

$$\frac{\Delta R}{R_0} = \alpha\Delta t + K(\beta_\text{e}-\beta_\text{g}) \cdot \Delta t \qquad (2.31)$$

由式（2.31）可知，当试件不受外力作用而温度变化时，粘贴在试件表面上的应变片会产生温度效应。它表明应变片输出的大小与应变计敏感栅材料的电阻温度系数 α、线膨胀系数 β_g 及被测试材料的线膨胀系数 β_e 有关。

（2）温度补偿。为了使应变片的输出不受温度变化影响，必须进行温度补偿。

① 单丝自补偿应变片。由式（2.31）可以看出，使应变片在温度变化时电阻误差为零的条件是

$$\alpha\Delta t + K(\beta_\text{e}-\beta_\text{g}) \cdot \Delta t = 0$$

即

$$\alpha = -K(\beta_\text{e}-\beta_\text{g})$$

根据上述条件，选择合适的敏感栅材料，即可达到温度自补偿。

单丝自补偿应变片的优点是结构简单，制造和使用都比较方便，但它必须在具有一定线膨胀系数材料的试件上使用，否则不能达到温度补偿的目的，因此局限性很大。

② 双丝组合式自补偿应变片。这种应变片也称组合式自补偿应变计，由两种电阻温度系数符号不同（一个为正，一个为负）的材料组成。将两者串联绕制成敏感栅，若两段敏感栅电阻 R_1 和 R_2 由于温度变化而产生的电阻变化分别为 ΔR_{1t} 和 ΔR_{2t}，且大小相等而符号相反，就可以实现温度补偿。

③ 桥式电路补偿法。桥式电路补偿法也称补偿片法。测量应变时，使用两只应变片，一只贴在被测试件的表面，另一只贴在与被测试件材料相同的补偿块上，称为补偿应变片。在工作过程中，补偿块不承受应变，仅随温度产生变形。当温度发生变化时，工作片 R_1 和补偿片 R_2 的阻值都发生变化，而它们的温度变化相同。R_1 和 R_2 为同类应变片，又贴在相同的材料上，因此 R_1 和 R_2 的变化也相同，即 $\Delta R_1 = \Delta R_2$。如图 2.14 所示，R_1 和 R_2 分别接入相邻的两桥臂，则因温度变化引起的电阻变化 ΔR_1 和 ΔR_2 的作用相互抵消，这样就起到了温度补偿的作用。

桥式电路补偿法的优点是简单、方便，在常温下补偿效果较好；其缺点是在温度变化梯度较大的条件下，很难做到工作片与补偿片处于温度完全一致的情况，因而会影响补偿效果。

④ 热敏电阻补偿法。如图 2.15 所示，热敏电阻 R_t 与应变片处在相同的温度下，当应变片的灵敏度随温度升高而下降时，热敏电阻 R_t 的阻值下降，使电桥的输入电压随温度升高而增加，从而提高电桥的输出电压。选择合适的分流电阻 R_5 的值，可以使应变片灵敏度下降对电桥输出的影响得到很好的补偿。

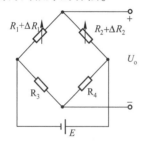

图 2.14 桥式电路补偿电路

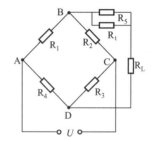

图 2.15 热敏电阻补偿电路

2.3 电阻应变式传感器的应用

1. 测力传感器

电阻应变式传感器的最大用武之地是在称重和测力领域。这种测力传感器由应变计、弹性元件、测量电路等组成。根据弹性元件结构形式（柱形、筒形、环形、梁式、轮辐式等）和受载性质（拉、压、弯曲、剪切等）的不同，可分为许多种类。

（1）柱式力传感器。柱式力传感器的应变片粘贴方式如图 2.16 所示。

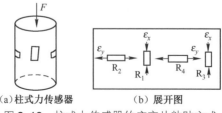

（a）柱式力传感器　　　（b）展开图

图 2.16 柱式力传感器的应变片粘贴方式

设圆柱的有效截面积为 S、泊松比为 μ、弹性模量为 E，4 只相同特性的应变片粘贴在圆柱的外表面，再接成全桥形式。若外加荷重为 F，R_1、R_3 受压应力，R_2、R_4 受拉应力，ε_2、ε_4 为正，则传感器的输出为

$$U_o = \frac{E}{4}K(-\varepsilon_1 + \varepsilon_2 - \varepsilon_3 + \varepsilon_4) \tag{2.32}$$

将 $\varepsilon_1 = \varepsilon_3 = \varepsilon_x$，$\varepsilon_2 = \varepsilon_4 = -\mu\varepsilon_x$ 代入式（2.32），得

$$U_o = \frac{E}{2}K(1+\mu)\varepsilon_x = \frac{E}{2}K(1+\mu)\frac{F}{SE} \tag{2.33}$$

由此可见，输出 U_o 正比于荷重 F，有

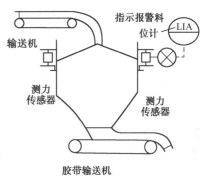

$$\frac{U_o}{U_{om}} = \frac{F}{F_m} \tag{2.34}$$

$$U_o = \frac{F}{F_m}U_{om} = K_f\frac{E}{F_m}F \tag{2.35}$$

式中，U_{om} 为满量程时的输出电压；K_f 为测力传感器的灵敏度（mV/V），$K_f = \frac{U_{om}}{E}$；F_m 为测力传感器满量程时的值。

图 2.17 称重式料位计

用柱式力传感器可制成称重式料位计，如图 2.17 所示，将测力传感器分布安装，支起料斗，可根据传感器输出电压信号大小标注料位。

【例 2.2】 已知圆筒形荷重传感器最大承载 $Q_m = 2t$，空载时，$R_1 = R_2 = R_3 = R_4 = 120\Omega$。荷重传感器灵敏度 $S = 0.82\text{mV/V}$，$K = 2$，圆筒材料 $\mu = 0.3$，电桥电压 $U = 2\text{V}$，R_1 和 R_3 为工作电阻，R_2 和 R_4 为补偿电阻。

求：当 $Q = 500\text{kg}$ 时，工作电阻 $R_工$、补偿电阻 $R_补$、ΔR 和应变片功耗 P_W 为多少？

解：

$$U_{om} = S \cdot U = 0.82 \times 2 = 1.64 \text{（mV）}$$

$Q = 500\text{kg}$ 时

$$U_o = \frac{Q}{Q_m} \cdot U_{om} = \frac{0.5}{2} \times 1.64 = 0.41 \text{（mV）}$$

① $\because$ 受压 $\therefore R_工 = R - K|\varepsilon|R$

$$|\varepsilon| = \frac{2U_o}{K(1+\mu)U} = \frac{2 \times 0.41 \times 10^{-3}}{2 \times (1+0.3) \times 2} \approx 0.157 \times 10^{-3}$$

$$\therefore R_工 = R - K|\varepsilon|R = 120 \times (1 - 2 \times 0.157 \times 10^{-3})$$
$$= 120 \times 0.999\,686 \approx 119.96 \text{（}\Omega\text{）}$$

② $\Delta R = R - R_工 = 120 - 119.96 = 0.04 \text{（}\Omega\text{）}$

③ $R_补 = R - K\varepsilon_r R = R + K\mu\varepsilon R = R(1 + \mu K\varepsilon)$
$$= 120 \times (1 + 0.3 \times 2 \times 0.157 \times 10^{-3}) \approx 120.011 \text{（}\Omega\text{）}$$

④ 功耗（每只应变片上受电压为 $\frac{U}{2}$）

$$P_W = \frac{\left(\frac{U}{2}\right)^2}{R} = \frac{\left(\frac{2}{2}\right)^2}{120} \approx 8.3 \text{（mW）}$$

（2）梁式力传感器。梁式力传感器是在等强度梁上距作用点距离为 x 处，上下各粘贴 4 只相同的应变片，并接成全桥。用这样的方法可制成称重电子秤、加速度传感器等。

应变式加速度传感器如图2.18所示。在一悬臂梁的自由端固定一质量块。当壳体与待测物一起做加速运动时，梁在质量块的惯性力的作用下发生形变，使粘贴于其上的应变片阻值发生变化。检测应变片阻值的变化即可求得待测物的加速度。

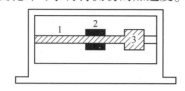

1—等强度悬臂梁；2—应变片；3—质量块

图2.18 应变式加速度传感器

【例2.3】 有一测量吊车起吊物质量的拉力传感器，如图2.19（a）所示。电阻应变片 R_1、R_2、R_3、R_4 粘贴在等截面轴上。已知等截面轴的截面积为 $0.001\,96\text{m}^2$，弹性模量 E 为 $2.0\times10^{11}\text{N/m}^2$，泊松比为 0.3，$R_1$、$R_2$、$R_3$、$R_4$ 标称值为 120Ω，灵敏度为 2.0，它们组成全桥电路，如图2.19（b）所示，桥路电压 $U=2\text{V}$，测得输出电压为 2.6mV，求：

① 重物 m 有多少吨；

② 等截面轴的纵向应变及横向应变。

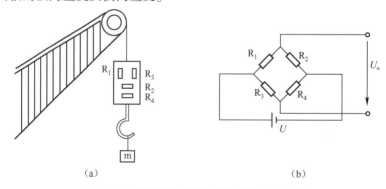

（a）   （b）

图2.19 测量吊车起吊物质量的拉力传感器

解：①

$$U_{\text{o}} = \frac{U}{2}K(1+\mu)\frac{F}{AE}$$

$$2.6\times10^{-3} = \frac{2}{2}\times2\times(1+0.3)\times\frac{F}{0.001\,96\times2\times10^{11}}$$

$$F = 392\,000(\text{N})$$

$$m = \frac{392\,000}{9.8} = 40(\text{t})$$

②

$$\varepsilon_x = \frac{F}{AE} = \frac{392\,000}{0.001\,96\times2\times10^{11}} = 0.001$$

$$\varepsilon_y = -\mu\varepsilon_x = -0.3\times0.001 = -0.000\,3$$

$$\Delta R_1 = \Delta R_3 = K\varepsilon_x R = 2\times0.001\times120 = 0.24(\Omega)$$

$$\Delta R_2 = \Delta R_4 = K\varepsilon_y R = 2\times(-0.000\,3)\times120 = -0.072(\Omega)$$

2. 压力传感器

压力传感器主要用于测量流体的压力。根据其弹性体的结构形式可分为单一式和组合式两种。

（1）单一式压力传感器。单一式压力传感器是指应变计直接粘贴在受压弹性膜片（或筒）上。图2.20所示为筒式应变压力传感器。其中图2.20（a）所示为结构示意图；图2.20（b）所示为筒式弹性元件；图2.20（c）所示为4只应变计布片图，工作应变计 R_1、R_3 沿筒外壁周向粘贴，温度补偿应变计 R_2、R_4 贴在筒底外壁，并接成全桥。当筒内壁感受到压力 p 时，筒外壁产生周向应变，从而改变电桥的输出。

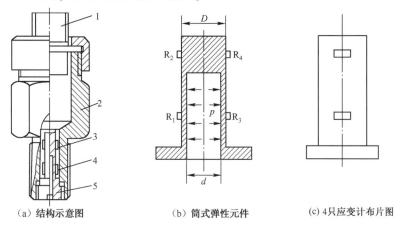

（a）结构示意图　　　（b）筒式弹性元件　　　(c)4只应变计布片图

1—插座；2—基体；3—温度补偿应变计；4—工作应变计；5—应变筒

图2.20　筒式应变压力传感器

（2）组合式压力传感器。组合式压力传感器由受压弹性元件（膜片、膜盒或波纹管）和应变弹性元件（如各种梁）组合而成。前者承受压力，后者粘贴应变计。两者之间通过传力件传递压力作用。这种结构的优点是受压弹性元件能对流体高温、腐蚀等影响起到隔离作用，使应变计具有良好的工作环境。

3. 位移传感器

应变式位移传感器是把被测位移量转换成弹性元件的变形和应变，然后通过应变计和应变电桥，输出正比于被测位移的电量的。它可用于近测或远测静态或动态的位移量。

图2.21（a）所示为国产 YW 系列应变式位移传感器结构。这种传感器由于采用了悬臂梁-螺旋弹簧串联的组合结构，因此适用于 $10 \sim 100\text{mm}$ 位移的测量。其工作原理如图2.21（b）所示。

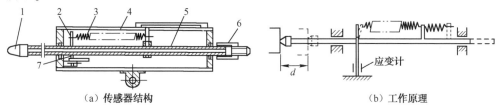

（a）传感器结构　　　　　　　　　（b）工作原理

1—测量头；2—弹性元件；3—弹簧；4—外壳；5—测量杆；6—调整螺母；7—应变计

图2.21　国产 YW 系列应变式位移传感器

当测量杆上的测量头产生位移时，悬臂梁测量杆推动悬臂梁，使粘贴于上面的应变片产生应变，且应变量与位移成正比，即

$$d = K\varepsilon$$

上式表明：d 与 ε 呈线性关系，其比例系数 K 与弹性元件尺寸、材料特性参数有关；ε 通过 4 只应变计和应变仪测得，且转换为对应电压。

2.4　压阻式传感器

2.4.1　压阻效应与压阻系数

半导体材料受到应力作用时，其电阻率会发生变化，这种现象称为压阻效应。

常见的半导体应变片采用锗和硅等半导体材料作为敏感栅。根据压阻效应，半导体和金属丝同样可以把应变转换成电阻的变化。

金属应变中讨论的公式 $\dfrac{\mathrm{d}R}{R}=(1+2\mu)\varepsilon+\dfrac{\mathrm{d}\rho}{\rho}$ 同样适用于半导体材料。这是因为，由几何变形而引起的电阻变化主要由电阻变化率决定，即

$$\frac{\mathrm{d}R}{R}\approx\frac{\mathrm{d}\rho}{\rho}=\pi\sigma=\pi E\varepsilon$$

可写为

$$\frac{\Delta R}{R}=\pi\sigma=\pi E\varepsilon \tag{2.36}$$

式中，π 为压阻系数；σ 为应力；E 为弹性模量。

由于半导体材料的各向异性，当硅膜片承受外应力时，同时产生纵向（扩散电阻长度方向）压阻效应和横向（扩散电阻宽度方向）压阻效应。于是有

$$\frac{\Delta R}{R}=\pi_{\mathrm{r}}\sigma_{\mathrm{r}}+\pi_{\mathrm{t}}\sigma_{\mathrm{t}} \tag{2.37}$$

式中，π_{r}、π_{t} 分别为纵向压阻系数和横向压阻系数，其大小由所扩散电阻的晶相来决定；σ_{r}、σ_{t} 分别为纵向应力和横向应力（切向应力），其状态由扩散电阻的所在位置决定。

半导体应变片的灵敏系数为

$$K=\frac{\Delta R/R}{\varepsilon_{x}}=\pi E \tag{2.38}$$

对扩散硅压力传感器，敏感元件通常都是周边固定的圆膜片。当圆膜片下部受均匀分布的压力作用时，在圆膜片的中心处，具有最大的正应力（拉应力），且纵向应力和横向应力相等；在圆膜片的边缘处，纵向应力 σ_{r} 为最大的负应力（压应力）。

2.4.2　测量原理

根据以上分析，在圆膜片上布置如图 2.22 所示的 4 个等值电阻。利用纵向应力 σ_{r}，其中两个电阻 R_2、R_3 处于 $r<0.635r_0$ 的位置，使其受拉应力；而另外两个电阻 R_1、R_4 处于 $r>0.635r_0$ 的位置，使其受压应力。

只要位置合适，可满足

$$\frac{\Delta R_2}{R_2}=\frac{\Delta R_3}{R_3}=-\frac{\Delta R_1}{R_1}=-\frac{\Delta R_4}{R_4} \tag{2.39}$$

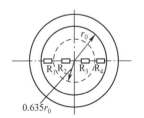
图 2.22　圆膜片上电阻布置图

这样就可以形成差动效果，通过测量电路，获得最大的电压输出灵敏度。

2.4.3 温度补偿

压阻式传感器受到温度影响后，会引起零位漂移和灵敏度漂移，因而会产生温度误差。这是因为，在压阻式传感器中，扩散电阻的温度系数较大，电阻值随温度变化而变化，故引起传感器的零位漂移。

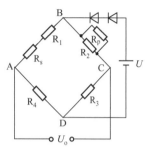

当温度升高时，压阻系数减小，则传感器的灵敏度下降；反之，灵敏度增大。零位漂移一般可用串联电阻的方法进行补偿，如图 2.23 所示。

串联电阻 R_s 主要起调节作用，并联电阻 R_p 则主要起补偿作用。例如，温度上升，R_s 的增量较大，则 A 点电位高于 C 点电位，$V_A - V_C$ 就是零位漂移。在 R_2 上并联一个负温度系数的阻值较大的电阻 R_p，可约束 R_s 的变化，从而实现补偿，以消除此温度差。

图 2.23 温度补偿电路

当然，如果在 R_3 上并联一个正温度系数的阻值较大的电阻也是可行的。在电桥的电源回路中串联的二极管电压是补偿灵敏度温漂的。二极管的 PN 结为负温度特性，温度升高，压降减小。这样，当温度升高时，二极管正向压降减小，若电源采用恒压源，则电桥电压必然升高，使输出变大，以补偿灵敏度的下降。

2.4.4 压阻式传感器的应用

压阻式传感器的基本应用是测压，但是根据不同的使用要求，其结构形式、外形尺寸和材料选择有很大的差异。例如，用于动态压力或点压力测量时，要求体积很小；生物医学用传感器，尤其是植入式传感器，则更要求微型化，其材料选取还应考虑与生物体相容；在化工领域或在有腐蚀性气体、液体环境中使用的传感器，则要求能够防爆、防腐蚀等。

1. 压力测量

压阻式压力传感器由外壳、硅杯和引线组成，其核心部分是一块方形的硅膜片。在硅膜片上，利用集成电路工艺制作了 4 个阻值相等的电阻。如图 2.24 所示，图中虚线圆内是承受压力区域。根据前述原理可知，R_2、R_4 所感受的是正应变（拉应变），R_1、R_3 所感受的是负应变（压应变），4 个电阻之间用面积较大、阻值较小的扩散电阻引线连接，构成全桥。硅片的表面用 SiO_2 薄膜加以保护，并用铝质导线做全桥的引线。因为硅膜片底部被加工成中间薄（用于产生应变）、周边厚（起支承作用），所以又称为硅杯。硅杯在高温下用玻璃黏结剂贴在热胀冷缩系数相近的玻璃基板上。将硅杯和玻璃基板紧密地安装到壳体中，就制成了压阻式压力传感器。

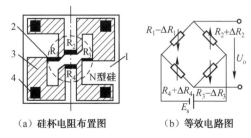

（a）硅杯电阻布置图　　　（b）等效电路图

1—单晶硅膜片；2—扩散型应变片；3—扩散电阻引线；4—电极及引线

图 2.24　压阻式压力传感器的硅杯电阻布置图及等效电路图

当硅杯两侧存在压力差时，硅膜片产生变形，4 个应变电阻在应力作用下，阻值发生变化，电桥失去平衡，按照电桥的工作方式，输出电压 U_o 与膜片两侧的压差 Δp 成正比，即

$$U_o = K\Delta p \tag{2.40}$$

2. 液位测量

如图 2.25 所示，压阻式压力传感器安装在不锈钢壳体内，并由不锈钢支架固定放置于液体底部。传感器的高压侧进气孔（用不锈钢隔离膜片及硅油隔离）与液体相通。安装高度 h_0 处的水压 $p_1 = \rho g h_1$，其中 ρ 为液体密度，g 为重力加速度。传感器的低压侧进气孔通过一根被称为"背压管"的管子与外界的仪表接口相连接。被测液位可由下式得到：

$$H = h_0 + h_1 = h_0 + \frac{p_1}{\rho g} \tag{2.41}$$

这种投入式液位传感器安装方便，适用于几米到几十米的混有大量污物、杂质的水或其他液体的液位测量。

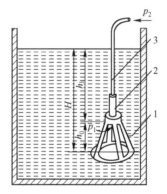

1—支架；2—压力传感器；3—背压管

图 2.25 压阻式压力传感器用于液位测量

2.5 气敏电阻传感器

在现代社会的工业、农业、科研、生活、医疗等许多领域中，人们往往会接触到各种各样的气体，需要测量环境中某些气体的成分、浓度。例如，煤矿瓦斯浓度的检测与报警，化工生产中气体成分的检测与控制，环境污染情况的监测，煤气泄漏、火灾报警、燃烧情况的检测与控制等。

气敏电阻传感器（以下简称气敏电阻）可以把气体中的特定成分检测出来，并将它转换成电信号。根据电信号的强弱就可以获得与待测气体在环境中存在的情况有关的信息，从而可以进行检测、控制和报警。

气敏电阻形式繁多。本节主要介绍检测各种还原性气体的气敏电阻。

1. 工作原理

检测还原性气体的气敏电阻一般是用 SuO_2、InO 或 Fe_2O_3 等金属氧化物粉料添加少量铂催化剂、激活剂，按一定的比例烧制而成的半导体器件。它的结构、测量电路如图 2.26 所示。

从图 2.26（a）、（b）可以看出，半导体气敏电阻传感器是由塑料底座、不锈钢网、气敏

烧结体及包裹在气敏烧结体中的两组铂丝组成的。一组为工作电极，另一组为加热电极。

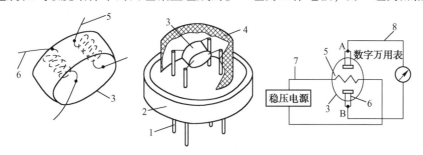

(a) 气敏烧结体　　(b) 气敏电阻传感器外形　　(c) 气敏电阻传感器测量电路

1—端子；2—塑料底座；3—气敏烧结体；4—不锈钢网；5—加热电极；6—工作电极；7—加热回路；8—测量回路

图 2.26　气敏电阻传感器的结构及测量电路

气敏电阻传感器中气敏元件的工作原理十分复杂，涉及材料的结构、化学吸附及化学反应。在高温下，N 型半导体气敏元件吸附上还原性气体（如氢、一氧化碳、酒精等）后，气敏元件电阻将减小，还原性气体的浓度越高，电阻下降就越多。

气敏元件工作时必须加热，加热的温度为 200℃～300℃，其目的是：加速被测气体的吸附、脱出过程；烧去气敏元件上的油污或污垢物，起清洗的作用。因此，气敏电阻在使用时应尽量避免置于油雾、灰尘环境中，以免老化。

气敏电阻的灵敏度较高，较适用于气体的微量检漏、浓度检测或超限报警。控制气敏烧结体的化学成分及加热温度，可以改变它对不同气体的选择性。例如，制成煤气报警器，可对居室或地下数米深处的管道漏点进行检漏，还可制成酒精检测仪。目前，气敏电阻传感器已广泛用于石油、化工、电力、家居等各个领域。

2. 实际应用

（1）矿灯瓦斯报警器。如图 2.27 所示为矿灯瓦斯报警器原理图。瓦斯探头由 QM-N5 型气敏元件、R_1 及 4V 矿灯蓄电池等组成。R_P 为瓦斯报警设定电位器，当它的阻值超过某一设定值时，其输出信号通过二极管 VD_1 加到 VT_2 的基极上，VT_2 导通，VT_3、VT_4 便开始工作。VT_3、VT_4 构成互补式自激多谐振荡器，它们的工作使继电器吸合与释放，信号灯闪光报警。

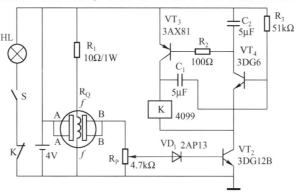

图 2.27　矿灯瓦斯报警器原理图

（2）一氧化碳报警器。如图 2.28 所示为一氧化碳报警器原理图，图中 R_Q 为 MQ-31 型气敏元件。在洁净的空气中，B-B 端无信号输出，VT_5 的基极通过 R_{P2} 接地，振荡器不工作，扬声器不发声。一旦气敏元件接触到一氧化碳，B-B 端就有信号输出，当一氧化碳浓度较大，通过气敏元件转换成的电信号电位大于 $VT_5 \sim VT_7$ 三个硅管的发射结导通电压降之和时，振荡器便开始工作，扬声器发出报警声，直至一氧化碳浓度降至安全值时才停止报警。

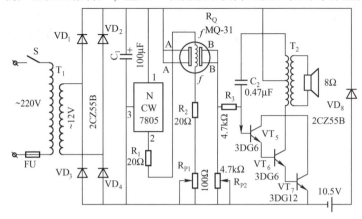

图 2.28　一氧化碳报警器原理图

该报警器采用交、直流两种电源。电源采用一只整流二极管进行自动切换。当采用交流供电时，经整流滤波后，加在电路上的电压为 11V 左右，高于电池组电压 10.5V，VD_8 的负极电压高于正极电压，处于截止状态。当交流电断电时，VD_8 立即导通，由于 $VD_1 \sim VD_4$ 反偏呈截止状态，因此电流不会流入变压器次级线圈，这样便达到了交、直流电自动切换的目的。

（3）自动排风扇控制器。当厨房由于油烟污染或液化石油气泄漏（或其他燃气）而使气体达到一定浓度时，它能自动开启排风扇，净化空气，防止事故发生。

如图 2.29 所示为自动排风扇控制器原理图。它采用 QM-N10 型气敏元件，对天然气、煤气、液化石油气有较高的灵敏度，并且对油烟也敏感。加热电压直接由变压器次级（6V）经 R_{12} 降压提供；工作电压由全波整流后，经 C_1 滤波及 R_1、VZ_5 稳压后提供。负载电阻由 R_2 和 R_3 组成（可通过更换 R_3 调节控制信号与待测气体浓度的关系）。R_4、VD_6、C_2、IC_1 组成开机延时电路，调整使其延时 60s 左右（防止初始稳定状态误动作）。

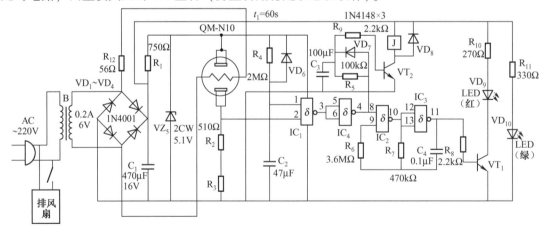

图 2.29　自动排风扇控制器原理图

当达到报警浓度时，IC_1 的 2 端为高电平，使 IC_4 输出高电平，此信号使 VT_2 导通，继电器吸合（启动排风扇），另外，IC_4 输出高电平，使由 IC_2、IC_3 组成的压控振荡器起振，其输出使 VT_1 导通或截止交替出现，则 LED（红色）发出闪光报警信号。LED（绿色）为工作指示灯。

（4）简易酒精测试器。如图 2.30 所示为简易酒精测试器原理图。它采用 TGS812 型酒精传感器，对酒精有较高的灵敏度（对一氧化碳也敏感）。测试器的负载电阻为 R_1 和 R_2，其输出直接接 LED 显示驱动器 LM3914。当无酒精蒸气时，其上的输出电压很低，随着酒精蒸气浓度的增加，输出电压也上升，则 LM3914 的 LED（共 10 个）亮的数目也增加。

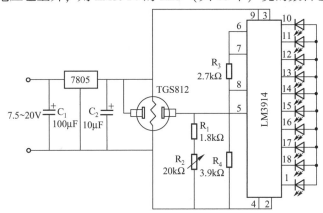

图 2.30　简易酒精测试器原理图

此测试器工作时，只要人向其呼一口气，就可根据 LED 亮的数目判定他是否喝酒，并可大致了解饮酒多少。

2.6　湿敏电阻传感器

随着现代工业技术的发展，纤维、造纸、电子、建筑、食品、医疗等领域都提出了高精度、高可靠性测量和湿度控制的要求，湿度检测与控制在现代科研、生产、生活中的地位越来越重要。例如，储粮仓库中的湿度越过一定程度时，谷物会发芽或霉变；纺织厂湿度应保持在 60%～70%RH；在农业生产中，湿室育苗、食用菌培养、水果保鲜等都需要对湿度进行检测与控制。利用湿敏电阻对湿度进行测量和控制，具有灵敏度高、体积小、寿命长、不需维护、可以进行遥测和集中控制等优点。

1. 工作原理

湿敏电阻是利用湿敏材料吸收空气中的水分而导致本身电阻值发生变化这一原理而制成的。湿敏电阻有不同的结构形式。常用的有陶瓷湿敏电阻、金属氧化物湿敏电阻、高分子材料湿敏电阻。本节主要介绍陶瓷湿敏电阻。图 2.31 所示为陶瓷湿敏电阻传感器的结构、外形、特性曲线及测量电路框图。

陶瓷湿敏电阻传感器的核心部分是用铬酸镁-氧化钛（$MgCr_2O_4$-TiO_2）等金属氧化物以高温烧结工艺制成的多孔陶瓷半导体。它的气孔率高达 25%以上，具有 $1\mu m$ 以下的细孔分布。与日常生活中常用的结构致密的陶瓷相比，其接触空气的表面显著增大，所以水蒸气极易被吸附于其表面及其空隙之中，使其电导率下降。当相对湿度从 1%RH 变化到 95%RH 时，其电阻率变化高达 4 个数量级以上，所以在测量电路中必须考虑采用对数压缩手段。

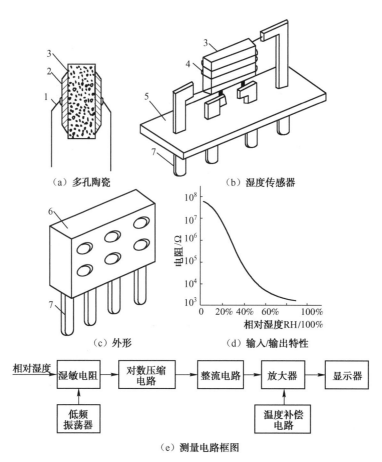

（a）多孔陶瓷　　　　（b）湿度传感器

（c）外形　　　　（d）输入/输出特性

相对湿度 → 湿敏电阻 → 对数压缩电路 → 整流电路 → 放大器 → 显示器

湿敏电阻 ← 低频振荡器

放大器 ← 温度补偿电路

（e）测量电路框图

1—引线；2—多孔性电极；3—多孔陶瓷；4—加热丝；5—底座；6—塑料外壳；7—引脚

图2.31　陶瓷湿敏电阻传感器结构、外形、特性曲线及测量电路框图

多孔陶瓷置于空气中易被灰尘、油烟污染，从而使感湿面积下降。如果将湿敏陶瓷加热到400℃以上，就可使污物挥发或烧掉，使陶瓷恢复到初期状态，所以必须定期给加热丝通电。陶瓷湿敏传感器吸湿快（10s左右），而脱湿要慢许多，从而产生滞后现象。当吸附的水分子不能全部脱出时，会造成重现性误差及测量误差。

2. 实际应用

（1）房间湿度控制电路。如图2.32所示，湿度传感器的相对湿度值为（0%～100%）RH，所对应的输出信号为1～100mV。将湿度传感器输出信号分成三路分别接在 A_1 的反相输入端、A_2 的同相输入端和显示器的正输入端。A_1 和 A_2 为开环应用，作为电压比较器，只需将 R_{P1} 和 R_{P2} 调整到适当的位置，便构成上、下限控制电路。当相对湿度下降时，湿度传感器输出电压随之下降；当降到设定值时，A_1 的1脚电位将突然升高，使 VT_1 导通，同时，LED_1 发绿光，表示空气太干燥，KA_1 吸合，接通超声波加湿机。当相对湿度上升时，湿度传感器输出电压随之上升，升到一定数值时，KA_1 释放。

当相对湿度继续上升，超过设定值时，A_2 的7脚将突然升高，使 VT_2 导通，同时，LED_2 发红光，表示空气太潮湿，KA_2 吸合，接通排气扇，排除空气中的潮气。当相对湿度降到一定数值时，KA_2 释放，排气扇停止工作。这样，就可以控制室内的相对湿度在一定范围之内了。

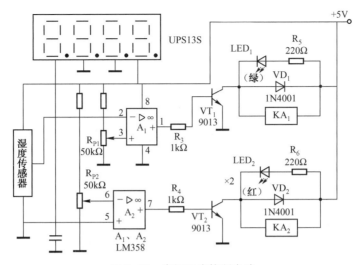

图 2.32　房间湿度控制电路

（2）汽车后玻璃自动去湿电路。如图 2.33 所示，R_L 为嵌入玻璃的加热电阻，R_H 为设置在后窗玻璃上的湿度传感器。由 VT_1 和 VT_2 构成施密特触发电路，在 VT_1 的基极接有由 R_1、R_2 和湿度传感器电阻 R_H 组成的偏置电路。在常温常湿条件下，由于 R_H 的阻值较大，VT_1 处于导通状态，VT_2 处于截止状态，继电器 KA 不工作，加热电阻中无电流流过。当室内外温差较大，且湿度过大时，湿度传感器 R_H 的阻值减小，使 VT_1 处于截止状态，VT_2 翻转为导通状态，继电器 KA 吸合，其常开触点 KA_1 闭合，加热电阻开始加热，后窗玻璃上的潮气被驱散。

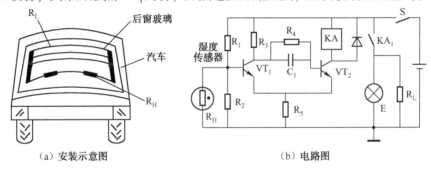

（a）安装示意图　　　　　　　　　（b）电路图

图 2.33　汽车后玻璃自动去湿电路

（3）浴室镜面水汽清除器电路。如图 2.34（a）所示，浴室镜面水汽清除器主要由电热丝、结露传感器、控制电路等组成，其中电热丝和结露传感器安装在玻璃镜子的背面，用导线把它们和控制电路连接起来。

图 2.34（b）为控制电路。B 为 HDP-07 型结露传感器，用来检测浴室内空气的水汽。VT_1 和 VT_2 组成施密特电路，它根据结露传感器感知产生水汽后的阻值变化，实现两种稳定状态。当玻璃镜面周围的空气湿度变低时，结露传感器阻值变小，约为 $2k\Omega$，此时 VT_1 的基极电位约为 0.5V，VT_2 的集电极为低电位，VT_3 和 VT_4 截止，双向晶闸管不导通。如果玻璃镜面周围的湿度增加，使结露传感器的阻值增大到 $50k\Omega$ 时，VT_1 导通，VT_2 截止，其集电极电位变为高电位，VT_3 和 VT_4 均导通，触发晶闸管 VS 导通，电热丝 R_L 通电，加热玻璃镜面。随着玻璃镜面温度逐步升高，镜面水汽被蒸发，从而使镜面恢复清晰。电热丝加热的同时，指示灯 VD_2 点亮。调节 R_1 的阻值，可使电热丝在确定的某一相对湿度条件下开始加热。

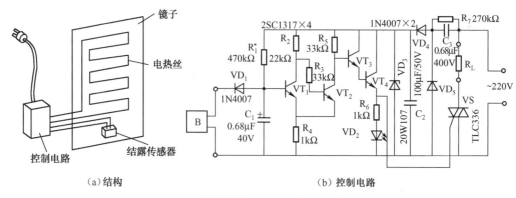

图 2.34　浴室镜面水汽清除器结构及控制电路

小　结

电位式传感器是把机械量转换为电信号的转换元件，一般用于静态和缓变量的检测。根据电位器的输出特性，可分为线性电位器和非线性电位器。

电阻应变式传感器的工作原理是基于电阻的应变效应，即金属丝的电阻随着它所受的机械变形而发生相应变化。电阻应变式传感器可测量位移、加速度、力、力矩、压力等各种参数，是目前应用最广泛的传感器之一。它具有结构简单，使用方便，性能稳定、可靠，灵敏度高，测量速度快等诸多优点，被广泛应用于航空、机械、电力、化工、建筑、医学等许多领域。

压阻式传感器的工作原理是基于半导体材料的压阻效应，它具有灵敏度高、动态性能好、精度高等特点，是应用广泛且发展迅速的一种传感器。

气敏电阻传感器是一种将检测到的气体的成分和浓度转换为电信号的传感器，可广泛用于化工生产中气体成分的检测与控制、煤矿瓦斯浓度的检测与报警、环境污染的监测、煤气泄漏和燃烧情况的检测与控制。

湿敏电阻传感器是利用湿敏材料吸收空气中的水分而导致本身电阻值发生变化这一原理而制成的，可用于纺织、造纸、电子、建筑、食品、医疗等领域有湿度要求的控制场合。

思考与练习

1. 什么叫应变效应？试利用应变效应解释金属电阻应变片的工作原理。

2. 为什么应变片传感器大多采用不平衡电桥作为测量电路？该电桥为什么又都采用半桥和全桥方式？

3. 简述电阻应变式传感器的温度补偿原理。

4. 何谓半导体的压阻效应？扩散硅传感器的结构有什么特点？

5. 试列举金属丝电阻应变片与半导体应变片的相同点和不同点。

6. 简要说明气敏、湿敏电阻传感器的工作原理并举例说明它们的用途。

7. 图 2.35 所示为由等截面梁和电阻应变片构成的测力传感器，若选用特性相同的 4 只

电阻应变片 $R_1 \sim R_4$，它们不受力时阻值均为 120Ω，灵敏度 $K=2$，在 Q 处作用力为 F。

（1）在图 2.35（b）所示测量电路中，标出应变片受力情况及其符号（应变片受拉用↑表示，受压用↓表示）。

（2）当作用力 $F=2\mathrm{kg}$ 时，应变片的 $\varepsilon = 5.2 \times 10^{-5}$，若作用力 $F=8\mathrm{kg}$，则 ε 为多少？电阻应变片 R_1、R_2、R_3、R_4 的阻值为多少？

（3）若每个电阻应变片阻值变化为 0.4Ω，则输出电压 U_o 为多少？

8. 如图 2.36 所示，在荷重传感器纵横方向上贴有金属电阻丝应变片 R_1 和 R_2，而 R_3、R_4 为一般电阻，当传感器不承载时电桥平衡，$R_1 = R_2 = R_3 = R_4 = 120\Omega$，$E=6\mathrm{V}$，试计算在额定荷重 $R_1 = 120.7\Omega$，$R_2 = 119.7\Omega$ 时，此时电桥输出电压 U_o。

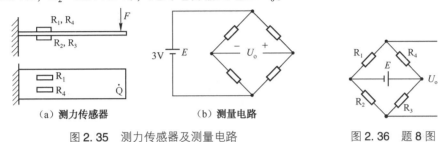

图 2.35 测力传感器及测量电路   图 2.36 题 8 图

9. 使用湿度传感器时应注意哪些事项？加热去污的方法是什么？

10. 采用阻值为 120Ω、灵敏度系数 $K=2.0$ 的金属电阻应变片和阻值为 120Ω 的固定电阻组成电桥，供桥电压为 $4\mathrm{V}$，并假定负载电阻无穷大。当应变片上的应变分别为 $1\mu\varepsilon$ 和 $1000\mu\varepsilon$ 时，试求单臂工作电桥、双臂工作电桥以及全桥工作时的输出电压，并比较三种情况下的灵敏度。

11. 采用阻值 $R=120\Omega$，灵敏度系数 $K=2.0$ 的金属电阻应变片与阻值 $R=120\Omega$ 的固定电阻组成电桥，供桥电压为 $10\mathrm{V}$，当应变片应变为 $1000\mu\varepsilon$ 时，若要使输出电压大于 $10\mathrm{mV}$，则可采用何种接桥方式（设输出阻抗为无穷大）？

第3章 变磁阻式传感器

变磁阻式传感器是利用被测量的变化使线圈电感量发生改变这一物理现象来实现测量的。根据工作原理的不同，变磁阻式传感器可分为自感式传感器、变压器式传感器、电涡流式传感器等几种。根据被测量所改变传感器的参数不同，又分为变间隙式传感器、变面积式传感器和螺线管式传感器。

3.1 自感式传感器

3.1.1 基本变间隙式自感传感器

1. 工作原理

基本变间隙式自感传感器由线圈、铁芯和衔铁组成，如图3.1所示。工作时衔铁与被测物体连接，被测物体的位移将使空气间隙的长度发生变化。气隙磁阻的变化，导致线圈电感量发生变化。

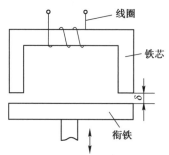

图3.1 基本变间隙式自感传感器

线圈的电感可用下式表示

$$L = \frac{N^2}{R_m} \tag{3.1}$$

式中，N 为线圈匝数；R_m 为磁路总磁阻，磁路总磁阻由铁芯、衔铁与空气间隙三部分的磁阻组成，而一般情况下，铁芯与衔铁的磁阻与空气间隙磁阻相比很小，所以磁路总磁阻可近似为气隙磁阻，即

$$R_m \approx 2\frac{\delta}{\mu_0 S} \tag{3.2}$$

式中，δ 为空气间隙的长度；μ_0 为空气磁导率；S 为铁芯与衔铁之间的空气间隙的相对面积。

因此，式（3.1）中线圈的电感可近似地表示为

$$L = \frac{N^2 \mu_0 S}{2\delta} \tag{3.3}$$

由式（3.3）可以看出，传感器中线圈电感量的变化与气隙长度和面积之间存在确定的函数关系，改变气隙长度或气隙截面，均可改变电感量。因此，基本变间隙式自感传感器又可分为变气隙长度的传感器和变气隙面积的传感器。前者常用于测量直线位移，后者常用于测量角位移。

2. 灵敏度

设传感器的初始间隙长度为 δ_0，面积为 S_0，当衔铁上移 $\Delta\delta$ 时，传感器气隙长度减小 $\Delta\delta$，即 $\delta = \delta_0 - \Delta\delta$，则此时输出电感为 $L = L_0 + \Delta L$，代入式（3.3），并整理，得

$$L = L_0 + \Delta L = \frac{N^2 \mu_0 S_0}{2(\delta_0 - \Delta\delta)} = \frac{L_0}{1 - \frac{\Delta\delta}{\delta_0}} = \frac{L_0\left(1 + \frac{\Delta\delta}{\delta_0}\right)}{1 - \left(\frac{\Delta\delta}{\delta_0}\right)^2} \tag{3.4}$$

当 $\Delta\delta/\delta_0 \ll 1$ 时，$1 - \left(\dfrac{\Delta\delta}{\delta_0}\right)^2 \approx 1$，即

$$L = L_0 + \Delta L = L_0\left(1 + \frac{\Delta\delta}{\delta_0}\right)$$

于是有

$$\Delta L = L_0 \frac{\Delta\delta}{\delta_0} \tag{3.5}$$

则电感相对增量为

$$\frac{\Delta L}{L_0} = \frac{\Delta\delta}{\delta_0} \tag{3.6}$$

电感相对增量灵敏度 K 为

$$K = \frac{\dfrac{\Delta L}{L_0}}{\Delta\delta} = \frac{1}{\delta_0} \tag{3.7}$$

由式（3.7）可知，δ_0 越小，灵敏度越高；但 δ_0 过小，$\Delta\delta/\delta_0 \ll 1$ 的条件不易满足，线性度差。可见，变间隙式自感传感器的测量范围与灵敏度及线性度相矛盾。所以，变间隙式自感传感器用于测量微小位移时是比较准确的。为了减小非线性误差，实际测量中广泛采用差动变间隙式传感器。

3.1.2 差动变间隙式传感器

图 3.2 所示为差动变间隙式传感器的结构原理图。由图 3.2 可知，它由两个相同的传感器共用一个衔铁组成，在测量时，衔铁通过导杆与被测体相连，当被测体上下移动时，导杆带动衔铁也以相同的位移上下移动，使两个磁回路中的磁阻发生大小相等、方向相反的变化，导致一个线圈的电感量增加，另一个线圈的电感量减小，形成差动形式。

对于差动形式输出的总电感变化量，当 $\Delta\delta/\delta_0 \ll 1$ 时，可得

$$\Delta L = \Delta L_1 + \Delta L_2 = 2L_0 \frac{\Delta\delta}{\delta_0}$$

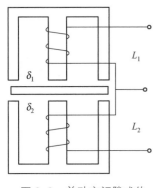

图 3.2 差动变间隙式传
感器的结构原理图

$$\frac{\Delta L}{L_0} = 2\frac{\Delta\delta}{\delta_0} \qquad (3.8)$$

电感相对变化量的灵敏度 K 为

$$K = \frac{\dfrac{\Delta L}{L_0}}{\Delta\delta} = \frac{2}{\delta_0} \qquad (3.9)$$

比较单线圈式和差动式两种变间隙式电感传感器的特性，可以得到如下结论。

（1）差动式比单线圈式的灵敏度高一倍。

（2）差动式的非线性项等于单线圈非线性项乘以 $\dfrac{\Delta\delta}{\delta_0}$ 因子，因为 $\Delta\delta/\delta_0 \ll 1$，所以差动式的线性度得到了明显改善。

为了使输出特性能得到有效改善，要求构成差动式的两个变间隙式传感器在结构尺寸、材料、电气参数等方面均完全一致。

3.1.3 螺管型自感式传感器

图 3.3 所示为螺管型自感式传感器的结构图。螺管型自感式传感器的衔铁随被测对象移动，线圈磁力线路径上的磁阻发生变化，线圈电感量也因此而变化，线圈电感量的大小与衔铁位置有关。线圈的电感量 L 与衔铁进入线圈的长度 x 的关系为

$$L = \frac{4\pi^2 N^2}{l^2}\left[\,lr^2 + (\mu_{\mathrm{m}} - 1)xr_{\mathrm{a}}^2\,\right] \qquad (3.10)$$

式中，l 为线圈长度；r 为线圈平均半径；N 为线圈的匝数；x 为衔铁进入线圈的长度；r_{a} 为衔铁的半径；μ_{m} 为铁芯的有效磁导率。

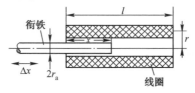

图 3.3 螺管型自感式传感器的结构图

螺管型自感式传感器的灵敏度较低，但量程大且结构简单，易于制作和批量生产，是目前使用最广泛的一种自感式传感器。

3.1.4 测量电路

自感式传感器的测量电路有交流电桥式、交流变压器式和谐振式等几种形式。其中交流电桥式是自感式传感器的主要测量电路，它的作用是将线圈电感的变化转换成电桥电路的电压或电流输出。

1. 电阻平衡臂电桥电路

如图 3.4 所示，电阻平衡臂电桥电路把传感器的两个线圈作为电桥的两个桥臂 Z_1 和 Z_2，另外两个相邻的桥臂用纯电阻代替。

假定图3.4中电桥输出端的负载为无穷大，则输出电压为

$$\dot{U}_o = \frac{\dot{U}_s Z_1}{Z_1+Z_3} - \frac{\dot{U}_s Z_2}{Z_2+Z_4} = \frac{Z_1 Z_4 - Z_2 Z_3}{(Z_1+Z_2)(Z_3+Z_4)} \dot{U}_s$$

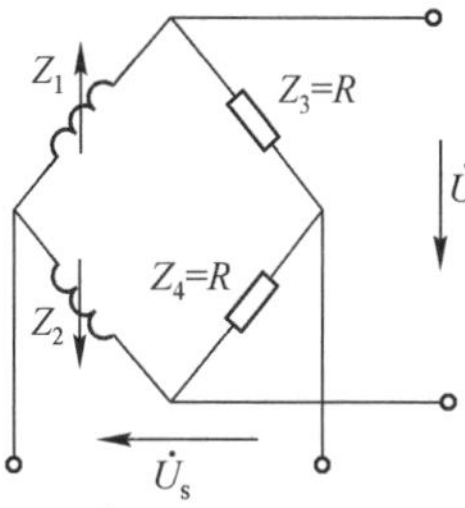

因为

$$Z_3 = Z_4 = R$$

所以

$$\dot{U}_o = \frac{(Z_1-Z_2)R}{(Z_1+Z_2)2R} \dot{U}_s = \frac{Z_1-Z_2}{2(Z_1+Z_2)} \dot{U}_s \qquad (3.11)$$

图 3.4　电阻平衡臂
电桥电路

衔铁在平衡位置时，由于两线圈结构完全对称，故

$$Z_1 = Z_2 = Z_0 = R_0 + j\omega L_0$$

式中，R_0 为线圈的铜电阻。若电路的品质因数较高，则近似为

$$Z_1 = Z_2 = Z_0 = j\omega L_0$$

此时 $Z_1 - Z_2 = 0$，电桥平衡，输出为零。

当衔铁偏离中间位置时，两边气隙不等，两只电感线圈的电感量一增一减，电桥失去平衡。当衔铁向上移动时，$Z_1 = Z_0 + \Delta Z_1$，$Z_2 = Z_0 - \Delta Z_1$，把 Z_1、Z_2 代入式（3.11）中，则有

$$\dot{U}_o = \frac{(Z_0+\Delta Z_1)-(Z_0-\Delta Z_1)}{2(Z_0+\Delta Z_1+Z_0-\Delta Z_1)} \cdot \dot{U}_s$$

$$= \frac{\dot{U}_s}{2} \cdot \frac{\Delta Z}{Z} = \frac{\dot{U}_s}{2} \cdot \frac{j\omega\Delta L}{R_0+j\omega L_0} = \frac{\dot{U}_s}{2} \cdot \frac{\Delta L}{L_0} \qquad (3.12)$$

式中，L_0 为衔铁在中间位置时线圈的电感；ΔL 为两线圈电感的差值。

将 $\Delta L = 2L_0 \dfrac{\Delta\delta}{\delta_0}$ 代入式（3.12）得

$$\dot{U}_o = \dot{U}_s \frac{\Delta\delta}{\delta_0} \qquad (3.13)$$

可见，电桥输出电压与 $\Delta\delta$ 有关。

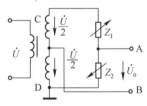

图 3.5　交流变压器式
电桥电路

2. 交流变压器式电桥电路

交流变压器式电桥电路如图3.5所示，电桥两桥臂 Z_1、Z_2 为传感器线圈阻抗，另外两桥臂为交流变压器次级线圈的两个绕组。当负载为无穷大时，输出电压为

$$\dot{U}_o = \frac{\dot{U}}{Z_1+Z_2} Z_2 - \frac{\dot{U}}{2} = \frac{\dot{U}}{2} \cdot \frac{Z_2-Z_1}{Z_1+Z_2} \qquad (3.14)$$

当传感器的衔铁处于中间位置时，即 $Z_1 = Z_2 = Z$，此时，$\dot{U}_o = 0$，电桥平衡。

当衔铁上移时，即 $Z_1 = Z+\Delta Z$，$Z_2 = Z-\Delta Z$，则有

$$\dot{U}_o = -\frac{\dot{U}}{2} \cdot \frac{\Delta Z}{Z} = -\frac{\dot{U}}{2} \cdot \frac{\Delta L}{L} \qquad (3.15)$$

同理，当衔铁下移时，则 $Z_1 = Z-\Delta Z$，$Z_2 = Z+\Delta Z$，此时

$$\dot{U}_o = \frac{\dot{U}}{2} \cdot \frac{\Delta Z}{Z} = \frac{\dot{U}}{2} \cdot \frac{\Delta L}{L} \qquad (3.16)$$

从式（3.15）及式（3.16）可知，衔铁上下移动相同距离时，输出电压的大小相等、方向相反。由于输出 U_o 是交流电压，输出指示无法判断位移方向，必须配合相敏检波电路来解决。有关相敏检波电路的工作原理将在介绍差动变压器式传感器时讨论。

3. 调振电路

谐振电路如图3.6（a）所示。图中 Z 为传感器线圈，E 为激励电源。图3.6（b）所示曲线为图3.6（a）所示电路的谐振曲线。若谐振电路中激励源的频率为 f，其振荡频率 $f=\dfrac{1}{2\pi\sqrt{LC}}$，则可确定其工作在谐振曲线 A 点。当传感器线圈电量变化时，谐振曲线将左右移动，工作点就在同一频率的纵坐标直线上移动（如移至 B 点），于是输出电压的幅值就发生相应的变化。这种电路灵敏度很高，但非线性严重，常与单线圈自感式传感器配合，用于测量范围小或线性度要求不高的场合。

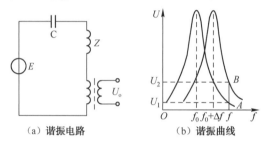

（a）谐振电路　　　　　（b）谐振曲线

图3.6　谐振电路及谐振曲线

4. 调频电路

图3.7（a）所示为调频电路。调频电路的基本原理是传感器电感 L 变化将引起输出电压频率的变化。一般是把传感器电感 L 和电容 C 接入一个振荡回路中。当 L 变化时，振荡频率随之变化，根据 f 的大小即可测出被测量的值。图3.7（b）所示曲线表示 f 与 L 的特性，它具有明显的非线性关系。

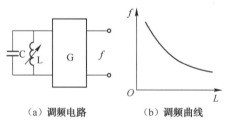

（a）调频电路　　　　　（b）调频曲线

图3.7　调频电路及调频曲线

由于输出为频率信号，这种电路的抗干扰能力很强，电缆长度可达 1km，特别适合于野外现场使用。

3.2　变压器式传感器

变压器式传感器根据变压器基本原理，把被测的非电量变化转换为线圈间互感量的变化。变压器式传感器与变压器的区别是：变压器为闭合磁路，而变压器式传感器为开磁路；变压器初、次级线圈间的互感为常数，而变压器式传感器初、次级线圈间的互感随衔铁移动而变化，且两个次级绕组按差动方式工作。因此，它又被称为差动变压器式传感器，简称差动变压器。

差动变压器结构形式较多，有变间隙式、变面积式和螺线管式等，其中应用最多的是螺线管式差动变压器，它可以测量 $1 \sim 100\mathrm{mm}$ 的机械位移，并具有测量精度高、灵敏度高、结构简单、性能可靠等优点。

3.2.1 螺线管式差动变压器

螺线管式差动变压器的基本结构如图 3.8 所示，它由一个初级线圈、两个次级线圈和插入线圈中央的圆柱形铁芯等组成。

差动变压器中两个次级线圈反向串联，在忽略铁损、导磁体磁阻和线圈分布电容的理想条件下，其等效电路如图 3.9 所示，其中 L_1、R_1 为初级线圈电感与电阻；L_{21}、L_{22} 和 R_{21}、R_{22} 分别为两个次级线圈的电感和电阻；R_L 为工作负载。

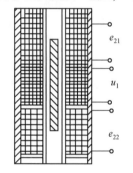

图 3.8 螺线管式差动变压器

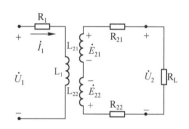

图 3.9 等效电路

当给初级绕组加以激励电压 $\dot{U}_1$ 时，根据变压器的工作原理，在两个次级绕组中便会产生感应电动势 $\dot{E}_{21}$ 和 $\dot{E}_{22}$。

根据变压器原理，传感器开路输出电压为两个次级线圈感应电动势之差，即

$$\dot{U}_2 = \dot{E}_{21} - \dot{E}_{22} = \mathrm{j}\omega(M_1 - M_2)\dot{I}_1 \qquad (3.17)$$

式中，M_1、M_2 分别为初级线圈与次级线圈间的互感系数。

如果工艺上保证变压器结构完全对称，则当活动衔铁处于初始平衡位置时，必然会使两互感系数 $M_1 = M_2$。根据电磁感应原理，将有 $\dot{E}_{21} = \dot{E}_{22}$，因而 $\dot{U}_2 = \dot{E}_{21} - \dot{E}_{22} = 0$，即差动变压器输出电压为零。

当衔铁偏离中间位置向上移动时，由于磁阻变化，使 $M_1 > M_2$，即 $M_1 = M + \Delta M_1$，$M_2 = M - \Delta M_2$。在一定范围内，$\Delta M_1 = \Delta M_2 = \Delta M$，差值 $M_1 - M_2 = 2\Delta M$，于是，在负载开路情况下，输出电压为

$$\dot{U}_2 = \mathrm{j}\omega(M_1 - M_2)\dot{I}_1 = 2\mathrm{j}\omega\Delta M \dot{I}_1 \qquad (3.18)$$

由图 3.9 可知

$$\dot{I}_1 = \frac{\dot{U}_1}{R_1 + \mathrm{j}\omega L_1} \qquad (3.19)$$

所以

$$\dot{U}_2 = 2j\omega\Delta M \frac{\dot{U}_1}{R_1 + j\omega L_1} \qquad (3.20)$$

其输出电压有效值 $U_2 = 2\omega\Delta M \cdot U_1 / \sqrt{R_1 + (\omega L_1)^2}$，与 $\dot{E}_{21}$ 同极性。

由于在一定的范围内，互感的变化 ΔM 与位移 x 成正比，因此 $\dot{U}_2$ 的变化与位移的变化成正比，且衔铁上移时，输出 $\dot{U}_2$ 与 $\dot{U}_1$ 同相位。同理，衔铁向下移动时，$M_1 < M_2$，使输出 $\dot{U}_2 = -2j\omega\Delta M \frac{\dot{U}_1}{R_1 + j\omega L_1}$，其有效值 $U_2 = -2\omega\Delta M \cdot U_1 / \sqrt{R^2 + (\omega L_1)^2}$，输出 $\dot{U}_2$ 与 $\dot{U}_1$ 相位相反。

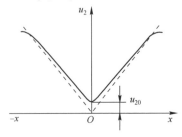

图 3.10　零点残余电压对输出特性的影响

实际上，当衔铁位于中心位置时，差动变压器的输出电压并不等于零，通常把差动变压器在零位移时的输出电压称为零点残余电压。它的存在使传感器的输出特性曲线不过零点，造成实际特性与理论特性不完全一致，如图 3.10 所示。零点残余电压主要是由传感器的两个次级绕组的电气参数和几何尺寸不对称，以及磁性材料的非线性等问题引起的。零点残余电压的波形十分复杂，主要由基波和高次谐波组成。基波的产生主要是因传感器的两个次级绕组的电气参数、几何尺寸不对称，导致它们产生的感应电动势幅值不等、相位不同。因此，无论怎样调整衔铁位置，两个线圈中感应电动势都不能完全抵消，高次谐波中起主要作用的是三次谐波，它产生的原因是磁性材料磁化曲线的非线性（磁饱和、磁滞）。零点残余电压一般在几十毫伏以下。在实际使用时，应设法减小零点残余电压，否则将会影响传感器的测量结果。

为了减小零点残余电压，可采用以下方法。

（1）尽可能保证传感器尺寸、线圈电气参数和磁路对称。磁性材料要经过处理，以消除内部的残余应力，使其性能均匀稳定。

（2）选用合适的测量电路。例如，采用相敏整流电路，既可判别衔铁移动方向，又可改善输出特性，减小零点残余电压。

（3）采用补偿电路减小零点残余电压。在差动变压器二次侧串、并联适当数值的电阻、电容元件，当调整这些元件时，可使零点残余电压减小。

3.2.2　测量电路

差动变压器的输出电压为交流电压，它与衔铁位移成正比，当变压器两输出电压反向串联时，用交流电压表测量其输出值只能反映衔铁位移的大小，不能反映移动的方向，因此常采用差动整流电路和相敏检波电路进行测量。

1. 差动整流电路

图 3.11 所示为典型的差动全波整流电压输出电路。

这种电路把差动变压器的两个次级输出电压分别全波整流，然后将整流电压的差值作为输出，电阻 R_0 用于调整零点残余电压。

差动整流电路的工作原理如下。

（1）二次侧输出电压 U_{ab} 经桥堆 A 全波整流，使交流电压变成单向脉动电压，输出的脉动电压经电容 C_1 滤波，使输出的脉动减小。桥堆 A 输出的电压始终上正、下负，即 $U_{12} > 0$。

其波形如图 3.12 所示。同理，二次侧输出电压 U_{cd} 经桥堆 B 整流和电容滤波后，得到单向电压 U_{34}，且 $U_{34}<0$。

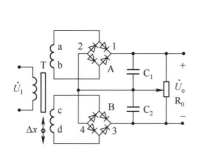

图 3.11　典型的差动全波整流电压输出电路

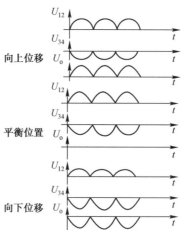

图 3.12　差动整流波形

当衔铁在零位时，由于 $U_{ab}=U_{cd}$，使 $U_{12}=U_{34}$，则 $U_o=U_{12}-U_{34}=0$。

当衔铁向上移动时，由于 $U_{ab}>U_{cd}$，使 $U_{12}>U_{34}$，则 $U_o=U_{12}-U_{34}>0$。

当衔铁向下移动时，电压的变化刚好相反，使 $U_{ab}<U_{cd}$，$U_{12}<U_{34}$，$U_o=U_{12}-U_{34}<0$。

（2）衔铁在移动方向的位移越大，输出电压 U_o 的值也越大，即输出电压 U_o 的大小反映位移大小，U_o 的正、负反映位移的方向。

差动整流电路具有结构简单、不需要考虑相位调整和零点残余电压的影响、分布电容影响小、便于远距离传输等优点，因而获得广泛的应用。

2. 相敏检波电路

图 3.13 所示为二极管相敏检波电路。图中，M、O 分别为变压器 T_1、T_2 的中心抽头，u_2 为来自差动变压器的输出电压。调制电压 u_0 与 u_2 同频，要求 u_0 与 u_2 同相或反相，且 $U_0 \gg U_2$，以保证二极管的导通由 u_0 决定。为保证电路中 u_0 与 u_2 同频，两者由同一电源 u_1 供电，且由移向器实现 u_0 与 u_2 的同相或反相。

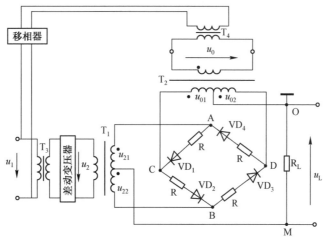

图 3.13　二极管相敏检波电路

假如 u_0 与 u_1 同频同相，则相敏检波电路的工作原理如下。

当传感器衔铁上移时，$\Delta x>0$，u_2 与 u_1 同相，则 u_2 与 u_0 同相。

当 u_0 处于正半周时，VD_2、VD_3 导通，VD_1、VD_4 截止，形成两条电流通路，电流通路 1 为

$$u_{01}^+ \rightarrow C \rightarrow R \rightarrow VD_2 \rightarrow B \rightarrow u_{22}^- \rightarrow u_{22}^+ \rightarrow R_L \rightarrow u_{01}^-$$

电流通路 2 为

$$u_{02}^+ \rightarrow R_L \rightarrow u_{22}^+ \rightarrow u_{22}^- \rightarrow B \rightarrow R \rightarrow VD_3 \rightarrow D \rightarrow u_{02}^-$$

其等效电路如图 3.14 所示。

因为 u_{01} 与 u_{02} 由同一变压器提供且大小相等，所以由叠加原理可知，u_{01} 与 u_{02} 在 R_L 中产生的电流互相抵消，即负载 R_L 中电压由 u_{22} 决定，且 u_L 为

$$u_L = \frac{u_{22}}{\frac{1}{2}R+R_L}R_L = \frac{2R_L u_{22}}{R+2R_L} \tag{3.21}$$

当 u_2 与 u_0 同处于负半周时，VD_1、VD_4 导通，VD_2、VD_3 截止，同样有两条电流通路，电流通路 1 为

$$u_{01}^+ \rightarrow R_L \rightarrow u_{21}^+ \rightarrow u_{21}^- \rightarrow A \rightarrow R \rightarrow VD_1 \rightarrow C \rightarrow u_{01}^-$$

电流通路 2 为

$$u_{02}^+ \rightarrow D \rightarrow R \rightarrow VD_4 \rightarrow A \rightarrow u_{21}^- \rightarrow u_{21}^+ \rightarrow R_L \rightarrow u_{02}^-$$

其等效电路如图 3.15 所示。

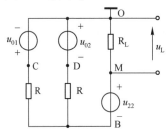

图 3.14　等效电路（一）

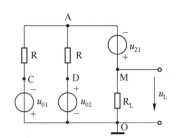

图 3.15　等效电路（二）

与 u_0 在正半周时相似，u_{01} 与 u_{02} 在 R_L 中的作用互相抵消，u_L 由 u_{21} 决定，即

$$u_L = \frac{u_{21}}{\frac{1}{2}R+R_L}R_L = \frac{2R_L u_{21}}{R+2R_L} \tag{3.22}$$

考虑到 $u_{21}=u_{22}=\dfrac{u_2}{2n_1}$，故衔铁上移时，得到

$$u_L = \frac{R_L u_2}{n_1(R+2R_L)} \tag{3.23}$$

式中，n_1 为变压器 T_1 的变比。式（3.23）说明，只要位移 $\Delta x>0$，不论 u_2 与 u_0 是处于正半周还是负半周，在负载 R_L 两端得到的电压 u_L 始终为正。

当传感器衔铁下移时，$\Delta x<0$，u_2 与 u_1 反相，则 u_2 与 u_0 同频反相。由于电路中二极管的导通是由 u_0 决定的，因此 u_0 在正半周时，导通电路与图 3.14 相似，但此时 u_{22} 的极性上 "−"、下 "+"，与 $\Delta x>0$ 时相反。而 u_0 在负半周时，导通电路与图 3.15 相似，但 u_{21} 的极性上 "+"、下 "−"，也与 $\Delta x>0$ 时相反，所以此时负载端的电压为

$$u_L = -\frac{R_L u_2}{n_1(R+2R_L)}$$

(3.24)

即 $\Delta x < 0$ 时 R_L 两端的输出电压与 $\Delta x > 0$ 时 R_L 两端的输出电压相比，相差一个符号。

由上述分析可知，相敏检波电路输出电压 u_L 的变化规律充分反映了被测位移量的变化规律，即 u_L 的值反映位移 Δx 的大小，而 u_L 的极性则反映位移 Δx 的方向。

3.3 电涡流式传感器

电涡流式传感器具有结构简单、频率响应宽、灵敏度高、测量范围大、抗干扰能力强等优点，特别是它可以实现非接触式测量，因此在工业生产和科学技术的各个领域中得到了广泛的应用。应用电涡流式传感器可实现对多种物理量（如位移、振动、厚度、转速、应力、硬度等）的测量，也可用于无损探伤。

3.3.1 电涡流式传感器的工作原理

当金属导体被置于变化着的磁场中，或在磁场中运动时，导体内就会产生感应电流，该感应电流被称为电涡流或涡流，这种现象被称为涡流效应。电涡流传感器就建立在这种涡流效应的基础上。

图 3.16 所示为电涡流式传感器的工作原理。在传感器线圈 L 内通一交变电流 i_1，由于 i_1 是交变电流，因此可在线圈周围产生一个交变磁场 H_1。当被测导体置于该磁场范围内时，导体内便产生电涡流 i_2，此时 i_2 将产生一个新的磁场 H_2。根据楞次定律，H_2 与 H_1 方向相反，削弱原磁场 H_1，从而导致线圈的电感量、阻抗和品质因数发生变化。

一般地，线圈电感量的变化与导体的电导率、磁导率、几何形状、线圈的几何参数、激励电流频率，以及线圈与被测导体之间的距离有关。如果上述参数中的一个改变，而其余参数恒定不变，则电感量就成为此参数的单值函数。若只改变线圈与金属导体间的距离，则电感量的变化即可反映这二者之间的距离变化。

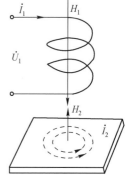

图 3.16 电涡流式传感器的工作原理

3.3.2 电涡流式传感器种类

在电涡流式传感器中，磁场变化频率越高，涡流的集肤效应越显著，即涡流穿透深度越小。所以，电涡流式传感器根据激励频率高低，可以分为高频反射式和低频透射式两大类。

1. 高频反射式电涡流式传感器

目前，高频反射式电涡流式传感器应用十分广泛。图 3.17 所示为高频反射式电涡流式传感器的结构。它由一个扁平线圈固定在框架上构成。线圈用高强度漆包铜线或银线、铼钨合金绕制而成，用胶黏剂粘在框架端部或绕制在框架内。

框架常用高频陶瓷、聚酰亚胺、环氧玻璃纤维、氮化硼和聚四氟乙烯等损耗小、电性能好、热膨胀系数小的材料。由于激励频率较高，对所用电缆与插头要充分重视。

电涡流式传感器的线圈与被测金属导体间是磁性耦合，电涡流式传感器是利用这种耦合程度的变化来进行测量的。因此，被测体的物理性质，以及它的尺寸和形状都与总的测量装置有关。一般地，被测体的电导率越高，灵敏度也越高。磁导率则与之相反，当被测体为磁性体时，灵敏度较非磁性体低。而且被测体若有剩磁，将影响测量结果，因此应予以消磁。

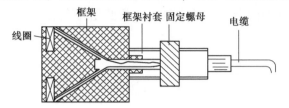

图 3.17　高频反射式电涡流式传感器的结构

被测体的大小和形状也与灵敏度密切相关。若被测体为平面，则被测体的直径应不小于线圈直径的 1.8 倍。当被测体的直径为线圈直径的一半时，灵敏度将减小一半；当直径更小时，灵敏度下降更严重。若被测体表面有镀层，则镀层的性质和厚度不均匀也将影响测量精度。当测量转动或移动的物体时，这种不均匀将形成干扰信号。尤其当激励频率较高、电涡流的贯穿深度减小时，这种不均匀干扰的影响更加突出。当被测体为圆柱形时，只有圆柱形直径为线圈直径的 3.5 倍以上，才不影响测量结果；当两者相等时，灵敏度降低为 70% 左右。同样，对被测体厚度也有一定的要求，一般厚度大于 0.2mm 即不影响测量结果（视激励频率而定），铜、铝等材料更可减薄到 70μm。

2. 低频透射式电涡流式传感器

低频透射式与高频反射式的区别在于它采用低频激励，贯穿深度大，适用于测量金属材料的厚度。其工作原理如图 3.18 所示。低频透射式电涡流式传感器有两个线圈，一个是发射线圈 L_1，在其上加入电压产生磁场。另一个是接收线圈 L_2，用以产生感应电动势。

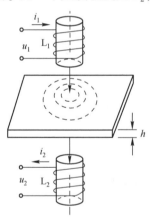

图 3.18　低频透射式电涡流式传感器的工作原理

发射线圈 L_1 和接收线圈 L_2 分别位于被测材料的上下方。由振荡器产生的高频电压 u_1 加到 L_1 的两端后，线圈中即流过一个同频交变电流，并在其周围产生一交变磁场。如果两线圈间不存在被测金属材料，则线圈 L_1 的磁场就能直接贯穿线圈 L_2，于是 L_2 的两端会产生一感应电动势 E。

在 L_1 与 L_2 之间放置一金属板后，L_1 产生的磁力线经过金属板，且在金属板中产生涡流，该涡流削弱了 L_1 产生的磁力线，使到达接收线圈的磁力线减少，从而使 L_2 两端的感应电动势 E 减小。

由于金属板中产生涡流的大小与金属板的厚度有关，金属板越厚，则板内产生的涡流越大，削弱的磁力线越多，接收线圈中产生的电动势就越小，因此可根据接收线圈输出电压的大小确定金属板的厚度。

金属板中涡流的大小除了受金属板厚度的影响外，还与其电阻率有关，而电阻率与温度有关。因此在温度变化的情况下，根据电压判断金属板的厚度会产生误差。为此，在用涡流法测量金属板厚度时，要求被测材料温度恒定。

为了较好地进行厚度测量，激励频率应选得较低。频率太高，则贯穿深度小于被测厚度，不利于进行厚度测量。

一般地，测薄金属板时，频率应略高些；测厚金属板时，频率应低些。在测量电阻率较小的材料时，应选 500Hz 左右较低的频率；当测量电阻率较大的材料时，则应选用 2kHz 左右较高的频率。这样，可保证在测量不同材料时能得到较好的线性度和灵敏度。

3.3.3 测量电路

由电涡流式传感器的基本原理可知，被测量的变化被传感器转化为品质因数 Q、等效阻抗 Z 和等效电感 L 3 个参数，针对不同的变化参数，可用相应的测量电路来测量。电涡流式传感器的测量电路可归纳为高频载波调幅式和调频式两类，而高频载波调幅式又可分为恒定频率的载波调幅和频率变化的载波调幅两种。

1. 载波频率改变的调幅法和调频法

如图 3.19 所示为调频调幅式测量电路。

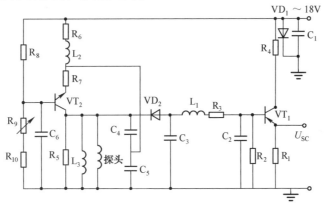

图 3.19　调频调幅式测量电路

该测量电路由 3 部分组成：电容三点式振荡器、检波器和射极跟随器。

电容三点式振荡器的作用是将位移变化引起的振荡回路 Q 值变化转换为高频载波信号的幅值变化。为使电路具有较高的效率而自行起振，电路采用自给偏压的办法。

检波器由检波二极管和 π 形滤波器组成。采用 π 形滤波器可适应电流变化较大，而又要求纹波很小的情况，可获得平滑的波形。检波器的作用是将高频载波中的测量信号不失真地取出。

射极跟随器的输入阻抗高，并具有良好的跟随性，所以采用射极跟随器作为输出极，可以获得尽可能大的、不失真的输出幅值。

当无被测导体时，回路谐振于频率 f_0，电涡流式传感器的输出电感最大，Q 值最高，所以对应的输出电压 u_0 最大。当被测导体接近传感器线圈时，振荡器的谐振频率发生变化，谐振曲线不但向两边移动，而且变得平坦。此时由传感器回路组成的振荡器输出电压的频率和幅值均发生变化，如图 3.20 所示。设其输出电压分别为 u_1、u_2、…，振荡频率分别为 f_1、f_2、…，假如直接取它的输出电压作为显示量，则这种电路就称为载波频率改变的调幅法。它直接反映了 Q 值变化，因此可用于以 Q 值作为输出的电涡流式传感器。若取改变了的频率作为显示量，那么就用于测量传感器的等效电感量，这种方法称为调频法。

2. 调频式测量电路

调频式测量电路与变频调幅电路一样，将传感器线圈接入电容三点式振荡回路，但所不同的是，它以振荡频率的变化作为输出信号。若欲以电压作为输出信号，则应后接鉴频器，如图 3.21 所示。

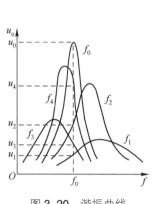

图 3.20　谐振曲线

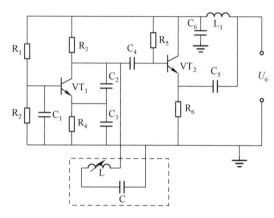

图 3.21　调频式测量电路

这种电路的关键是提高振荡器的频率稳定性，通常可以从环境温度变化、电缆电容变化及负载影响三方面考虑。另外，提高谐振回路元件本身的稳定性也是提高频率稳定性的一个措施。为此，传感器线圈 L 采用热绕工艺绕制在低膨胀系数材料的骨架上，并配以高稳定的云母电容，或将具有适当负温度系数的电容（进行温度补偿）作为谐振电容 C。此外，提高传感器探头的灵敏度也能提高仪器的相对稳定性。

3. 电桥电路

图 3.22 所示为电桥法的原理图，图中线圈 A 和 B 为传感器线圈。

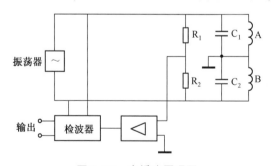

图 3.22　电桥法原理图

电桥法把传感器线圈的阻抗作为电桥的桥臂，并将传感器线圈的阻抗变化转换为电压或电流的变化。无被测量输入时，使电桥达到平衡。在进行测量时，由于传感器线圈的阻抗发生变化，使电桥失去平衡，将电桥不平衡造成的输出信号进行放大并检波，就可以得到与被测量成正比的输出。电桥法主要用于由两个电涡流线圈组成的差动式传感器。

3.4 变磁阻式传感器的应用

3.4.1 自感式传感器的应用

1. 压力测量

图 3.23 所示为可用于测量压力的变间隙式差动电感压力传感器。它主要由 C 形弹簧管、衔铁和线圈等组成。

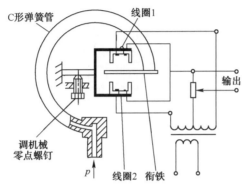

图 3.23 变间隙式差动电感压力传感器

当被测压力进入 C 形弹簧管时，C 形弹簧管发生变形，其自由端发生位移，带动与自由端连接成一体的衔铁运动，使线圈 1 和线圈 2 中的电感发生大小相等、方向相反的变化，即一个电感量增大，另一个电感量减小。电感的这种变化通过电桥电路转换成输出电压。由于输出电压与被测压力之间成比例关系，因此只要用检测仪表测量出输出电压，即可知被测压力的大小。

2. 位移测量

图 3.24 所示为电感测微仪的结构与原理框图。测量时测端与被测件接触，被测件的微小位移使衔铁在差动线圈中移动，线圈电感值将产生变化，使这一变化量通过引线接到交流电桥，电桥的输出电压就反映了被测件的位移变化量。

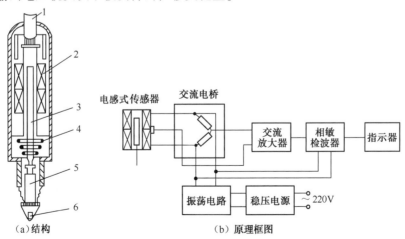

1—引线；2—线圈；3—衔铁；4—测力弹簧；5—导杆；6—测端

图 3.24 电感测微仪的结构与原理框图

3.4.2 变压器式传感器的应用

1. 加速度测量

图 3.25 所示为差动变压器式加速度传感器结构图。衔铁受加速度的作用，使悬臂弹簧受力变形，与悬臂相连的衔铁产生相对线圈的位移，从而使变压器的输出改变，而位移的大小反映了加速度的大小。

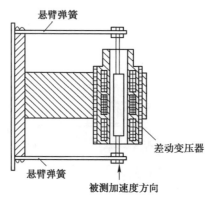

图 3.25 差动变压器式加速度传感器结构图

2. 压力测量

差动变压器与膜片、膜盒和弹簧管等相结合，可以组成压力传感器。图 3.26 所示为差动变压器式压力传感器结构图。在无压力作用时，膜盒处于初始状态，与膜盒连接的衔铁位于差动变压器线圈的中心。当压力输入膜盒后，膜盒的自由端产生位移并带动衔铁移动，差动变压器产生正比于输入压力的输出电压。

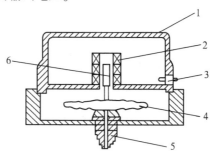

1—罩壳；2—差动变压器；3—插头；4—膜盒；5—接头；6—衔铁

图 3.26 差动变压器式压力传感器结构图

3.4.3 电涡流式传感器的应用

1. 位移测量

凡是可转换为位移量的参数，都可用电涡流式传感器测量，如机器转轴的轴向窜动、金属材料的热膨胀系数、钢水液位、纱线张力、流体压力等。

图 3.27 所示为由电涡流式传感器构成的液位监控系统。通过浮子与杠杆带动涡流板上下移动，由电涡流式传感器探头发出信号控制电动泵的开启而使液位保持一定。

图 3.27　液位监控系统

图 3.28 所示为用于测量汽轮机主轴轴向位移的工作原理图，电涡流式传感器的探头靠近主轴，当主轴轴向移动时，使电涡流式传感器的输出电感发生变化。

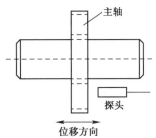

图 3.28　测量主轴轴向位移的工作原理图

2. 转速测量

如图 3.29 所示，在一个旋转体上开一条或数条槽，或者将其做成齿状，在其旁边安装一个电涡流式传感器。当旋转体运动时，电涡流式传感器将周期性地改变输出电压信号，此电压信号经过放大、整形，可用频率计指示出频率数值。此值与槽数和被测转速有关，即

$$n = \frac{f}{N} \times 60$$

式中，f 为频率（Hz）；N 为旋转体的槽数或齿数；n 为被测轴的转速（r/min）。

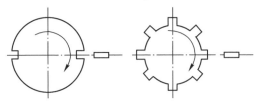

图 3.29　转速测量

3. 探伤

电涡流式传感器可以用于检测金属的表面裂纹、热处理裂纹，还可以用于对焊接部位的探伤等。即使传感器与被测体距离不变，如有裂纹出现，也将引起金属的电阻率、磁导率的变化。裂纹处也可以解释为有位移值的变化。这些综合参数（x、ρ、μ）的变化将引起传感器参数的变化，通过测量传感器参数的变化即可达到探伤的目的。

4. 温度测量

在较小的温度范围内，导体的电阻率与温度的关系为

$$\rho_1 = \rho_0 \left[1 + \alpha (t_1 - t_0) \right]$$

式中，ρ_1、ρ_0 分别为温度为 t_1 与 t_0 时的电阻率；α 为在给定温度范围内的电阻温度系数。

若保持电涡流式传感器的其他参数不变，使传感器的输出只随被测导体电阻率而变化，

就可测得温度的变化。上述原理可用于测量液体、气体介质温度或金属材料的表面温度，适合于低温和常温的测量。

图 3.30 所示为一种测量液体或气体介质温度的电涡流式传感器。它具有不受金属表面涂料、油、水等介质的影响，可实现非接触式测量，反应快等优点。目前已制成热惯性时间常数仅为 1ms 的电涡流式温度计。

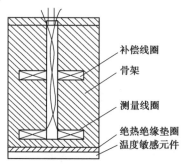

补偿线圈
骨架
测量线圈
绝热绝缘垫圈
温度敏感元件

图 3.30 测温的电涡流式传感器

除了上述应用，电涡流式传感器还可利用磁导率与硬度有关的特性实现非接触式硬度连续测量，并可用作接近开关，以及用于尺寸检测等。

小 结

变磁阻式传感器利用被测量的变化使线圈电感量发生改变来实现测量。它可分为自感式传感器、变压器式传感器、电涡流式传感器等几种。

在自感式传感器中主要介绍了变间隙传感器的工作原理。自感式变间隙传感器有基本变间隙式传感器与差动变间隙式传感器。两者相比，后者的灵敏度比前者的灵敏度高一倍，且线性度得到明显改善。

变压器式传感器属于互感式传感器，它把被测的非电量变化转换为线圈间互感量的变化。差动变压器的结构形式较多，有变隙式、变面积式和螺线管式等，其中应用最多的是螺线管式差动变压器，它可以测量 1～100mm 的机械位移，并具有测量精度高、灵敏度高、结构简单、性能可靠等优点。

电涡流式传感器具有结构简单、频率响应宽、灵敏度高、测量范围大、抗干扰能力强等优点，特别是它可以实现非接触式测量，因此在工业生产和科学技术的各个领域中得到了广泛的应用。应用电涡流式传感器可实现对多种物理量的测量，也可用于无损探伤。

本章除了介绍不同类型传感器的工作原理，还介绍了针对不同传感器的输出变量 Z、Q、L 的测量电路及各种传感器的应用。

思考与练习

1. 简述单线圈和差动变间隙式传感器的工作原理和基本特性。
2. 为什么螺线管式电感传感器比变间隙式电感传感器有更大的测量范围？

3. 根据螺线管式差动变压器的基本特性，说明其灵敏度和线性度的主要特点。

4. 简述电涡流式传感器的工作原理及其主要用途。

5. 气隙式电感传感器如图 3.31 所示，衔铁端面积 $S = 4 \times 4$（mm^2），气隙总长度 $\delta = 0.8mm$，衔铁最大位移 $\Delta\delta = \pm 0.08mm$，激励线圈匝数 $N = 2\,500$，导线直径 $d = 0.06mm$，电阻率 $\rho = 1.75 \times 10^{-6}$（$\Omega \cdot m$）。当激励电源频率 $f = 40MHz$ 时，忽略漏磁及铁损。试计算：

（1）线圈电感值。

（2）电感的最大变化量。

（3）当线圈外端面积为 11×11（mm^2）时其直流电阻值。

（4）线圈的品质因数。

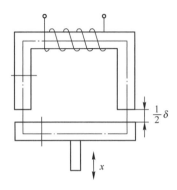

图 3.31　气隙式电感传感器

6. 电感式传感器有几大类？各有何特点？

7. 什么叫零点残余电压？产生的原因是什么？

8. 图 3.32 所示是一种差动整流的电桥电路，电路由差动电感传感器 Z_1、Z_2 以及平衡电阻 R_1、R_2（$R_1 = R_2$）组成。桥的一个对角线接有交流电源 U_i，另一个对角线为输出端 U_o。试分析该电路的工作原理。

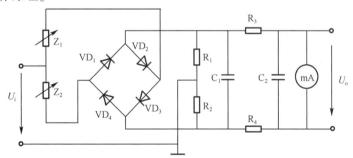

图 3.32　差动整流电桥电路

9. 影响差动变压器输出线性度和灵敏度的主要因素是什么？

10. 电涡流式传感器的灵敏度主要受哪些因素影响？它的主要优点是什么？

第4章 电容式传感器

电容式传感器是将被测量的变化转换为电容量变化的一种传感器。它具有结构简单、分辨率高、抗过载能力强、动态特性好的优点，且能在高温、辐射和强烈振动等恶劣条件下工作。电容式传感器可用于测量压力、位移、振动、液位。

4.1 电容式传感器的工作原理

平行板电容器是由绝缘介质分开的两个平行金属板组成的，如图4.1所示，当忽略边缘效应影响时，其电容量与绝缘介质的介电常数 ε、极板的有效面积 S 以及两极板间的距离 d 有关，即

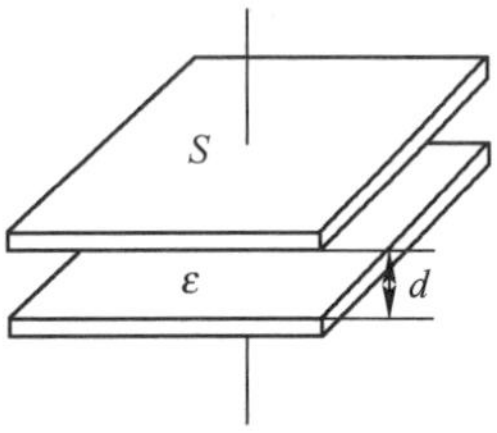

图 4.1 平行板电容器

$$C = \frac{\varepsilon S}{d} \tag{4.1}$$

若被测量的变化使电容的 d、S、ε 三个参数中的一个发生改变，则电容量就将发生变化。如果变化的参数与被测量之间存在一定的函数关系，那么被测量的变化就可以直接由电容量的变化反映出来。所以，电容式传感器可以分成3种类型：改变极板面积的变面积式、改变极板距离的变间隙式和改变介电常数的变介电常数式。

4.1.1 变面积式电容传感器

变面积式电容传感器的两个极板中，一个是固定不动的，称为定极板；另一个是可移动的，称为动极板。根据动极板相对定极板的移动情况，变面积式电容传感器又分为直线位移式和角位移式两种。

1. 直线位移式

其原理如图4.2所示，被测量通过使动极板移动，引起两极板有效覆盖面积 S 改变，从而使电容量发生变化。设动极板相对定极板沿极板长度 a 方向平移 Δx 时，电容为

$$C = \frac{\varepsilon(a-\Delta x)b}{d} = \frac{\varepsilon ab}{d} - \frac{\varepsilon \Delta xb}{d} = C_0 - \Delta C \tag{4.2}$$

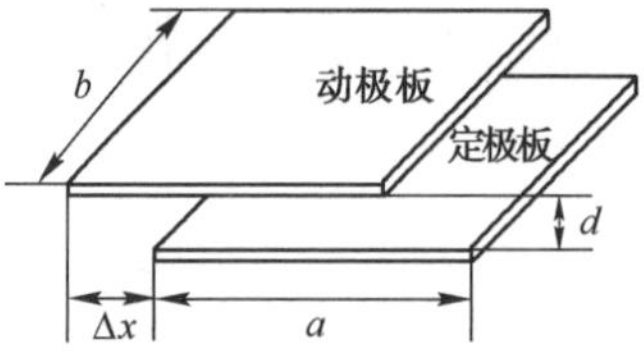

图 4.2 直线位移式电容传感器原理图

式中，$C_0 = \dfrac{\varepsilon ab}{d}$，为电容初始值；电容因位移而产生的变化量为 $\Delta C = C - C_0 = -\dfrac{\varepsilon b}{d} \cdot \Delta x = -C_0 \dfrac{\Delta x}{a}$。

电容的相对变化量为

$$\frac{\Delta C}{C_0} = -\frac{\Delta x}{a} \tag{4.3}$$

很明显，这种传感器的输出特性呈线性，因而其量程不受范围的限制，适合测量较大的直线位移。它的灵敏度为

$$K = \frac{\Delta C}{\Delta x} = -\frac{\varepsilon b}{d} \tag{4.4}$$

由式（4.4）可知，直线位移式电容传感器的灵敏度与极板间距成反比，适当减小极板间距，可提高灵敏度。同时，灵敏度还与极板宽度成正比。

为提高测量精度，常用如图 4.3 所示的结构形式，以减少动极板与定极板之间的相对极板间距变化而引起的测量误差。

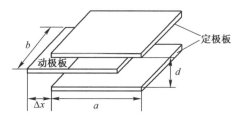

图 4.3　中间极板移动变面积式电容传感器

2. 角位移式

角位移式电容传感器的工作原理如图 4.4 所示。当被测量的变化使动极板有一角位移 θ 时，两极板间互相覆盖的面积发生改变，从而改变两极板间的电容量 C。

当 $\theta = 0$ 时，初始电容量为

$$C_0 = \frac{\varepsilon S}{d}$$

当 $\theta \neq 0$ 时，电容量变为

$$C = \frac{\varepsilon S \dfrac{\pi - \theta}{\pi}}{d} = \frac{\varepsilon S}{d}\left(1 - \frac{\theta}{\pi}\right)$$

由上式可知，电容量 C 与角位移 θ 呈线性关系。

在实际应用中，可采用差动结构，以提高灵敏度。差动角位移式电容传感器的结构如图 4.5 所示。

在图 4.5 中，A、B、C 均为尺寸相同的半圆形极板。A、B 固定，作为定极板，且角度相差 180°，C 为动极板，置于 A、B 两极板中间，且能随着外部输入的角位移转动。当外部输入角度改变时，可改变极板间的有效覆盖面积，从而使传感器电容随之改变。C 的初始位置必须保证其与 A、B 的初始电容值相同。

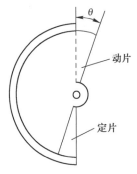 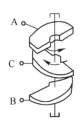

图 4.4　角位移式电容
传感器的工作原理图

图 4.5　差动角位移式
电容传感器的结构

4.1.2　变间隙式电容传感器

基本的变间隙式电容传感器有一个定极板和一个动极板，如图 4.6 所示。当动极板随被测量变化而移动时，两极板的间距 d 就发生了变化，从而也就改变了两极板间的电容量 C。

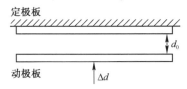

图 4.6　基本的变间隙式电容传感器

设动极板在初始位置时与定极板的间距为 d_0，此时的初始电容量为 $C_0 = \dfrac{\varepsilon S}{d_0}$，当动极板向上移动 Δd 时，电容的增加量为

$$\Delta C = \frac{\varepsilon S}{d_0 - \Delta d} - \frac{\varepsilon S}{d_0} = \frac{\varepsilon S}{d_0} \cdot \frac{\Delta d}{d_0 - \Delta d} = C_0 \cdot \frac{\Delta d}{d_0 - \Delta d} \tag{4.5}$$

式（4.5）说明，ΔC 与 Δd 不是线性关系。但当 $\Delta d \ll d_0$（即量程远小于极板间初始距离）时，可以认为 ΔC 与 Δd 是线性的。即

$$\Delta C = \frac{\Delta d}{d_0} C_0 \tag{4.6}$$

则有

$$\frac{\Delta C}{C_0} = \frac{\Delta d}{d_0} \tag{4.7}$$

当传感器被近似看作是线性的时，其灵敏度为

$$K = \frac{\Delta C}{\Delta d} = \frac{C_0}{d_0} = \frac{\varepsilon S}{d_0^2} \tag{4.8}$$

动极板下移时的情况可由学生自行推导。

由式（4.8）可知，增大 S 和减小 d_0 均可提高传感器的灵敏度，但要受到传感器体积和击穿电压的限制。此外，对于同样大小的 Δd，d_0 越小则 $\Delta d/d_0$ 越大，由此造成的非线性误差也越大。因此，这种类型的传感器一般仅用于测量微小的变化量。

在实际应用中，为了改善非线性，提高灵敏度及减小电源电压、环境温度等外界因素的

影响，电容传感器也常做成差动形式，如图 4.7 所示。当动极板向上移动 Δd 时，上电容的电容量 C_1 增加，下电容的电容量 C_2 减少，而其电容值分别为

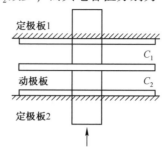

图 4.7 差动结构的变间隙式电容传感器

$$C_1 = C_0 + \Delta C_1 = \frac{\varepsilon S}{d_0 - \Delta d} = \frac{\varepsilon S}{d_0} \times \frac{1}{1 - \frac{\Delta d}{d_0}} = \frac{C_0}{1 - \frac{\Delta d}{d_0}} = \frac{C_0\left(1 + \frac{\Delta d}{d_0}\right)}{1 - \left(\frac{\Delta d}{d_0}\right)^2} \tag{4.9}$$

$$C_2 = C_0 - \Delta C_2 = \frac{\varepsilon S}{d_0 + \Delta d} = \frac{\varepsilon S}{d_0} \times \frac{1}{1 + \frac{\Delta d}{d_0}} = \frac{C_0}{1 + \frac{\Delta d}{d_0}} = \frac{C_0\left(1 - \frac{\Delta d}{d_0}\right)}{1 - \left(\frac{\Delta d}{d_0}\right)^2} \tag{4.10}$$

当 $\Delta d \ll d_0$ 时，$1 - \left(\frac{\Delta d}{d_0}\right)^2 \approx 1$，$\Delta C = C_1 - C_2 = 2C_0 \frac{\Delta d}{d_0}$。即

$$\frac{\Delta C}{C_0} = 2 \frac{\Delta d}{d_0} \tag{4.11}$$

此时传感器的灵敏度为

$$K = \frac{\Delta C}{\Delta d} = 2 \frac{C_0}{d_0} = \frac{2\varepsilon S}{d_0^2} \tag{4.12}$$

与基本变间隙式电容传感器相比，差动式传感器的非线性误差减小了一个数量级，而且提高了测量灵敏度，所以在实际应用中被较多采用。

【例 4.1】 电容测微仪的电容器极板面积 $A = 28\text{cm}^2$，间隙 $d = 1.1\text{mm}$，相对介电常数 $\varepsilon_0 = 1$，$\varepsilon_r = 8.84 \times 10^{-12} \text{F/m}$。

求：（1）电容器电容量。

（2）若间隙减少 0.12mm，电容量又为多少？

解：（1）$C_0 = \varepsilon_0 \varepsilon_r A / d = (1 \times 8.84 \times 10^{-12} \times 28 \times 10^{-4}) / (1.1 \times 10^{-3})$

$\approx 22.5 \times 10^{-12}$ （F）

（2）$C_x = \varepsilon_0 \varepsilon_r A / (d - \Delta d)$

$= (1 \times 8.84 \times 10^{-12} \times 28 \times 10^{-4}) / (1.1 - 0.12) \times 10^{-3}$

$\approx 25.26 \times 10^{-12}$ （F）

【例 4.2】 电容式传感器的初始极板间隙 $d_0 = 1.2\text{mm}$，电容量为 117.1pF，外力作用使极板间隙减少 0.03mm。

求：（1）外力作用下电容量为多少？

（2）若原初始电容式传感器在外力作用后，引起间隙变化，测得电容量为 96pF，则极板

间隙变化了多少？变化方向又是如何的？

解：（1）$C_x = C_0\left(1 + \dfrac{\Delta d}{d_0}\right) = 117.1 \times \left(1 + \dfrac{0.03}{1.2}\right) \approx 120$（pF）

（2）C_0 从 117.1pF→96pF，间隙增加了：

$$C_{x1} = 96 = C_0\left(1 - \frac{\Delta d}{d}\right) = 117.1 \times \left(1 - \frac{\Delta d}{1.2}\right)$$

$$\Delta d = 1.2 \times \left(1 - \frac{96}{117.1}\right) \approx 0.216 \ (\text{mm})$$

即间隙增加了 0.216mm。

4.1.3 变介电常数式电容传感器

变介电常数式电容传感器的工作原理是，当电容式传感器中的电介质改变时，其介电常数变化，从而使电容量发生变化。

这种电容式传感器有较多的结构形式，可以用于测量纸张、绝缘薄膜等的厚度，也可以用于测量粮食、纺织品、木材或煤等非导电固体物质的湿度，还可以用于测量物位、液位、位移、物体厚度等多种物理量。

变介电常数式电容传感器经常采用平面式或圆柱式电容器。

1. 平面式

平面式变介电常数电容传感器有多种形式，可用于测量位移，如图4.8所示。

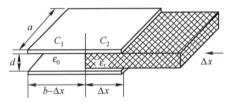

图4.8　平面式测位移传感器

假定无位移时，$\Delta x = 0$，电容初始值为

$$C_0 = \frac{\varepsilon_0 \cdot S}{d} = \frac{\varepsilon_0 \cdot a \cdot b}{d} \tag{4.13}$$

当有位移输入时，介质板向左移动，使部分介质的介电常数改变，则此时等效电容相当于 C_1、C_2 并联，即

$$C = C_1 + C_2 = \frac{\varepsilon_0 \cdot a \cdot (b - \Delta x)}{d} + \frac{\varepsilon_r \varepsilon_0 \cdot a \cdot \Delta x}{d} \tag{4.14}$$

$$\Delta C = C - C_0 = \frac{\varepsilon_r \varepsilon_0 \cdot a \cdot \Delta x}{d} - \frac{\varepsilon_0 \cdot a \cdot \Delta x}{d} = \frac{\varepsilon_r - 1}{d} \varepsilon_0 \cdot a \cdot \Delta x \tag{4.15}$$

式中，ε_0 是真空介电常数，$\varepsilon_0 = 8.85 \times 10^{-12}$F/m；$\varepsilon_r$ 是介质的介电常数。

由此可见，电容变化量 ΔC 与位移 Δx 呈线性关系。

如图4.9所示为一种电容式测厚仪的原理图，它是平面式变介电常数电容传感器的另一种形式，可用于测量被测介质的厚度或介电常数。

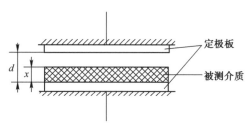

图4.9 电容式测厚仪原理图

设两极板间距为 d，被测介质厚度为 x，介电常数为 ε_x，另一种介质的介电常数为 ε，该电容器的总电容 C 等于由两种介质分别组成的两个电容 C_1 与 C_2 的串联，即

$$C=\frac{C_1 C_2}{C_1+C_2}=\frac{\dfrac{\varepsilon S}{d-x}\times\dfrac{\varepsilon_x S}{x}}{\dfrac{\varepsilon S}{d-x}+\dfrac{\varepsilon_x S}{x}}=\frac{\varepsilon\varepsilon_x S}{\varepsilon x+\varepsilon_x d-\varepsilon_x x}=\frac{\varepsilon\varepsilon_x S}{\varepsilon_x d+(\varepsilon-\varepsilon_x)x} \tag{4.16}$$

由式（4.16）可知，若被测介质的介电常数 ε_x 已知，测出输出电容 C 的值，可求出待测材料的厚度 x。若厚度 x 已知，则测出输出电容 C 的值，也可求出待测材料的介电常数 ε_x。因此，可将此传感器用作介电常数 ε_x 测量仪。

2. 圆柱式

电介质电容器大多采用圆柱式。其基本结构如图4.10所示，内外筒为两个同心圆筒，分别作为电容的两个极。电容的计算公式为

$$C=\frac{2\pi\varepsilon h}{\ln\dfrac{R}{r}} \tag{4.17}$$

式中，r 为内筒半径；R 为外筒半径；h 为筒长；ε 为介电常数。

该圆柱式电容器可用于制作电容式液面计。

如图4.11所示为一种电容式液面计的原理图。在介电常数为 ε_x 的被测液体中放入该圆柱式电容器，液体上面气体的介电常数为 ε，液体浸没电极的高度就是被测量 x。该电容器的总电容 C 等于上半部分的电容 C_1 与下半部分的电容 C_2 的并联，即 $C=C_1+C_2$。

图4.10 圆柱式电容器的基本结构

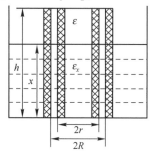

图4.11 一种电容式液面计原理图

因为

$$C_1=\frac{2\pi\varepsilon(h-x)}{\ln\dfrac{R}{r}}$$

$$C_2=\frac{2\pi\varepsilon_x\cdot x}{\ln\dfrac{R}{r}}$$

所以

$$C = C_1 + C_2 = \frac{2\pi(\varepsilon h - \varepsilon x + \varepsilon_x x)}{\ln\dfrac{R}{r}} = \frac{2\pi\varepsilon h}{\ln\dfrac{R}{r}} + \frac{2\pi(\varepsilon_x - \varepsilon)}{\ln\dfrac{R}{r}}x = a + bx \qquad (4.18)$$

式中，$a = \dfrac{2\pi\varepsilon h}{\ln\dfrac{R}{r}}$，$b = \dfrac{2\pi(\varepsilon_x - \varepsilon)}{\ln\dfrac{R}{r}}$，均为常数。

式（4.18）表明，液面计的输出电容 C 与液面高度 x 呈线性关系。

【例4.3】 一个用于位移测量的电容式传感器，两个极板是边长为 5cm 的正方形，间距为 1mm，气隙中恰好放置一个边长为 5cm、厚度为 1mm、相对介电常数为 4 的正方形介质板，该介质板可在气隙中自由移动。试计算当输入位移（即介质板向某一方向移出极板相互覆盖部分的距离）分别为 0cm、2.5cm、5.0cm 时，该传感器的输出电容值各为多少？

解：（1）输入位移为 0cm 时：

$$C = \frac{\varepsilon S}{d} = \frac{8.85\times10^{-12}\times4\times5^2\times10^{-4}}{1\times10^{-3}} = 88.5 \ (\text{pF})$$

（2）输入位移为 5cm 时：

$$C_1 = \frac{\varepsilon_0 S}{d} = \frac{8.85\times10^{-12}\times5^2\times10^{-4}}{1\times10^{-3}} = 22.1 \ (\text{pF})$$

（3）输入位移为 2.5cm 时：

$$C = C_1 + C_2 = \frac{\varepsilon_0 S_1}{d} + \frac{\varepsilon_0 S_2}{d} = \frac{8.85\times10^{-12}\times\dfrac{25}{2}\times10^{-4}}{1\times10^{-3}} + \frac{8.85\times10^{-12}\times4\times\dfrac{25}{2}\times10^{-4}}{1\times10^{-3}}$$

$$\approx 11.1 + 44.3 = 55.4 \ (\text{pF})$$

【例4.4】 电容式传感器初始极板间隙 $d_0 = 1.5\text{mm}$，外力作用使极板间隙减少 0.03mm，并测得电容量为 180pF。

求：（1）初始电容量为多少？

（2）若原初始电容式传感器在外力作用后，引起间隙变化，测得电容量为 170pF，则极板间隙变化了多少？变化方向又是如何的？

（1）$C_x = C_0 + \Delta C = C_0\left(1 + \dfrac{\Delta d}{d_0}\right)$

$\therefore C_0 = \dfrac{C_x}{1 + \dfrac{0.03}{1.5}} \approx 176.47 \ (\text{pF})$

（2）176.47→170，间隙增加了：

$$C_{x_1} = C_0 - \Delta C = C_0\left(1 - \frac{\Delta d}{d_0}\right)$$

$$\Delta d = \frac{(C_0 - C_{x_1})d_0}{C_0} = \frac{176.47 - 170}{176.47}\times1.5 \approx 0.055 \ (\text{mm})$$

∴ 间隙增加了 0.055mm。

4.2 测量电路

电容式传感器的输出电容值一般十分微小，几乎都在几皮法至几十皮法之间，如此小的电容量不便于直接测量和显示，因而必须借助于一些测量电路，将微小的电容值成比例地转换为电压、电流或频率信号。

根据电路输出量的不同，电容式传感器的测量电路可分为调幅型电路、差动脉冲宽度调制电路和调频型电路。

4.2.1 调幅型电路

这种测量电路输出的是幅值正比于或近似正比于被测信号的电压信号，以下两种是常见的电路形式。

1. 交流电桥电路

（1）单臂桥式电路。图4.12所示为单臂接法交流电桥电路，$C_0+\Delta C$ 为电容式传感器的输出电容，C_1、C_2、C_3 为固定电容，将高频电源电压 $\dot{U}_s$ 加到电桥的一对角线上，电桥的另一对角线输出电压 $\dot{U}_o$。在电容式传感器未工作时，先将电桥调到平衡状态，即 $C_0C_2=C_1C_3$，$\dot{U}_o=0$。

当被测参数变化而引起电容式传感器的输出电容变化 ΔC 时，电桥失去平衡，输出电压 $\dot{U}_o$ 随着 ΔC 的变化而变化。

在单臂接法中，输出电压 U_o 与被测电容 ΔC 之间呈非线性关系。

（2）差动接法变压器交流电桥电路。图4.13所示为差动接法变压器交流电桥电路，其中相邻两臂接入差动结构的电容式传感器。

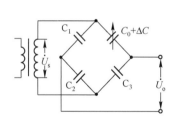

图4.12 单臂接法交流电桥电路

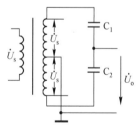

图4.13 差动接法变压器交流电桥电路

当电容式传感器未工作时，$C_1=C_2=C_0$，电路输出 $\dot{U}_o=0$。

当被测参数变化时，电容式传感器 C_2 变大，C_1 变小，即

$$C_2=C_0+\Delta C, \quad C_1=C_0-\Delta C \tag{4.19}$$

则输出电压 U_o 与 ΔC 之间的关系可用下式表示：

$$
\begin{aligned}
\dot{U}_o &= \frac{2\dot{U}_s \cdot Z_2}{Z_1+Z_2} - \dot{U}_s = \frac{2\dot{U}_sZ_2 - \dot{U}_s \cdot Z_1 - \dot{U}_s \cdot Z_2}{Z_1+Z_2} \\
&= \frac{Z_2-Z_1}{Z_1+Z_2} \cdot \dot{U}_s = \frac{C_2-C_1}{C_1+C_2} \cdot \dot{U}_s \\
&= \frac{(C_0+\Delta C)-(C_0-\Delta C)}{(C_0+\Delta C)+(C_0-\Delta C)} \cdot \dot{U}_s = \frac{\dot{U}_s}{C_0} \cdot \Delta C
\end{aligned}
\tag{4.20}
$$

式（4.20）表明，差动接法的交流电桥电路的输出电压 $\dot{U}_\text{o}$ 与被测电容 ΔC 之间呈线性关系。

2. 运算放大器式测量电路

运算放大器式测量电路如图4.14所示。图中运放为理想运算放大器，其输出电压与输入电压之间的关系为

$$u_\text{o} = -u_\text{i} \frac{C_0}{C_x} \tag{4.21}$$

将 $C_x = \dfrac{\varepsilon S}{d}$ 代入式（4.21），可得

$$u_\text{o} = -u_\text{i} \frac{C_0}{\varepsilon S} \cdot d \tag{4.22}$$

由式（4.22）可见，采用基本运算放大器的最大特点是电路输出电压与电容式传感器的极距成正比，使基本变间隙式电容传感器的输出特性具有线性特性。

在该运算放大电路中，若选择输入阻抗和放大增益足够大的运算放大器，以及具有一定精度的输入电源、固定电容，则可使用基本变间隙式电容传感器测出 $0.1\,\mu\text{m}$ 的微小位移。该运算放大器电路在初始状态时，若输出电压不为零，则电路存在缺陷。因此，在测量中常用如图4.15所示的调零电路。

在上述运算放大器电路中，固定电容 C_0 在电容式传感器 C_x 的检测过程中还起到了参比测量的作用。因而，当 C_0 和 C_x 结构参数及材料完全相同时，环境温度对测量的影响可以得到补偿。

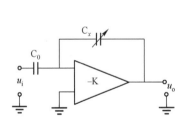
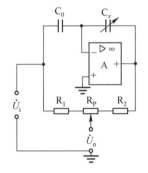

图4.14　运算放大器式测量电路　　　　图4.15　调零电路

4.2.2　差动脉冲宽度调制电路

如图4.16所示为差动脉冲宽度调制电路。图中，A_1、A_2 为理想运算放大器，组成比较器，F 为双稳态基本 RS 触发器，R_1、C_1 和 R_2、C_2 分别构成充电回路。VD_1、C_1 和 VD_2、C_2 分别构成放电回路，u_r 为输入的标准电源，而将双稳态触发器的输出作为电路脉冲输出。

电路的工作原理：利用电容充放电，使电路输出脉冲的占空比随电容式传感器的电容量变化而变化，再通过低频滤波器得到对应于被测量变化的直流信号。分析如下。

$Q = 1$，$\overline{Q} = 0$ 时，A 点通过 R_1 对 C_1 充电，同时电容 C_2 通过 VD_2 迅速放电，使 N 点电压钳位在低电平。在充电过程中，M 点对地电位不断升高，当 M 点对地电位 $u_\text{M} > u_\text{r}$ 时，A_1 输出为"$-$"，即 $\overline{R}_\text{D} = 0$，此时，双稳态触发器翻转，使 $Q = 0$，$\overline{Q} = 1$。

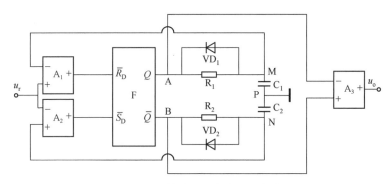

图 4.16　差动脉冲宽度调制电路

$Q=0$，$\overline{Q}=1$ 时，N 点通过 R_2 对 C_2 充电，同时电容 C_1 通过 VD_1 迅速放电，使 M 点电压钳位在低电平。在充电过程中，N 点对地电位不断升高，当 N 点对地电位 $u_N>u_r$ 时，A_2 输出为"–"，即 $\overline{S}_D=0$，此时，双稳态触发器翻转，使 $Q=1$，$\overline{Q}=0$。

此过程周而复始。

电路输出脉冲由 A、B 两点电平决定，高电平电压为 U_H，低电平为 0。电路各点的充放电波形如图 4.17 所示。

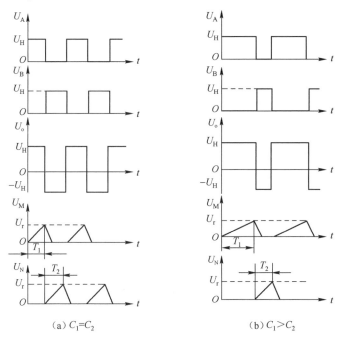

（a）$C_1=C_2$　　　　　　　（b）$C_1>C_2$

图 4.17　电路各点的充放电波形

当 $C_1=C_2$、$R_1=R_2$ 时，A 点脉冲与 B 点脉冲宽度相同，方向相反，波形如图 4.17（a）所示。

当 C_1 增大、C_2 减小时，R_1、C_1 充电时间变长，$Q=1$ 的时间延长，U_A 的脉宽变宽；而 R_2、C_2 充电时间变短，$Q=0$ 的时间缩短，U_B 的脉宽变窄。把 A、B 接到低通滤波器，得到与电容变化相应的电压输出，即 U_o 脉冲变宽。波形如图 4.17（b）所示。

当 C_1 减小、C_2 增大时，R_1、C_1 充电时间变短，$Q=1$ 的时间缩短，U_A 的脉宽变窄；而 R_2、

C_2充电时间变长，$Q=0$的时间延长，U_B的脉宽变宽。同样，把 A、B 接到低通滤波器，得到与电容变化相应的电压输出，即 U_o 脉冲变窄。

由以上分析可知，当 $C_1=C_2$ 时，两个电容充电时间常数相等，两个输出脉冲宽度相等，输出电压的平均值为零。当差动电容式传感器处于工作状态，即 $C_1 \neq C_2$ 时，两个电容的充电时间常数发生变化，R_1、C_1 充电时间 T_1 正比于 C_1，而 R_2、C_2 充电时间 T_2 正比于 C_2，这时输出电压的平均值不等于零。输出电压为

$$U_o = \frac{T_1}{T_1+T_2}U_H - \frac{T_2}{T_1+T_2}U_H = \frac{T_1-T_2}{T_1+T_2}U_H \tag{4.23}$$

当电阻 $R_1=R_2=R$ 时，则有

$$U_o = \frac{C_1-C_2}{C_1+C_2}U_H \tag{4.24}$$

由此可知，差动脉冲宽度调制电路的输出电压与电容变化呈线性关系。

4.2.3 调频型电路

图 4.18 所示为调频-鉴频电路的原理图。该测量电路把电容式传感器与一个电感元件配合，构成一个振荡器谐振电路。当传感器工作时，电容量发生变化，导致振荡频率产生相应的变化。再经过鉴频电路将频率的变化转换为振幅的变化，经放大器放大后即可显示，这种方法称为调频法。

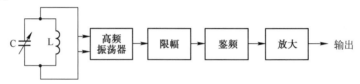

图 4.18 调频-鉴频电路原理图

调频振荡器的振荡频率由下式决定：

$$f = \frac{1}{2\pi\sqrt{LC}} \tag{4.25}$$

式中，L 为振荡回路电感，C 为振荡回路总电容。

调频型测量电路的主要优点：抗干扰能力强，特性稳定，且能取得较高的直流输出信号。

4.3 电容式传感器的应用

随着新工艺、新材料的问世，特别是电子技术的发展，电容式传感器得到了越来越广泛的应用。电容式传感器可用于测量直线位移、角位移、振动振幅，还可测量压力、差压力、液位、料面、粮食中的水分含量、非金属材料的涂层、油膜厚度，以及电介质的湿度、密度、厚度等，尤其适合测量高频振动的振幅、精密轴系的回转精度、加速度等机械量，在自动检测与控制系统中也常用作位置信号发生器。

1. 电容式位移传感器

如图 4.19 所示为变面积式位移传感器的结构图，这种传感器采用了差动式结构。当测量杆随被测位移运动而带动活动电极发生位移时，活动电极与两个固定电极间的覆盖面积发生

变化，其电容量也相应产生变化。这种传感器有良好的线性。

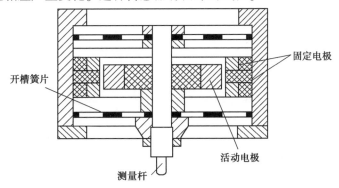

图 4.19　变面积式位移传感器结构图

2. 电容式压力传感器

如图 4.20 所示为差动电容式压力传感器原理图。把绝缘的玻璃或陶瓷材料内侧磨成球面，在球面上镀上金属镀层做两个固定的电极板。在两个电极板中间焊接一金属膜片，作为可动电极板，用于感受外界的压力。在动极板和定极板之间填充硅油。无压力时，膜片位于电极中间，上下两电路相同。加入压力时，在被测压力的作用下，膜片弯向低压的一边，从而使一个电容量增加，另一个电容量减少，电容量变化的大小反映了压力变化的大小。

该压力传感器可用于测量微小压差。

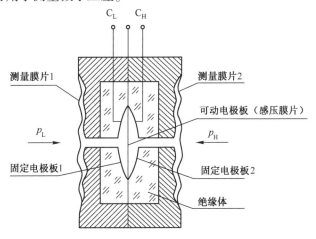

图 4.20　差动电容式压力传感器原理图

3. 电容式测厚仪

电容式测厚仪的关键部件之一就是电容式传感器。在带材轧制过程中，由它监测金属板材的厚度变化情况。其工作原理如图 4.21 所示。在被测带材的上下两边各置一块面积相等、与带材距离相同的极板，这样极板与带材就形成上下两个电容器 C_1、C_2（带材也作为一个极板）。把两块极板用导线连接起来，并用引出线引出，另外从带材上也引出一根引线，即把电容连接成并联形式，则电容式测厚仪输出的总电容 $C = C_1 + C_2$。

金属带材在轧制过程中不断向前送进，如果带材厚度发生变化，将引起带材与上下两个极板间间距的变化，即引起电容

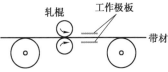

图 4.21　电容式测厚仪工作原理

量的变化，如果把总电容量 C 作为交流电桥的一个臂，则电容的变化 ΔC 将引起电桥输出的变化，然后经过放大、检波、滤波电路，最后在仪表上显示出带材的厚度。这种测厚仪的优点是带材的振动不影响测量精度。

小 结

电容式传感器是将被测量的变化转换为电容量变化的一种传感器。它具有结构简单、分辨率高、抗过载能力强、动态特性好等优点，且能在高温、辐射和强烈振动等恶劣条件下工作。

平行板电容器的电容量 $C = \dfrac{\varepsilon S}{d}$，它含有 d、S、ε 3 个参数，因此，电容式传感器可以分成 3 种类型：变面积式、变间隙式与变介电常数式。

电容式传感器的输出电容值一般十分微小，几乎都在几皮法至几十皮法之间，因而必须借助于一些测量电路，将微小的电容值成比例地转换为电压、电流或频率信号。测量电路的种类很多。大致可归纳为 3 类：调幅型电路，即将电容值转换为相应幅值的电压，常见的有交流电桥电路和运算放大器式电路；差动脉冲宽度调制电路，即将电容值转换为相应宽度的脉冲；调频型电路，即将电容值转换为相应的频率。在选择测量电路时，可根据电容式传感器的变化量，选择合适的电路。

思考与练习

1. 电容式传感器有哪几种类型？差动结构的电容式传感器有什么优点？

2. 电容式传感器有哪几种类型的测量电路？各有什么特点？

3. 电容式测微仪的电容器极板面积 $A = 32\text{cm}^2$，间隙 $d = 1.2\text{mm}$，相对介电常数 $\varepsilon_r = 1$，$\varepsilon_0 = 8.85 \times 10^{-12} \text{F/m}$

求：（1）电容器电容量。

（2）若间隙减少 0.15mm，电容量又为多少？

4. 电容式传感器的初始间隙 $d_0 = 2\text{mm}$，在被测量的作用下间隙减少了 $500\mu\text{m}$，此时电容量为 120pF，则电容初始值为多少？

5. 有一平面直线位移型差动电容传感器，其测量电路采用变压器交流电桥，结构如图 4.22 所示。电筒传感器起始时 $b_1 = b_2 = b = 20\text{mm}$，$a_1 = a_2 = a = 10\text{mm}$，极距 $d = 2\text{mm}$，极间介质为空气，测量电路中 $u_i = 3\sin\omega t\,\text{V}$，且 $u = u_i$。试求动极板上输入一位移量 $\Delta x = 5\text{mm}$ 时的电桥输出电压 u_o。

6. 变间隙式电容传感器的测量电路为运算放大器电路，如图 4.23 所示。传感器的起始电容量 $C_{x0} = 20\text{pF}$，定、动极板距离 $d_0 = 1.5\text{mm}$，$C_0 = 10\text{pF}$，运算放大器为理想放大器，R_f 极大，输入电压 $u_i = 5\sin\omega t\,\text{V}$。求当电容式传感器动极板上输入一位移量 $\Delta x = 0.15\text{mm}$ 使 d_0 减小时，电路输出电压 u_o 为多少？

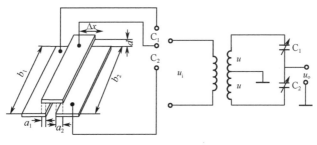

图 4.22 题 5 图

7. 一个用于位移测量的电容式传感器，两个极板是边长为 10cm 的正方形，间距为 1mm，气隙中恰好放置一个边长为 10cm、厚度为 1mm、相对介电常数为 4 的正方形介质板，该介质板可在气隙中自由移动。试计算当输入位移（即介质板向某一方向移出极板相互覆盖部分的距离）分别为 0.0cm、10.0cm 时，该传感器的输出电容值各为多少？

8. 如图 4.24 所示，圆筒内装有某种液体，相对介电常数为 3，$D = 18$cm，$d = 6$cm，$H = 42$cm，$h = 18$cm，$\varepsilon_0 = 8.85 \times 10^{-12}$F/m。

（1）求圆筒的电容值。

（2）当液位高度升高 1cm 时，电容值变化多少？

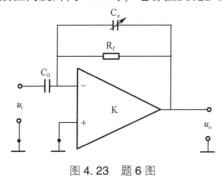

图 4.23 题 6 图

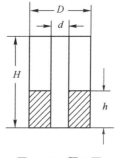

图 4.24 题 8 图

9. 粮食部门在收购、存储粮食时，需测定粮食的干燥程度，以防霉变。请你根据已学过的知识设计一个粮食水分含量测试仪（画出原理图、传感器简图，并简要说明它的工作原理及优缺点）。

10. 试分析变面积式电容传感器和变间隙式电容传感器的灵敏度？为了提高传感器的灵敏度可采取什么措施并应注意什么问题？

11. 为什么说变间隙式电容传感器的特性是非线性的？采取什么措施可改善其非线性特征？

第5章 热电偶传感器

在工业生产过程中，温度是需要测量和控制的重要参数之一。热电式传感器是一种将温度转换为电量变化的装置。其中，热电偶与热电阻应用极为广泛，具有结构简单、制造方便、测量范围广、精度高、惯性小和输出信号便于远传等许多优点。将温度变化转换为热电动势变化的称为热电偶传感器，将温度变化转换为电阻变化的称为热电阻传感器。

5.1 热电偶工作原理和基本定律

5.1.1 热电偶工作原理

1. 热电效应

将两种不同成分的导体组成一个闭合回路，如图5.1所示。当闭合回路的两个接点分别置于不同温度场时，回路中将产生一个电动势。该电动势的方向和大小与导体的材料及两接点的温度有关，这种现象被称为"热电效应"，两种导体组成的回路被称为"热电偶"，这两种导体被称为"热电极"，产生的电动势则被称为"热电动势"。热电偶的两个工作端分别被称为热端和冷端。热电偶产生的热电动势由两部分电动势组成：一部分是两种导体的接触电动势，另一部分是单一导体的温差电动势。下面以导体为例说明热电动势的产生。

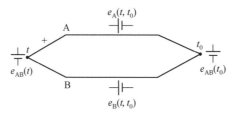

图5.1 热电偶回路

2. 接触电动势

当A和B两种不同材料的导体接触时，由于两者内部单位体积的自由电子数目不同（即电子密度不同，分别用N_A和N_B表示），因此，电子在两个方向上扩散的速率就不一样。设$N_A > N_B$，则导体A扩散到导体B的电子数要比导体B扩散到导体A的电子数多。所以导体A失去电子带正电荷，而导体B得到电子带负电荷。于是，在A、B两导体的接触界面上便形成了一个由A到B的电场。该电场的方向与扩散进行的方向相反，阻碍扩散作用的继续进行。当扩散作用与阻碍扩散的作用相等时，即自导体A扩散到导体B的自由电子数与在电场作用下自导体B扩散到导体A的自由电子数相等时，导体便处于一种动态平衡状态。在这种状态下，A与B两导体的接触处就产生了电位差，称为接触电动势，其大小可用下式表示：

$$e_{AB}(t) = U_A(t) - U_B(t)$$
$$e_{AB}(t_0) = U_A(t_0) - U_B(t_0) \tag{5.1}$$

式中，$e_{AB}(t)$、$e_{AB}(t_0)$ 为导体 A、B 在接点温度为 t 和 t_0 时形成的电动势；$U_A(t)$、$U_A(t_0)$ 分别为导体 A 在接点温度为 t 和 t_0 时的电压；$U_B(t)$、$U_B(t_0)$ 分别为导体 B 在接点温度为 t 和 t_0 时的电压。

可见，接触电动势的大小与接点处温度高低和导体的电子密度有关。温度越高，接触电动势越大；两种导体电子密度的比值越大，接触电动势越大。

3. 温差电动势

对于导体 A 或 B，若将其两端分别置于不同的温度场 t、t_0 中（$t > t_0$），则在导体内部，热端的自由电子具有较大的动能，因此向冷端移动，从而使热端失去电子带正电荷，冷端得到电子带负电荷。这样，在导体两端便产生了一个由热端指向冷端的静电场。该电场阻止电荷的进一步扩展。这样，导体两端便产生了电位差，将该电位差称为温差电动势，表达式为

$$\begin{cases} e_A(t, t_0) = U_A(t) - U_A(t_0) \\ e_B(t, t_0) = U_B(t) - U_B(t_0) \end{cases} \tag{5.2}$$

式中，$e_A(t, t_0)$、$e_B(t, t_0)$ 分别为导体 A 和导体 B 在两端温度为 t 和 t_0 时形成的电动势。可见，温差电动势的大小与导体的电子密度及两端温度有关。

4. 热电偶回路的总热电动势

将导体 A 和 B 首尾相接组成回路。如果导体 A 的电子密度大于导体 B 的电子密度，且两接点的温度不相等，则在热电偶回路中存在着 4 个电动势，即 2 个接触电动势和 2 个温差电动势。热电偶回路的总热电动势为

$$E_{AB}(t, t_0) = e_{AB}(t) - e_{AB}(t_0) - e_A(t, t_0) + e_B(t, t_0) \tag{5.3}$$

一般地，在热电偶回路中接触电动势远远大于温差电动势，所以温差电动势可以忽略不计，故式（5.3）可以写为

$$E_{AB}(t, t_0) = e_{AB}(t) - e_{AB}(t_0) \tag{5.4}$$

式（5.4）中，由于导体 A 的电子密度大于导体 B 的电子密度，因此 A 为正极，B 为负极。

综上所述，可以得出如下结论：热电偶回路中热电动势的大小，只与组成热电偶的导体材料和两接点的温度有关，而与热电偶的形状、尺寸无关。

当热电偶两电极材料固定后，热电动势便是两接点温度为 t 和 t_0 时的函数差，即

$$E_{AB}(t, t_0) = f(t) - f(t_0)$$

如果使冷端温度 t_0 保持不变，则热电动势便成为热端温度 t 的单一函数，即

$$E_{AB}(t, t_0) = f(t) - C = \varphi(t) \tag{5.5}$$

这一关系式在实际测温中得到了广泛应用。因为冷端温度 t_0 恒定，所以热电偶产生的热电动势只与热端的温度有关，即一定的温度对应一定的热电动势，若测得热电动势，便可知热端的温度 t 了。

用实验方法求取这个函数关系。通常令 $t_0 = 0℃$，然后在不同的温差（$t - t_0$）情况下，精确地测定出热电偶回路的总热电动势，并将所测得的结果列成表格（称为热电偶分度表），供使用时查阅。

5.1.2 热电偶的基本定律

1. 均质导体定律

如果热电偶回路中的两个热电极材料相同，无论两接点的温度如何，热电动势均为零。

根据这个定律，可以检验两个热电极材料成分是否相同（称为同名极检验法），也可以检查热电极材料的均匀性。

2. 中间导体定律

在热电偶回路中接入第三种导体，只要第三种导体和原导体的两接点温度相同，则回路中总的热电动势不变。

如图 5.2 所示，在热电偶回路中接入第三种导体 C。设导体 A 与 B 接点处的温度为 t，导体 A、B 与 C 两接点处的温度为 t_0，则回路中的总热电动势为

$$E_{ABC}(t, t_0) = e_{AB}(t) + e_{BC}(t_0) - e_{AC}(t_0) \tag{5.6}$$

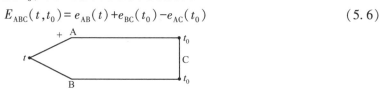

图 5.2　第三种导体接入热电偶回路

如果回路中三接点的温度相同，即 $t = t_0$，则回路总热电动势必为零，即

$$e_{AB}(t_0) + e_{BC}(t_0) - e_{AC}(t_0) = 0$$

或者

$$e_{BC}(t_0) - e_{AC}(t_0) = -e_{AB}(t_0) \tag{5.7}$$

将式（5.7）代入式（5.6），可得

$$E_{ABC}(t, t_0) = e_{AB}(t) - e_{AB}(t_0) \tag{5.8}$$

热电偶的这种性质在工业生产中是很实用的。例如，可以将显示仪表或调节器作为第三种导体直接接入回路中进行测量；也可以将热电偶的两端不焊接而直接插入液态金属中或直接焊在金属表面进行温度测量。

如果接入的第三种导体两端温度不相等，则热电偶回路的热电动势将要发生变化，变化的大小取决于导体的性质和接点的温度。因此，在测量过程中必须接入的第三种导体不宜采用与热电偶热电性质相差很大的材料；否则，一旦该材料两端温度有所变化，热电动势的变动将会很大。

3. 标准电极定律

如果两种导体分别与第三种导体组成的热电偶所产生的热电动势已知，则由这两种导体组成的热电偶所产生的热电动势也就已知。

如图 5.3 所示，导体 A、B 分别与标准电极 C 组成热电偶，若它们所产生的热电动势为已知，即

$$E_{AC}(t, t_0) = e_{AC}(t) - e_{AC}(t_0)$$
$$E_{BC}(t, t_0) = e_{BC}(t) - e_{BC}(t_0)$$

则由 A、B 两导体组成的热电偶的热电动势为

$$E_{AB}(t, t_0) = E_{AC}(t, t_0) - E_{BC}(t, t_0) \tag{5.9}$$

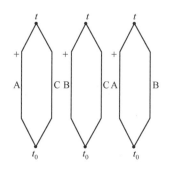

图 5.3 由三种导体分别组成的热电偶

标准电极定律是一个极为实用的定律。由于纯金属和各种金属合金种类很多，因此，要确定这些金属之间组合而成的热电偶的热电动势，其工作量是极大的。但是可以利用铂的物理和化学性质稳定、熔点高、易提纯的特性，选用高纯铂丝作为标准电极，只要测得各种金属与纯铂组成的热电偶的热电动势，则各种金属之间相互组合而成的热电偶的热电动势可根据式（5.9）直接计算出来。

例如，热端为 100℃，冷端为 0℃ 时，镍铬合金与纯铂组成的热电偶的热电动势为 2.95mV，而考铜与纯铂组成的热电偶的热电动势为 -4.0mV，则镍铬合金和考铜组合而成的热电偶产生的热电动势应为 2.95mV-（-4.0mV）= 6.95mV。

4. 中间温度定律

热电偶在两接点温度 t、t_0 时的热电动势等于该热电偶在接点温度为 t、t_n 和 t_n、t_0 时的相应热电动势的代数和。

中间温度定律可以用下式表示：

$$E_{AB}(t, t_0) = E_{AB}(t, t_n) + E_{AB}(t_n, t_0) \tag{5.10}$$

中间温度定律为补偿导线的使用提供了理论依据。它表明：若热电偶的两热电极被两根导体延长，则只要接入的两根导体组成的热电偶的热电特性与被延长的热电偶的热电特性相同，且它们之间连接的两点温度相同，总回路的热电动势与连接点温度无关，只与延长以后的热电偶两端的温度有关。

5.2 热电偶的材料、结构及种类

5.2.1 热电偶材料

根据金属的热电效应原理，组成热电偶的热电极可以是任意的金属材料，但在实际应用中，用作热电极的材料应具备如下几方面的条件。

（1）测量范围广。在规定的温度测量范围内具有较高的测量精确度，有较大的热电动势。温度与热电动势的关系是单值函数。

（2）性能稳定。要求在规定的温度测量范围内使用时热电性能稳定，有较好的均匀性和复现性。

（3）化学性能好。要求在规定的温度测量范围内使用时有良好的化学稳定性、抗氧化性或抗还原性，不产生蒸发现象。

满足上述条件的热电偶材料并不是很多。目前，我国大量生产和使用的性能符合专业标准或国家标准，并具有统一分度表的热电偶材料称为定型热电偶材料，共有 6 个品牌。它们分别是：铂铑$_{30}$–铂铑$_6$，铂铑$_{10}$–铂，镍铬–镍硅，镍铬–镍铜，镍铬–镍铝，铜–铜镍。此外，我国还生产一些未定型热电偶材料，如铂铑$_{13}$–铂、依铑$_{40}$–铱、钨铼$_5$–钨铼$_{20}$及金铁热电偶、双铂钼热电偶等。这些非定型热电偶应用于一些特殊条件下的测温，如超高温、极低温、高真空、核辐射环境等。

5.2.2 热电偶结构

热电偶温度传感器被广泛用于工业生产过程中的温度测量。根据其用途和安装位置不同，它具有多种结构形式。

1. 普通工业热电偶的结构

普通工业热电偶通常由热电极、绝缘管、保护套管和接线盒等几个主要部分组成，其结构如图 5.4 所示。现对各部分的构造做简单的介绍。

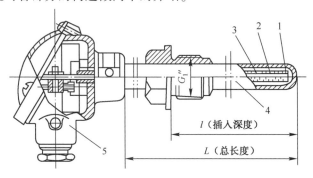

1—测量端；2—热电极；3—绝缘管；4—保护套管；5—接线盒

图 5.4 普通工业热电偶结构

（1）热电极。热电极又称偶丝，是热电偶的基本组成部分。用普通金属制成的偶丝，其直径一般为 $0.5 \sim 3.2$mm；用贵重金属制成的偶丝，其直径一般为 $0.3 \sim 0.6$mm。偶丝的长度则由工作端插入被测介质中的深度来决定，通常为 $300 \sim 2000$mm，常用的长度为 350mm。

（2）绝缘管。绝缘管又称绝缘子，是用于热电极之间及热电极与保护套管之间进行绝缘保护的零件，以防止它们之间互相短路。其形状一般为圆形或椭圆形，中间开有 2 个、4 个或 6 个孔，偶丝穿孔而过。绝缘管材料为黏土质、高铝质、刚玉质等，材料选用视使用的热电偶而定。

（3）保护套管。保护套管是用于保护热电偶感温元件免受被测介质化学腐蚀和机械损伤的装置。保护套管应具有耐高温、耐腐蚀且导热性好的特性，可以用作保护套管的材料有金属、非金属及金属陶瓷三大类。金属材料有铝、黄铜、碳钢、不锈钢等，其中 1Cr18Ni9Ti 不锈钢是目前热电偶保护套管使用的典型材料。非金属材料有高铝质（Al_2O_3的质量分数为 85%$\sim$90%）、刚玉质（Al_2O_3的质量分数为 99%），使用温度都在 1300℃ 以上。金属陶瓷材料有氧化镁加金属钼，这种材料使用温度在 1 700℃，且在高温下有很好的抗氧化能力，适用于钢水温度的连续测量。

（4）接线盒。热电偶的接线盒用于固定接线座和连接外界导线，起着保护热电极免受外界环境侵蚀和保证外接导线与接线柱接触良好的作用。接线盒一般由铝合金制成，根据被测介质温度对象和现场环境条件要求，可设计成普通型、防溅型、防水型、防爆型等接线盒。

2. 铠装热电偶

它是由金属套管、绝缘材料和热电极经焊接密封和装配等工艺制成的坚实的组合体。金属套管材料可以是铜、不锈钢（1Cr18Ni9Ti）或镍基高温合金（GH30）等；绝缘材料常使用电熔氧化镁、氧化铝、氧化铍等的粉末；而热电极无特殊要求。套管中的热电极有单支（双芯）、双支（四芯）之分，彼此间互不接触。我国已生产 S 型、R 型、B 型、K 型、E 型、J 型和铱铑$_{40}$-铱等铠装热电偶，套管最长可达 100m 以上，管外径最细能达 0.25mm。铠装热电偶已实现标准化、系列化。铠装热电偶体积小，热容量小，动态响应快，可挠性好，柔软性良好，强度高，耐压、耐震、耐冲击，因此被广泛应用于工业生产过程中。

铠装热电偶冷端连接补偿导线的接线盒的结构，根据不同的使用条件，有不同的形式，如简易式、带补偿导线式、插座式等，这里不做详细介绍，选用时可参考有关资料。

5.2.3 热电偶种类及分度表

1. 标准型热电偶

所谓标准型热电偶，是指制造工艺比较成熟、应用广泛、能成批生产、性能优良而稳定并已列入工业标准化文件中的那些热电偶。由于标准化文件对同一型号的标准型热电偶规定了统一的热电极材料及其化学成分、热电性质和允许偏差，故同一型号的标准型热电偶互换性好，具有统一的分度表，并有与其配套的显示仪表可供选用。

国际电工委员会在 1975 年向世界各国推荐了 7 种标准型热电偶。我国生产的符合 IEC 标准的热电偶有 6 种，如表 5.1 所示。在热电偶的名称中，正极写在前面，负极写在后面。

表 5.1 热电偶特性表

名 称	分 度 号	代 号	测温范围 /℃	100℃时的热电动势 /mV	特 点
铂铑$_{30}$-铂铑$_6$	B (LL-2)	WRR	50～1280	0.033	熔点高，测温上限高，性能稳定，精度高，100℃以下热电动势极小，可不必考虑冷端补偿；价格昂贵，热电动势小；只限于高温域的测量
铂铑$_{13}$-铂	R (PR)	—	−50～1768	0.647	使用上限较高，精度高，性能稳定，复现性好；但热电动势较小，不能在金属和还原性气体中使用，在高温下使用时特性会逐渐变坏，价格昂贵；多用于精密测量
铂铑$_{10}$-铂	S (LB-3)	WRP	−50～1768	0.646	同上，性能不如 R 热电偶，长期以来曾经作为国际温标的法定标准热电偶
镍铬-镍硅	K (EU-2)	WRN	−270～1370	4.095	热电动势大，线性好，稳定性好，价廉；但材质较硬，在 1000℃以上长期使用会引起热电动势漂移；多用于工业测量
镍铬硅-镍硅	N	—	−270～1370	2.744	一种新型热电偶，各项性能比 K 热电偶更好，适用于工业测量

续表

名　称	分度号	代　号	测温范围 /℃	100℃时的热电动势 /mV	特　点
镍铬-铜镍 （康铜）	E （EA-2）	WRK	−270～800	6.319	热电动势比 K 热电偶大 50% 左右，线性好，耐高温，价廉；但不能用于还原性气体；多用于工业测量
铁-铜镍 （康铜）	J （JC）	—	−210～760	5.269	价格低廉，在还原性气体中较稳定；但纯铁易被腐蚀和氧化；多用于工业测量
铜-铜镍 （康铜）	T （CK）	WRC	−270～400	4.279	价廉，加工性能好，离散性小，性能稳定，线性好，精度高；铜在高温时易被氧化，测温上限低；多用于低温域测量，可做−200℃～0℃温域的计量标准

常用标准热电偶分度表如表 5.2 所示。

表 5.2　常用标准热电偶分度表

铂铑$_{10}$-铂热电偶（分度号为 S）分度表

工作端 温度/℃	0	10	20	30	40	50	60	70	80	90
	热电动势/mV									
0	0.000	0.055	0.113	0.173	0.235	0.299	0.365	0.432	0.502	0.573
100	0.645	0.719	0.795	0.872	0.950	1.029	1.109	1.190	1.273	1.356
200	1.440	1.525	1.611	1.698	1.785	1.873	1.962	2.051	2.141	2.232
300	2.323	2.414	2.506	2.599	2.692	2.786	2.880	2.974	3.069	3.164
400	3.260	3.356	3.452	3.549	3.645	3.743	3.840	3.938	4.036	4.135
500	4.234	4.333	4.432	4.532	4.632	4.732	4.832	4.933	5.034	5.136
600	5.237	5.339	5.442	5.544	5.648	5.751	5.855	5.960	6.064	6.169
700	6.274	6.380	6.486	6.592	6.699	6.805	6.913	7.020	7.128	7.236
800	7.345	7.454	7.563	7.672	7.782	7.892	8.003	8.114	8.225	8.336
900	8.448	8.560	8.673	8.786	8.899	9.012	9.126	9.240	9.355	9.470
1000	9.585	9.700	9.816	9.932	10.048	10.165	10.282	10.400	10.517	10.635
1100	10.754	10.872	10.991	11.110	11.229	11.348	11.467	11.587	11.707	11.827
1200	11.947	12.067	12.188	12.308	12.429	12.550	12.671	12.792	12.913	13.034
1300	13.155	13.276	13.397	13.519	13.640	13.761	13.883	14.004	14.125	14.247
1400	14.368	14.489	14.610	14.731	14.852	14.793	15.094	15.215	15.336	15.456
1500	15.576	15.697	15.817	15.937	16.057	16.176	16.296	16.415	16.534	16.653
1600	16.771									

铂铑₃₀-铂铑₆热电偶（分度号为 B）分度表

铂铑$_{30}$-铂铑$_6$热电偶（分度号为 B）分度表

工作端温度/℃	0	10	20	30	40	50	60	70	80	90
	热电动势/mV									
0	−0.000	−0.002	−0.003	−0.002	0.000	0.002	0.006	0.011	0.017	0.025
100	0.033	0.043	0.053	0.065	0.078	0.092	0.107	0.123	0.140	0.159
200	0.178	0.199	0.220	0.243	0.266	0.291	0.317	0.344	0.372	0.401
300	0.431	0.462	0.494	0.527	0.561	0.596	0.632	0.669	0.707	0.746
400	0.786	0.827	0.870	0.913	0.957	1.002	1.048	1.095	1.143	1.192
500	1.241	1.292	1.344	1.397	1.450	1.505	1.560	1.617	1.674	1.732
600	1.791	1.851	1.912	1.974	2.036	2.100	2.164	2.230	2.296	2.363
700	2.430	2.499	2.569	2.639	2.710	2.782	2.855	2.928	3.003	3.078
800	3.154	3.231	3.308	3.387	3.466	3.546	3.626	3.708	3.790	3.873
900	3.957	4.041	4.126	4.212	4.298	4.386	4.474	4.562	4.652	4.742
1000	4.833	4.924	5.016	5.109	5.202	5.297	5.391	5.487	5.583	5.680
1100	5.777	5.875	5.973	6.073	6.172	6.273	6.374	6.475	6.577	6.680
1200	6.783	6.887	6.991	7.096	7.202	7.308	7.414	7.521	7.628	7.736
1300	7.845	7.953	8.063	8.172	8.283	8.393	8.504	8.616	8.727	8.839
1400	8.952	9.065	9.178	9.291	9.405	9.519	9.634	9.748	9.863	9.979
1500	10.094	10.210	10.325	10.441	10.558	10.674	10.790	10.907	11.024	11.141
1600	11.257	11.374	11.491	11.608	11.725	11.842	11.959	12.076	12.193	12.310
1700	12.426	12.543	12.659	12.776	12.892	13.008	13.124	13.239	13.354	13.470
1800	13.585									

镍铬-镍硅热电偶（分度号为 K）分度表

工作端温度/℃	0	10	20	30	40	50	60	70	80	90
	热电动势/mV									
−0	−0.000	−0.392	−0.777	−1.156	−1.527	−1.889	−2.243	−2.586	−2.920	3.242
0	0.000	0.397	0.798	1.203	1.611	2.022	2.436	2.850	3.266	3.681
100	4.095	4.508	4.919	5.327	5.733	6.137	6.539	6.939	7.338	7.737
200	8.137	8.537	8.938	9.341	9.745	10.151	10.560	10.969	11.381	11.793
300	12.207	12.623	13.039	13.456	13.874	14.292	14.712	15.132	15.552	15.974
400	16.395	16.818	17.241	17.664	18.088	18.513	18.938	19.363	19.788	20.214
500	20.640	21.066	21.493	21.919	22.346	22.772	23.198	23.624	24.050	24.476
600	24.902	25.327	25.751	26.176	26.599	27.022	27.445	27.867	28.288	28.709
700	29.128	29.547	29.965	30.383	30.799	31.214	31.629	32.042	32.455	32.866
800	33.277	33.686	34.095	34.502	34.909	35.314	35.718	36.121	36.524	36.925
900	37.325	37.724	38.122	38.519	38.915	39.310	39.703	40.096	40.488	40.897
1000	41.269	41.657	42.045	42.432	42.817	43.202	43.585	43.968	44.349	44.729

工作端温度/℃	0	10	20	30	40	50	60	70	80	90
	热电动势/mV									
1100	45.108	45.486	45.863	46.238	46.612	46.985	47.356	47.726	48.095	48.462
1200	48.828	49.192	49.555	49.916	50.276	50.633	50.990	51.344	51.697	52.049
1300	52.398									

铜–铜镍热电偶（分度号为T）分度表

工作端温度/℃	0	10	20	30	40	50	60	70	80	90
	热电动势/mV									
−200	−5.603	−5.753	−5.889	−6.007	−6.105	−6.181	−6.232	−6.258		
−100	−3.378	−3.656	−3.923	−4.177	−4.419	−4.648	−4.865	−5.069	−5.261	−5.439
−0	−0.000	−0.383	−0.757	−1.121	−1.475	−1.819	−2.152	−2.475	−2.788	−3.089
0	0.000	0.391	0.789	1.196	1.611	2.035	2.467	2.908	3.357	3.813
100	4.277	4.749	5.227	5.712	6.204	6.702	7.207	7.718	8.235	8.757
200	9.286	9.320	10.360	10.905	11.456	12.011	12.572	13.137	13.707	14.281
300	14.860	15.443	16.030	16.621	17.217	17.816	18.420	19.027	19.638	20.252
400	20.869									

2. 非标准型热电偶

非标准型热电偶包括铂铑系、铱铑系及钨铼系热电偶等。

铂铑系热电偶有铂铑$_{20}$-铂铑$_5$、铂铑$_{40}$-铂铑$_{20}$等一些种类，其共同的特点是性能稳定，适用于各种高温测量。

铱铑系热电偶有铱铑$_{40}$-铱、铱铑$_{60}$-铱。这类热电偶长期使用的测温范围在2 000℃以下，且热电动势与温度线性关系好。

钨铼系热电偶有钨铼$_3$-钨铼$_{25}$、钨铼$_5$-钨铼$_{20}$等种类。它的最高使用温度受绝缘材料的限制，目前可达到2 500℃左右，主要用于钢水连续测温、反应堆测温等场合。

3. 薄膜热电偶

薄膜热电偶是由两种金属薄膜连接而成的一种特殊结构的热电偶，它的测量端既小又薄，热容量很小，可用于微小面积上温度的测量；其动态响应快，可测得快速变化的表面温度。

应用时，薄膜热电偶用胶黏剂紧粘在被测物表面，所以热损失很小，测量精度高。由于使用温度受胶黏剂和衬垫材料限制，目前只能用于−200℃～300℃的范围。

5.3　热电偶的冷端补偿

由热电效应的原理可知，热电偶产生的热电动势不仅与热端温度有关，而且与冷端的温度有关。只有冷端的温度恒定，热电动势才是热端温度的单值函数。由于热电偶分度表是以冷端温度为0℃时做出的，因此在使用时要正确反映热端温度（被测温度），最好设法使冷端温度恒为0℃；否则将产生测量误差。但在实际应用中，热电偶的冷端通常靠近被测对象，且受到周围环境温度的影响，其温度不是恒定不变的。为此，必须采取一些相应的措施进行补偿或修正，以消除冷端温度变化和不为0℃时所产生的影响。热电偶冷端补偿常用的方法有以下几种。

1. 冷浴法

将热电偶的冷端置于温度为0℃的恒温器内（如冰水混合物），使冷端温度处于0℃。这种装置通常用于实验室或精密的温度测量中。

2. 补偿导线法

热电偶由于受到材料价格的限制不可能做得很长，而要使其冷端不受测温对象的温度影响，必须使冷端远离测温对象，采用补偿导线可以做到这一点。所谓补偿导线，实际上是一对材料的化学成分不同的导线，在0℃～150℃温度范围内与配接的热电偶有一致的热电特性，但价格相对便宜。利用补偿导线，将热电偶的冷端延伸到温度恒定的场所（如仪表室），其实质相当于将热电极延长。根据中间温度定律可知，只要热电偶和补偿导线的两个接点温度一致，是不会影响热电动势输出的。下面举例说明补偿导线的作用。

【例5.1】 采用镍铬–镍硅热电偶测量炉温。热端温度为800℃，冷端温度为50℃。为了进行炉温的调节及显示，采用补偿导线和铜导线两种导线将热电偶产生的热电动势信号送到仪表室进行显示，问显示值各为多少？（假设仪表室的环境温度恒为20℃）

解：首先，由镍铬–镍硅热电偶分度表查出它在冷端温度为0℃、热端温度为800℃时的热电动势为$E(800,0)=33.277\text{mV}$；热端温度为50℃时的热电动势为$E(50,0)=2.022\text{mV}$；热端温度为20℃时的热电动势为$E(20,0)=0.798\text{mV}$。

若热电偶与仪表之间直接用铜导线连接，根据中间导体定律，输入仪表的热电动势为

$$E(800,50)=E(800,0)-E(50,0)=33.277-2.022=31.255(\text{mV})（相当于751℃）$$

若热电偶与仪表之间用补偿导线连接，相当于将热电偶延伸到仪表室，输入仪表的热电动势为

$$E(800,20)=E(800,0)-E(20,0)=33.277-0.798=32.479(\text{mV})（相当于781℃）$$

与炉内的真实温度相比，差值分别为

$$751℃-800℃=-49℃$$
$$781℃-800℃=-19℃$$

可见，补偿导线的作用是很明显的。

常用热电偶补偿导线如表5.3所示。

表5.3 常用热电偶补偿导线

补偿导线型号	配用热电偶	补偿导线材料		补偿导线绝缘层着色	
		正极	负极	正极	负极
SC	S	铜	铜镍合金	红色	绿色
KC	K	铜	铜镍合金	红色	蓝色
KX	K	镍铬合金	镍硅合金	红色	黑色
EX	E	镍硅合金	铜镍合金	红色	棕色
JX	J	铁	铜镍合金	红色	紫色
TX	T	铜	铜镍合金	红色	白色

补偿导线起到了延伸热电极的作用，达到了移动热电偶冷端位置的目的。正是由于使用

了补偿导线，在测温回路中产生了新的热电动势，因此实现了一定程度的冷端温度自动补偿。

补偿导线分为延伸型（X）和补偿型（C）两类。延伸型补偿导线选用的金属材料与热电极材料相同；补偿型补偿导线所选金属材料与热电极材料不同。

在使用补偿导线时，要注意补偿导线型号应与热电偶型号匹配，正负极与热电偶正负极对应连接，补偿导线所处温度不超过150℃，否则将造成测量误差。

3. 计算修正法

在实际应用中，冷端温度并非一定为0℃，所以测出的热电动势还是不能正确反映热端的实际温度。为此，必须对温度进行修正。修正公式为

$$E_{AB}(t,0)=E_{AB}(t,t_1)+E_{AB}(t_1,0) \tag{5.11}$$

式中，$E_{AB}(t,0)$ 为热电偶热端温度为 t、冷端温度为0℃时的热电动势；$E_{AB}(t,t_1)$ 为热电偶热端温度为 t、冷端温度为 t_1 时的热电动势；$E_{AB}(t_1,0)$ 为热电偶热端温度为 t_1、冷端温度为0℃时的热电动势。

【例5.2】 用镍铬-镍硅热电偶测炉温，当冷端温度为30℃（恒定）时，测出热端温度为 t 时的热电动势为39.17mV，求炉子的真实温度（热端温度）。

解： 由镍铬-镍硅热电偶分度表查出 $E(30，0)=1.20$ mV，可以计算出

$$E(t,0)=39.17+1.20=40.37(\text{mV})$$

再通过分度表查出其对应的实际温度为 $t=977$℃。

4. 补偿电桥法

补偿电桥法利用不平衡电桥产生的不平衡电动势来补偿因冷端温度变化引起的热电动势变化，可以自动地将冷端温度校正到补偿电桥的平衡点温度上。

补偿器（补偿电桥）的应用如图5.5所示。桥臂电阻 R_1、R_2、R_3、R_{Cu} 与热电偶冷端处于相同的温度环境，R_1、R_2、R_3 均为由锰铜丝绕制的 1Ω 电阻，R_{Cu} 是用铜导线绕制的温度补偿电阻。$E=4$V，是经稳压电源提供的桥路直流电源。R_s 是限流电阻，其阻值因配用的热电偶的不同而不同。

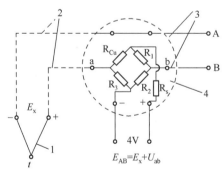

1—热电偶；2—补偿导线；3—铜导线；4—补偿电桥

图5.5 热电偶冷端补偿电桥

一般选择合适的 R_{Cu} 阻值，可以使不平衡电桥在20℃（平衡点温度）时处于平衡，此时 $R_{cu}^{20}=1\Omega$，电桥平衡，不起补偿作用。当冷端温度变化时，热电偶热电动势 E_x 将变化 $E(t,t_0)-E(t,20)=E(20,t_0)$，此时电桥不平衡，适当选择 R_{Cu} 的大小，使 $U_{ab}=E(t,20)$，与热电偶热电动势叠加，则外电路总电动势保持 $E_{AB}(t,20)$，不随冷端温度变化而变化。如果采用仪表机械零位调整法进行校正，则仪表机械零位应调至冷端温度补偿电桥的平衡点温度（20℃）

处，不必因冷端温度的变化重新调整。

冷端补偿电桥可以单独制成补偿器，通过外线与热电偶和后续仪表连接，而它更多地是作为后续仪表的输入回路，与热电偶连接。

5. 显示仪表零位调整法

当热电偶通过补偿导线连接显示仪表时，如果热电偶冷端温度已知且恒定，则可预先将有零位调整器的显示仪表的指针从刻度的初始值调至已知的冷端温度值上，这时显示仪表的示值即为被测量的实际温度值。

5.4   热电偶测温电路

热电偶测温电路的常见形式如下所述。

1. 测量某一点的温度

如图5.6所示，是一只热电偶与一个仪表配用的连接电路，用于测量某一点的温度。A'、B'为补偿导线。

这两种连接方式的区别在于：图5.6（a）中的热电偶冷端在仪表内，而图5.6（b）中的热电偶冷端在仪表外，R_D为连接冷端与仪表的导线的电阻。

2. 测量两点之间的温度差

如图5.7所示为用两只热电偶与一个仪表进行配合，测量两点之间温差的线路。图中用了两只型号相同的热电偶并配用相同的补偿导线。工作时，两只热电偶产生的热电动势方向相反，故输入仪表的是其差值，这一差值正反映了两只热电偶热端的温差。为了减少测量误差，提高测量精度，要尽可能选用热电特性一致的热电偶，同时要保证两只热电偶的冷端温度相同。

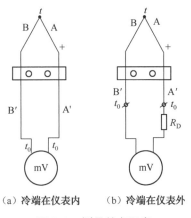

（a）冷端在仪表内　（b）冷端在仪表外

图 5.6　测量某点温度

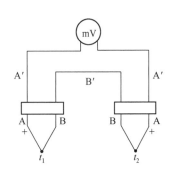

图 5.7　测量两点之间的温度差

3. 热电偶并联电路

有些大型设备需测量多点的平均温度，可以通过与热电偶并联的测量电路来实现。将 n 只同型号热电偶的正极和负极分别连接在一起的电路称为并联测量电路。如图5.8所示为3只热电偶并联的情况。如果 n 只热电偶的电阻均相等，则并联测量电路的总热电动势等于 n 只热电偶热电动势之和的平均值，即

$$E_{并} = \frac{E_1 + E_2 + \cdots + E_n}{n} \tag{5.12}$$

在热电偶并联电路中，当其中一只热电偶断路时，不会中断整个测温系统的工作。

4. 热电偶串联电路

将 n 只同型号热电偶依次按正负极相连接的电路称为串联测量电路。如图 5.9 所示为 3 只热电偶串联的情况。串联测量电路的总热电动势等于 n 只热电偶热电动势之和，即

$$E_{串} = E_1 + E_2 + \cdots + E_n \tag{5.13}$$

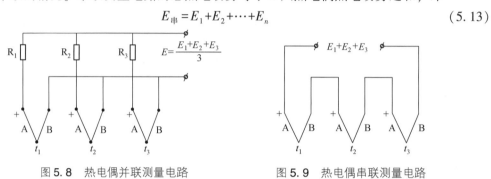

图 5.8　热电偶并联测量电路　　　　图 5.9　热电偶串联测量电路

热电偶串联电路的主要优点是热电动势大，使仪表的灵敏度大为提高；缺点是只要有一只热电偶断路，整个测量系统便无法工作。

在热电偶测量电路中使用的导线线径应适当选大，以减小线损的影响。

5.5　热电阻

利用导体或半导体的电阻值随温度的变化而变化的特性来测量温度的感温元件称为热电阻。它可用于测量−200℃～500℃范围内的温度。大多数金属导体和半导体的电阻率都随温度发生变化，纯金属有正的电阻温度系数，半导体有负的电阻温度系数。用金属导体或半导体制成的传感器，分别称为金属电阻温度计和半导体电阻温度计。

随着科学技术的发展，热电阻的应用范围已扩展到 1～5K 的超低温领域，同时在 1 000℃～1 200℃温度范围内也有足够好的特性。

5.5.1　金属热电阻

大多数金属导体的电阻都具有随温度变化的特性。其特性方程式如下：

$$R_t = R_0 \left[1 + \alpha(t - t_0) \right] \tag{5.14}$$

式中，R_t、R_0 分别为热电阻在 t℃和 0℃时的电阻值；α 为热电阻的电阻温度系数（1/℃）。

对于绝大多数金属导体，α 并不是一个常数，而是温度的函数。但在一定的温度范围内，α 可近似地看作一个常数。不同的金属导体，α 保持常数所对应的温度范围不同，选作感温元件的材料应满足如下要求。

（1）材料的电阻温度系数 α 要大。α 越大，热电阻的灵敏度越高；纯金属的 α 值比合金的高，所以一般均采用纯金属做热电阻元件。

（2）在测温范围内，材料的物理、化学性质应稳定。

（3）在测温范围内，α 保持常数，便于实现温度表的线性刻度特性。

（4）具有比较大的电阻率，以利于减小热电阻的体积，减小热惯性。

（5）特性复现性好，容易复制。

满足以上要求的材料有铂、铜、铁和镍。

1. 铂电阻

铂的物理、化学性能非常稳定，是目前制造热电阻的最好材料。铂电阻主要用于标准电阻温度计中，它的长时间稳定的复现性可达 10^{-4} K，是目前测温复现性最好的一种温度计。

铂的纯度通常用 $W(100)$ 表示，即

$$W(100) = \frac{R_{100}}{R_0} \qquad (5.15)$$

式中，R_{100} 为水沸点（100℃）时的电阻值；R_0 为水冰点（0℃）时的电阻值。

$W(100)$ 越高，表示铂丝纯度越高。国际实用温标规定：作为基准器的铂电阻，其比值 $W(100)$ 不得小于 1.3925。目前的技术水平已达到 $W(100) = 1.3930$，与之相应的铂纯度为 99.9995%，工业用铂电阻的纯度 $W(100)$ 为 1.387～1.390。

铂丝的电阻值与温度之间的关系如下。

在 0℃～630.755℃ 范围内为

$$R_t = R_0(1 + At + Bt^2) \qquad (5.16)$$

在 -190℃～0℃ 范围内为

$$R_t = R_0[1 + At + Bt^2 + C(t-100)t^3] \qquad (5.17)$$

式中，R_t、R_0 分别为 t℃ 和 0℃ 时铂的电阻值；A、B、C 为常数，对于 $W(100) = 1.391$ 有 $A = 3.96847 \times 10^{-3}$/℃，$B = -5.847 \times 10^{-7}$/℃^{2}，$C = -4.22 \times 10^{-12}$/℃^{4}。

目前，我国常用的铂电阻有两种，其分度号分别为 Pt100 和 Pt10，最常用的是 Pt100，$R(0℃) = 100.00\Omega$，如表 5.4 所示。

表 5.4 铂电阻（分度号为 Pt100）分度表

工作端温度/℃	0	10	20	30	40	50	60	70	80	90
	电阻值/Ω									
-200	18.49	—	—	—	—	—	—	—	—	—
-100	60.25	56.19	52.11	48.00	43.37	39.71	35.53	31.32	27.08	22.80
-0	100.00	96.09	92.16	88.22	84.27	80.31	76.32	72.33	68.33	64.30
0	100.00	103.90	107.79	111.67	115.54	119.40	123.24	127.07	130.89	134.70
100	136.50	142.29	146.06	149.82	153.58	157.31	161.04	164.76	168.46	172.16
200	175.84	179.51	183.17	186.32	190.45	194.07	197.69	201.29	204.88	208.45
300	212.02	215.57	219.12	222.65	226.17	229.67	233.17	236.65	240.13	243.59
400	247.04	250.48	253.90	257.32	260.72	264.11	267.49	270.86	274.22	277.56
500	280.90	284.22	287.53	290.83	294.11	297.39	300.65	303.91	307.15	310.38
600	313.59	316.80	319.99	323.18	326.35	329.51	332.66	335.79	338.92	342.03
700	345.13	348.22	351.30	354.37	357.42	360.47	363.50	366.52	369.53	372.52
800	375.51	378.48	381.45	384.40	387.34	390.26	—	—	—	—

铂电阻一般由直径为 $0.05 \sim 0.07$mm 的铂丝绕在片形云母骨架上制成，铂丝的引线采用银线，引线用双孔瓷绝缘套管绝缘，其构造如图 5.10 所示。

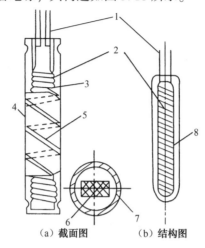

(a) 截面图　　(b) 结构图

1—银引出线；2—铂丝；3—云母骨架；4—保护用云母片；
5—银绑带；6—铂电阻横断面；7—保护套管；8—石英骨架

图 5.10　铂电阻的构造

2. 测量电路

通常热电阻安装的地点与测量仪表有一定的距离，长连接导线的电阻在环境温度变化时也要发生变化，若按图 5.11 所示接线，导线电阻与热电阻 R_t 串联作为一个桥臂，会造成测量误差。为克服此种误差，可采用三线制或四线制。

（1）三线制连接法测量电路。如图 5.12 所示，热电阻 R_t 用 3 根线 L_2、L_3 和 L_g 引出。L_g 与指示电表串联，L_2、L_3 分别串入测量电桥的相邻两臂。

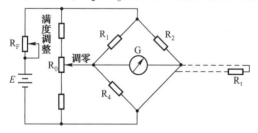

图 5.11　电阻温度计的测量电路

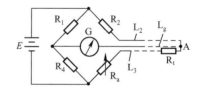

图 5.12　三线制连接法测量电路

在测量过程中，当环境温度发生变化时，导线电阻发生变化。当然，L_g 的电阻变化不影响电桥的平衡，L_2 和 L_3 的电阻变化可以相互平衡而自动抵消。电桥调零时，应使 $R_a + R_{t0} = R_2$，其中 R_{t0} 为热电阻在参考温度（如 0℃）时的电阻值。

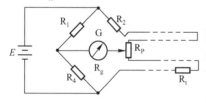

图 5.13　四线制连接法测量电路

（2）四线制连接法测量电路。三线制的缺点是可调电阻 R_a 的触点不稳定，仍会导致电桥零点的变化。为克服此缺点，可采用如图 5.13 所示的四线制连接法。图中 R_p 不仅可调整电桥的平衡，而且其触点的接触电阻是与指示电表串联的，接在电桥的对角线内，故即使触点不稳定，也不会影响电桥的平衡。

3. 铜电阻

在测量精度要求不太高、测量范围不大的情况下，可以采用铜电阻来代替铂电阻。铜的电阻值与温度呈线性关系，可用下式表示：

$$R_t = R_0(1+\alpha t)$$

式中，R_t 为温度为 t℃时的电阻值；R_0 为温度为 0℃时的电阻值；α 为铜电阻温度系数，$\alpha = 4.25\times10^{-3}$/℃ $\sim 4.28\times10^{-3}$/℃

铜电阻的结构如图 5.14 所示，它由直径约为 0.1mm 的铜丝双绕在圆柱形线圈骨架上制成。为了防止铜丝松散，整个元件经过酚醛树脂（环氧树脂）的浸渍处理，以提高其导热性能和机械固紧性能。

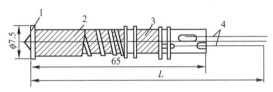

1—线圈骨架；2—铜丝；3—补偿组；4—铜引出线

图 5.14　铜电阻的结构

目前，我国工业上用的铜电阻分度号为 Cu50 和 Cu100，其 $R(0℃)$ 分别为 50Ω 和 100Ω。铜电阻的电阻比 $R(100℃)/R(0℃) = 1.428\pm0.002$。其分度表分别如表 5.5、表 5.6 所示。

表 5.5　铜电阻（分度号为 Cu50）分度表

温度/℃	0	10	20	30	40	50	60	70	80	90
	电阻值/Ω									
−0	50.00	47.85	45.70	43.55	41.40	39.24	—	—	—	—
+0	50.00	52.14	54.28	56.42	58.56	60.70	62.84	64.98	67.12	69.26
+100	71.40	73.54	75.68	77.83	79.98	82.13	—	—	—	—

表 5.6　铜电阻（分度号为 Cu100）分度表

温度/℃	0	10	20	30	40	50	60	70	80	90
	电阻值/Ω									
−0	100.00	95.70	91.40	87.10	82.80	78.49	—	—	—	—
+0	100.00	104.28	108.56	112.84	117.12	121.40	125.68	129.96	134.24	138.52
+100	142.80	147.08	151.36	155.66	159.96	164.27	—	—	—	—

4. 其他热电阻

随着科学技术的发展，近年来对于低温和超低温测量提出了迫切的要求，开始出现一些较新颖的热电阻，如铟电阻、锰电阻等。

（1）铟电阻。它是一种高精度低温热电阻。铟的熔点约为 150℃，在 4.2～15K 温度域内其灵敏度比铂高 10 倍，故可用于不能使用铂的低温范围。其缺点是材料很软，复制性很差。

（2）锰电阻。锰电阻的特点是在 2～63K 的低温范围内，电阻值随温度变化很大，灵敏度高；在 2～16K 的温度范围内，电阻率随温度的平方变化。磁场对锰电阻的影响不大，且有规律。锰电阻的缺点是脆性很大，难拉成丝。

5.5.2 半导体热敏电阻

半导体热敏电阻的特点是灵敏度高，体积小，反应快。它是利用半导体的电阻值随温度显著变化的特性制成的，在一定的范围内，根据测量获得的热敏电阻阻值的变化情况，便可知被测介质的温度变化情况。半导体热敏电阻基本可以分为负温度系数热敏电阻和正温度系数热敏电阻两种类型。

1. 负温度系数（NTC）热敏电阻

NTC 热敏电阻研制较早，通常由锰、钴、铁、镍、铜等多种金属氧化物混合烧结而成。

根据用途不同，NTC 热敏电阻又可以分为两类：第一类为负指数型，用于测量温度，其电阻值与温度之间呈负的指数关系；第二类为负突变型，当其温度上升到某一设定值时，其电阻值突然下降，多在各种电子电路中用于抑制浪涌电流，起保护作用。负指数型和负突变型热敏电阻的电阻-温度特性曲线分别如图 5.15 中的曲线 2 和曲线 1 所示。

2. 正温度系数（PTC）热敏电阻

典型的 PTC 热敏电阻通常是在钛酸钡陶瓷中加入施主杂质以增大电阻温度系数。它的电阻-温度特性曲线呈非线性，如图 5.15 中的曲线 4 所示。它在电路中多起限流、保护作用，当流过 PTC 热敏电阻的电流超过一定限度或 PTC 热敏电阻感受到温度超过一定限度时，其电阻值会突然增大。

近年来，人们还研制出了用本征锗或本征硅材料制成的线性 PTC 热敏电阻，其线性度和互换性较好，可用于测温。其电阻-温度特性曲线如图 5.15 中的曲线 3 所示。

热敏电阻按结构形式可分为体型、薄膜型、厚膜型 3 种；按工作方式可分为直热式、旁热式、延迟电路式 3 种；按工作温区可分为常温区（-60℃～200℃）、高温区（>200℃）、低温区（<-60℃）3 种。热敏电阻可根据使用要求封装加工成各种形状的探头，如珠状、片状、杆状、锥状、针状等。热敏电阻的外形、结构与符号如图 5.16 所示。

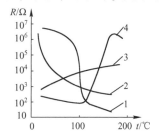

1—负突变型 NTC；2—负指数型 NTC；
3—线性型 PTC；4—非线性型 PTC

图 5.15 热敏电阻的特性曲线

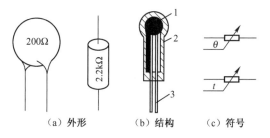

（a）外形　（b）结构　（c）符号

1—热敏电阻；2—玻璃外壳；3—引出线

图 5.16 热敏电阻的外形、结构与符号

5.5.3 集成温度传感器

集成温度传感器是近年来迅速发展起来的一种新型的半导体器件，它与传统的温度传感器相比，具有测温精度高、重复性好、线性优良、体积小巧、热容量小、使用方便等优点，具有明显的实用优势。

所谓集成温度传感器，就是在一块极小的半导体芯片上集成了包括敏感元件、信号放大电路、温度补偿电路、基准电源电路等在内的各个单元，它使传感器与集成电路融为一体，提高了传感器的性能，是实现传感器智能化、微型化、多功能化，提高检测灵敏度，实现大规模生产的重要保证。

集成温度传感器按其输出信号形式不同可分为电压型和电流型两种。它们的温度系数大致为：电压型是 10mV/℃，在 25℃（298K）时输出电压为 2.98V（如日本电气公司的 UPC616A，国产的 SL616ET 产品）；电流型是 1μA/℃，在 25℃（298K）时输出电流为 298μA（如美国 AD 公司的 AD590，国产的 SL590 产品）。因此，可以将它们输出信号的大小直接换算为热力学温度值，非常直观。

1. AD590 系列集成温度传感器

AD590 是电流型集成温度传感器，其输出电流与环境的热力学温度成正比，所以可以直接制成热力学温度仪。AD590 有 I、J、K、L、M 等型号，采用金属管壳封装，其外形及电路符号如图 5.17 所示，各引脚功能如表 5.7 所示。

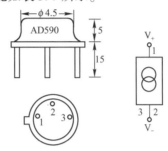

图 5.17　AD590 外形及电路符号

表 5.7　AD590 引脚功能

引脚编号	符　号	功　能
1	V_+	电源正端
2	V_-	电流输出端
3	—	金属管壳，一般不用

图 5.18（a）、（b）所示分别为 AD590 的 I-T 特性曲线和 I-V 特性曲线。AD590 可用于制作低成本的温度检测装置，其优点是无须线性化电路、精密电压放大器、精密电阻和冷端补偿。由于采用高阻抗电流输出，因此长导线上的电阻对器件工作影响不大，适于进行远距离测量。710MΩ 高输出阻抗又能极好地消除电源电压漂移和纹波的影响，当电源由 5V 变到 10V 时，最大只有 1μA 的电流变化，相当于 1℃ 的等价误差。输出特性也使得 AD590 易于多路化，可以使用 CMOS 多路转换器来开/关器件的输出电流或逻辑门的输出，作为器件的工作电源来切换。

在实际应用时，通常将 AD590 的输出电流转换成电压，利用如图 5.19 所示的方法通过 1kΩ 电阻，使输出灵敏度达 1mV/K。若用摄氏温度作为检温单位，并希望在 0℃ 时温度传感器电路输出也为零，则可利用如图 5.20 所示的方法由运放和基准电源组成基准点可调整电路，调节方法是：在 0℃ 时调节 R_1，使 $U_o = 0V$；在 100℃ 时调节 R_2，使 $U_o = 10V$，则灵敏度可达 100mV/℃。在图 5.20 中，AD581 是一个 10V 基准电源。该电路的另一个作用是改善非线性误差，在精密测温时有较高的精度。

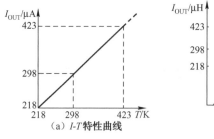

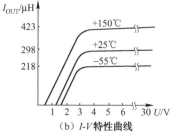

图 5.18　AD590 特性曲线

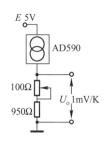

图 5.19　电流与电压的转换电路

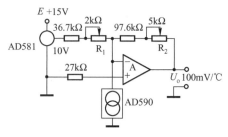

图 5.20　基准点可调整电路

2. 其他类型的国产集成温度传感器

（1）SL134M 集成温度传感器。SL134M 是一种电流型三端器件，其基本电路如图 5.21（a）所示，它是利用晶体管的电流密度差来工作的。使用时，需外接电阻 R_L，从而构成一个对温度敏感的电流源，当该电阻阻值为 224Ω 时，可得到 $I = 1\mu A/℃$ 的输出特性。

（2）SL616ET 集成温度传感器。SL616ET 是一种电压型四端器件，其基本电路如图 5.21（b）所示。整个电路可在 7V 以上的电源电压范围内工作。电路中的温度传感器利用工作在不同电流密度的晶体管发射结压降的差作为基本的温度敏感元件，经过变换之后，输出 10mV/℃ 的电压信号，可经过高增益运算放大器，进行信号的放大和阻抗变换。

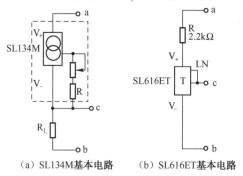

（a）SL134M 基本电路　　（b）SL616ET 基本电路

图 5.21　其他集成温度传感器的基本电路

3. 典型应用

（1）温度控制电路。如图 5.22 所示为由 AD590 构成的温度控制电路，该电路是一个闭环电路。热电件产生的温度经 AD590 检测后产生电流控制比较器 A，然后驱动复合晶体管改变电热丝电流控制温度，R_H 和 R_L 为 R_{SET} 设置了最高和最低的限制，控制点由 R_{SET} 调节。

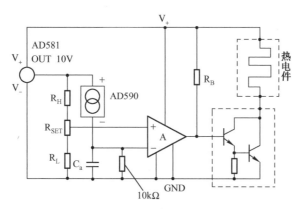

图 5.22 温度控制电路

（2）数字温控电路。如图 5.23 所示为由 AD590 与一个 8 位 D/A 转换器构成的组合电路，它能够以数字方式控制温度在 0℃ ～51℃之间，设定点步长为 0.2℃，图中的 AD559 是一个 8 位 D/A 转换器，AD580 是一个 2.5V 基准电源。为了防止外部噪声引起跳变，比较器 A 的输出有 0.1℃的滞后特性，由 5.1MΩ 和 6.8kΩ 的电阻共同决定。

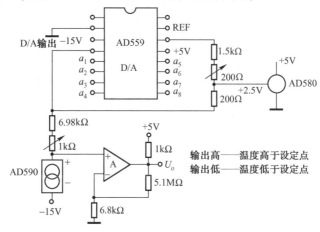

图 5.23 数字温控电路

（3）采用集成温度传感器的数字式温度计。由集成温度传感器 AD590 及 A/D 转换器 7106 等组成的数字式温度计，其电路如图 5.24 所示。

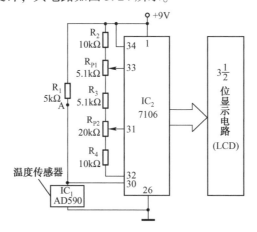

图 5.24 采用集成温度传感器的数字式温度计

图 5.24 中的 AD590 是电流输出型温度传感器，其线性输出电流为 1μA/℃，该温度计在 0℃～100℃测温范围内的测量精度为±0.7℃。电位器 R_{P1} 用于调节基准电压，以达到满量程调节；电位器 R_{P2} 用于在 0℃时调零。当被测温度变化时，流过 R_1 的电流不同，使 A 点电位发生变化，检测此电位即可检测出被测温度的大小。

（4）温度上下限报警电路。如图 5.25 所示，此电路中要用运放构成迟滞电压比较器，晶体管 VT_1 和 VT_2 根据运放输入状态而导通或截止，R_T、R_1、R_2、R_3 构成一个输入电桥，则

$$U_{ab} = E\left(\frac{R_1}{R_1 + R_T} - \frac{R_2}{R_3 + R_2}\right)$$

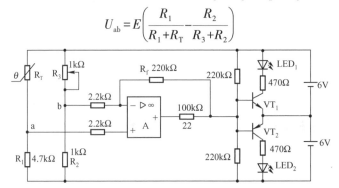

图 5.25　温度上下限报警电路

当 T 升高时，R_T 减小，此时 $U_{ab}>0$，即 $U_a>U_b$，VT_1 导通，LED_1 发光报警。当 T 下降时，R_T 增加，此时 $U_{ab}<0$，即 $U_a<U_b$，VT_2 导通，LED_2 发光报警。当 T 等于设定值时，$U_{ab}=0$，即 $U_a = U_b$，VT_1 和 VT_2 都截止，LED_1 和 LED_2 都不发光。

（5）电动机保护器电路。电动机往往由于超负荷、缺相及机械传动部分发生故障等原因造成绕组发热，当温度升高到超过电动机允许的最高温度时，将会烧坏电动机。利用 PTC 热敏电阻具有正温度系数这一特性可实现对电动机的过热保护。如图 5.26 所示为电动机保护器电路。图中 RT_1、RT_2、RT_3 为 3 只特性相同的 PTC 热敏电阻，为了保证保护的可靠性，热敏电阻应埋设在电动机绕组的端部。3 只热敏电阻分别与 R_1、R_2、R_3 组成分压器，并通过 VD_1、VD_2、VD_3 与单结半导体 VT_1 相连接。当某一绕组过热时，绕组端部的热敏电阻的阻值将会急剧增大，当分压点的电压达到单结半导体的峰值电压时 VT_1 导通，产生的脉冲电压触发晶闸管 VS_2 使之导通，继电器 K 工作，常闭触点 K 断开，切断接触器 KM 的供电电源，从而使电动机断电，得到保护。

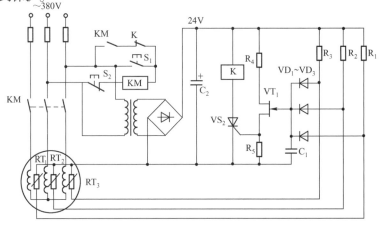

图 5.26　电动机保护器电路

小 结

温度是生产、生活中经常需要测量的非电量，本章重点介绍了热电偶、热电阻、热敏电阻和集成温度传感器。

（1）热电偶结构简单，可用于测量小空间的温度，动态响应快，电动势信号便于传送，在工业生产自动化领域得到普遍应用。热电偶属于自发电式温度传感器，应用时注意自由端温度补偿问题。目前常被用于测量100℃～1 500℃范围内的温度。

（2）热电阻与热电偶相比，在相同的温度下输出信号较大，易于测量；热电阻的变化一般需经过电桥转换成电压输出。为了避免或减少导线电阻对测温的影响，工业热电阻一般采用三线制接法，其测量温度范围是-200℃～650℃。

（3）热敏电阻是半导体测温元件，具有灵敏度高、体积小、反应快的优点，广泛应用于温度测量、电路的温度补偿及温度控制中。有时也与专用电路配合以提高灵敏度或改善线性。目前，半导体热敏电阻存在的缺陷主要是互换性和稳定性不够理想，其次是非线性严重，不能在高温下使用，因而限制了其应用领域。其工作温度范围是-50℃～300℃。

（4）集成温度传感器是将感温元件（如温敏晶体管）及其外围电路集成在同一基片上制成的，具有体积小、使用方便和成本低等优点，广泛用于温度检测、控制和补偿等方面。集成温度传感器按输出信号形式可分为电路型和电压型两类，其典型工作温度范围是-50℃～150℃。电流输出型的输出阻抗极高，可以简单地使用双绞线进行数百米的精密温度遥感或遥测（不必考虑长馈线上引起的信号损失和噪声），也可用于多点温度测量系统中不必考虑选择开关或多路转换器引入的接触电阻而造成的误差。电压输出型可以直接输出电压。

思考与练习

1. 已知铂铑$_{10}$-铂（S）热电偶的冷端温度$t_0 = 25℃$，现测得热电动势$E(t, t_0) = 11.712mV$，求热端温度t是多少摄氏度？

2. 已知镍铬-镍硅（K）热电偶的热端温度$t = 800℃$，冷端温度$t_0 = 25℃$，求$E(t, t_0)$是多少毫伏？

3. 现用一只铜-康铜（T）热电偶测温。其冷端温度为30℃，动圈显示仪表（机械零位在0℃）指示值为300℃，则认为热端实际温度为330℃，是否正确？为什么？正确值应是多少？

4. 在如图5.27所示的测温回路中，热电偶的分度号为K，表计的示值应为多少摄氏度？

5. 用镍铬-镍硅（K）热电偶测量某炉子温度的测温系统如图5.28所示，已知：冷端温度固定在0℃，$t_0 = 30℃$，仪表指示温度为210℃，后来发现由于工作上的疏忽把补偿导线A'和B'相互接错了，问：炉子的实际温度t为多少摄氏度？

6. 什么是金属导体的热电效应？试说明热电偶的测温原理。

7. 试分析金属导体产生接触电动势的原因。

8. 补偿导线的作用是什么？使用补偿导线的原则是什么？

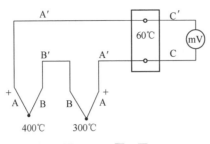

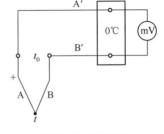

图 5.27　题 4 图　　　　　　　图 5.28　题 5 图

9. 简述热电偶的几个重要定律，并分别说明它们的实用价值。

10. 用镍铬-镍硅（K）热电偶测温度，已知冷端温度为 40℃，用高精度毫伏表测得这时的热电动势为 29.188mV，求被测点温度。

11. 图 5.29 所示镍铬-镍硅热电偶，A'、B' 为补偿导线，Cu 为铜导线，已知接线盒 1 的温度 $t_1 = 40.0℃$，冰瓶温度 $t_2 = 0.0℃$，接线盒 2 的温度 $t_3 = 20.0℃$。

（1）当 $U_3 = 39.310mV$ 时，计算被测点温度 t。

（2）如果 A'、B' 换成铜导线，此时 $U_3 = 37.699mV$，再求 t。

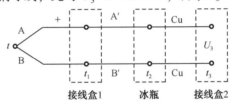

图 5.29　采用补偿导线的镍铬-镍硅热电偶测温示例

12. 试述热电偶冷端温度补偿的几种主要方法和补偿原理。

13. 试比较热电阻和半导体热敏电阻的异同。

14. 电阻式温度传感器有哪几种？各有何特点及用途？

15. 铜电阻的阻值 R_t 与温度 t 的关系可用式 $R_t \approx R_0(1 + \alpha t)$ 表示。已知 0℃ 时铜电阻的 R_0 为 50Ω，温度系数 α 为 $4.28 \times 10^{-3}/℃$，求温度为 100℃ 时的电阻值。

16. 用热电阻测温为什么常采用三线制连接？应怎样连接才能确保实现了三线制连接？若在导线敷设至控制室后再分三线接入仪表，是否实现了三线制连接？

第6章 光电式传感器

光电式传感器是将光通量转换为电量的一种传感器，它是基于光电转换元件的光电效应工作的。光电式传感器一般具有结构简单、非接触、高精度、高分辨率、高可靠性和响应快等优点；另外，激光光源、光栅、光学码盘、CCD 器件、光纤等的相继出现和成功应用，使得光电式传感器在自动检测领域得到了越来越广泛的应用。

6.1 光电效应及光电器件

6.1.1 光电效应

光电器件的理论基础是光电效应。光可以被认为是由具有一定能量的粒子（称为光子）组成的，而每个光子所具有的能量 E 与其频率大小成正比。光照射在物体表面上就可看作物体受到一连串能量为 E 的光子轰击，而光电效应就是由该物体吸收光子能量为 E 的光后产生的电效应。通常把光线照射到物体表面后产生的光电效应分为 3 类。

（1）外光电效应。在光线作用下电子逸出物体表面的现象称为外光电效应。基于该效应工作的光电器件有光电管、光电倍增管等。

（2）内光电效应。在光线作用下物体电阻率发生改变的现象称为内光电效应，又称光电导效应。基于该效应工作的光电器件有光敏电阻等。

（3）半导体光生伏特效应。在光线作用下物体产生一定方向电动势的现象称为半导体光生伏特效应。基于该效应工作的光电器件有光电池、光敏晶体管等。

基于外光电效应工作的光电器件属于真空光电器件，基于内光电效应和半导体光生伏特效应工作的光电器件属于半导体光电器件。

6.1.2 光电管

光电管的结构如图 6.1 所示。它由一个阴极和一个阳极构成，并密封在一只真空玻璃管内。阳极通常用金属丝弯曲成矩形或圆形，置于玻璃管的中央；阴极装在玻璃管内壁上，其上涂有光电发射材料。光电管的特性主要取决于光电管阴极材料。常用的光电管的阴极材料有银氧铯、锑铯、铋银氧铯，以及多碱光电阴极等。光电管有真空光电管和充气光电管两种。

当光照射在阴极上时，阴极发射出光电子，被具

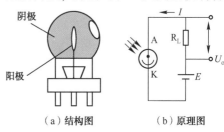

（a）结构图　　　　（b）原理图

图 6.1　光电管的结构

有一定电位的中央阳极所吸引，在光电管内形成空间电子流。在外电场作用下将形成电流 I，如图 6.1 所示，电阻 R_L 上的电压降正比于空间电流，其值与照射在光电管阴极上的光呈函数关系。

在光电管内充入少量的惰性气体（如氩、氖等），构成充气光电管。当充气光电管的阴极被光照射后，光电子在飞向阳极的途中，与惰性气体的原子发生碰撞而使气体电离，因此增大了光电流，从而使光电管的灵敏度增加。

光电管具有如下基本特性。

（1）伏安特性。在一定的光照下，光电管阴极所加的电压与阳极所产生的电流之间的关系称为光电管的伏安特性。真空光电管和充气光电管的伏安特性分别如图 6.2（a）、（b）所示，由此可见，充气光电管的灵敏度更高。

（2）光照特性。当光电管的阴极与阳极之间所加电压一定时，光通量与光电流之间的关系称为光照特性，如图 6.3 所示。其中，曲线 1 是氧铯阴极光电管的光照特性，光电流 I 与光通量呈线性关系；曲线 2 是锑铯阴极光电管的光照特性，光电流 I 与光通量呈非线性关系。光照特性曲线的斜率（光电流与入射光光通量之比）称为光电管的灵敏度。

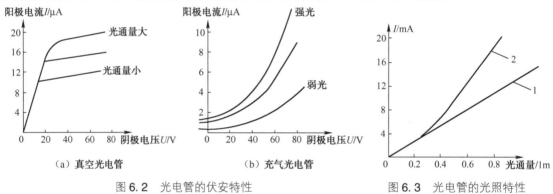

图 6.2 光电管的伏安特性　　　　图 6.3 光电管的光照特性

（3）光谱特性。光电管的光谱特性通常指阳极与阴极之间所加电压不变时，入射光的波长 λ（或频率 f）与其相对灵敏度之间的关系。它主要取决于阴极材料。阴极材料不同的光电管适用于不同的光谱范围。同一光电管对于不同频率（即使光强度相同）的入射光，其灵敏度也不同。

6.1.3　光敏电阻

光敏电阻是由具有内光电效应的光导材料制成的，为纯电阻器件。光敏电阻具有很高的灵敏度，光谱响应的范围宽，体积小，质量轻，性能稳定，机械强度高，耐冲击和振动，寿命长，价格低，被广泛地应用于自动检测系统中。

光敏电阻的种类很多，一般由金属的硫化物、硒化物、碲化物等组成，如硫化镉、硫化铅、硫化铊、硒化镉、硒化铅、碲化铅等。由于所用材料和工艺不同，因此它们的光电性能也相差很大。

1. 光敏电阻的基本特性

（1）光电流。光敏电阻在不受光照射时的阻值称为暗电阻（暗阻），此时流过光敏电阻的电流称为暗电流；光敏电阻在受光照射时的阻值称为亮电阻（亮阻），此时流过光敏电阻的电流称为亮电流；亮电流与暗电流之差称为光电流。暗阻越大越好，亮阻越小越好，也就是光电流要尽可能大，这样光敏电阻的灵敏度就越高。一般光敏电阻的暗阻值通常超过 $1M\Omega$，甚至高达 $100M\Omega$，而亮阻值则在几千欧以下。

（2）伏安特性。在一定的照度下，加在光敏电阻两端的电压与光电流之间的关系曲线，称为光敏电阻的伏安特性曲线，如图 6.4 所示。从图 6.4 中可以看出，在外加电压一定时，光电流的大小随光照的增强而增加；外加电压越高，光电流也越大，而且没有饱和现象。光敏电阻在使用时受耗散功率的限制，其两端的电压不能超过最高工作电压，图 6.4 中虚线为允许功耗曲线，由它可以确定光敏电阻的正常工作电压。

（3）光照特性。在一定外加电压下，光敏电阻的光电流与光通量的关系曲线，称为光敏电阻的光照特性曲线，如图 6.5 所示。不同的光敏电阻的光照特性是不同的，但多数情况下曲线的形状类似于如图 6.5 所示的曲线。光敏电阻的光照特性曲线是非线性的，所以光敏电阻不宜做定量检测元件，而常在自动控制中用作光电开关。

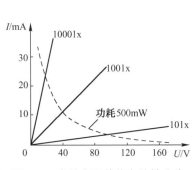

图 6.4 光敏电阻的伏安特性曲线

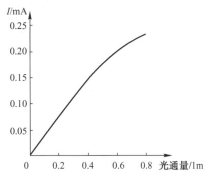

图 6.5 光敏电阻的光照特性曲线

（4）光谱特性。光敏电阻对于不同波长 λ 的入射光，其相对灵敏度 K_r 是不同的。如图 6.6 所示为各种不同材料的光敏电阻的光谱特性曲线。由图 6.6 可见，由不同材料制成的光电元件，其光谱特性差别很大，由某种材料制成的光电元件只对某一波长的入射光具有最高的灵敏度。因此，在选用光敏电阻时，应该把元件和光源结合起来考虑，才能获得满意的结果。

（5）频率特性。当光敏电阻受到光照时，光电流要经过一段时间才能达到稳态值，而在停止光照后，光电流也不会立刻为零，这是光敏电阻的时延特性。不同材料的光敏电阻的时延特性不同，因此它们的频率特性也不同。如图 6.7 所示为两种不同材料的光敏电阻的频率特性，即相对灵敏度 K_r 与入射光频率 f 之间的关系曲线。由于光敏电阻的时延比较大，因此它不能用于要求快速响应的场合。

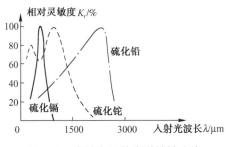

图 6.6 光敏电阻的光谱特性曲线

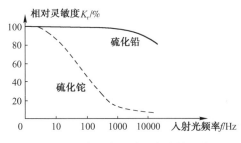

图 6.7 光敏电阻的频率特性曲线

（6）光谱温度特性。光敏电阻受温度影响较大，随着温度的升高，暗阻和灵敏度都下降。同时温度变化也影响它的光谱特性曲线。如图 6.8 所示为硫化铅的光谱温度特性，即在

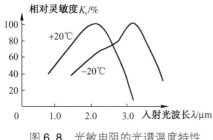

图6.8 光敏电阻的光谱温度特性

不同温度下的相对灵敏度 K_r 与入射光波长 λ 之间的关系曲线。

2. 光敏电阻质量的测试

将万用表置于 $R \times k\Omega$ 挡，把光敏电阻放在距离25W白炽灯50cm远处（其照度约为100lx），可测得光敏电阻的亮阻值；再在完全黑暗的条件下直接测量其暗阻值。如果亮阻值为几千到几十千欧姆，暗阻值为几兆到几十兆欧姆，则说明光敏电阻质量良好。

6.1.4 光电二极管和光电晶体管

1. 光电二极管

（1）工作原理。光电二极管是基于半导体光生伏特效应原理制成的光敏元件，其结构、符号和接线方法如图6.9所示。光电二极管的结构与一般二极管类似，它的PN结装在管的顶部，可以直接受到光照射，光电二极管在电路中一般处于反向工作状态。光电二极管在没有光照射时反向电阻很大，反向电流很小，此电流为暗电流；当有光照射光电二极管时，光子打在PN结附近，使PN结附近产生光生电子–空穴对，它们在PN结处的内电场作用下定向运动形成光电流，即为短路电流。短路电流与光照度成比例，光的照度越强，光电流越大。所以，在不受光照射时，光电二极管处于截止状态；受光照射时，光电二极管处于导通状态。

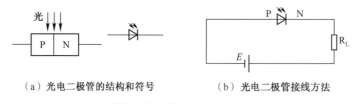

（a）光电二极管的结构和符号　　　　（b）光电二极管接线方法

图6.9 光电二极管的结构、符号和接线方法

（2）光电二极管的检测方法。当有光照射在光电二极管上时，光电二极管与普通二极管一样，有较小的正向电阻和较大的反向电阻；当无光照射时，光电二极管正向电阻和反向电阻都很大。用欧姆表检测时，先让光照射在光电二极管管芯上，测出其正向电阻，其阻值与光照强度有关，光照越强，正向阻值越小；然后用一块遮光黑布挡住照射在光电二极管上的光线，测量其阻值，这时正向电阻应立即变得很大。有光照和无光照下所测得的两个正向电阻值相差越大越好。

2. 光电晶体管

（1）工作原理。光电晶体管也是基于半导体光生伏特效应原理制成的光敏元件，其结构和符号如图6.10所示。光电晶体管分为PNP型和NPN型两种。当光照射在PN结附近时，使PN结产生光生电子–空穴对，它们在PN结处内电场作用下做定向运动，形成光电流，因此PN结的反向电流大大增加，由于光照射发射结产生的光电流相当于晶体管的基极电流，因此集电极电流是光电流的 β 倍。光电晶体管比光电二极管具有更高的灵敏度。

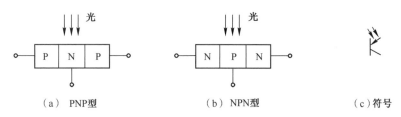

图 6.10 光电晶体管的结构和符号

（2）基本特性。

① 光谱特性。光电晶体管对于不同波长 λ 的入射光，其相对灵敏度 K_r 是不同的。如图 6.11 所示为两种光电晶体管的光谱特性曲线。由于锗管的暗电流比硅管大，故一般锗管的性能比较差。所以，在探测可见光或赤热状态物体时，都采用硅管；但当探测红外光时，锗管比较合适。

② 伏安特性。光电晶体管在不同照度 E_e 下的伏安特性，与一般晶体管在不同基极电流时的输出特性一样，只要将入射光在发射极与基极之间 PN 结附近所产生的光电流看作基极电流，就可将光电晶体管看作一般的晶体管。

③ 光照特性。光电晶体管的输出电流 I_c 与照度 E_e 之间的关系可近似看作线性关系，如图 6.12 所示。当光照足够大时（几千勒克斯），会出现饱和现象。因此，光电晶体管既可做线性转换元件，也可做开关元件。

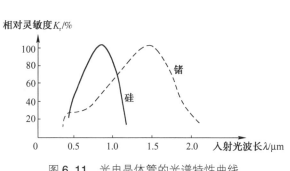

图 6.11 光电晶体管的光谱特性曲线

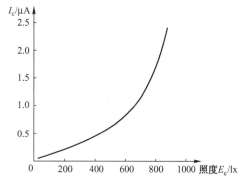

图 6.12 光电晶体管的光照特性曲线

④ 温度特性。温度特性表示温度与暗电流及输出电流之间的关系。如图 6.13 所示为锗管的温度特性曲线。由图可见，输出电流受温度变化影响较小，主要由光照度决定；而暗电流随温度变化很大，所以在应用时应在电路上采取措施进行温度补偿。

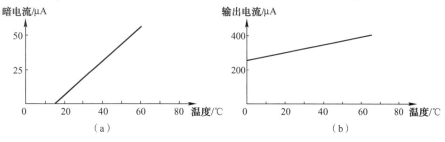

图 6.13 光电晶体管的温度特性曲线

⑤ 时间常数。光电晶体管的传递函数可以看作一个非周期环节。一般锗管的时间常数约为 2×10^{-4} s，而硅管的时间常数在 10^{-5} s 左右。当检测系统要求响应速度快时，通常选择硅管。

（3）光电晶体管的检测方法。用一块黑布遮住照射在光电晶体管上的光，选用万用表的 R×kΩ 挡，测量其两引脚之间的正、反向电阻，若均为无限大，则为光电晶体管；拿走黑布，则万用表指针向右偏转到 $15 \sim 30$ kΩ 处，偏转角越大，说明其灵敏度越高。

6.1.5 光电池

光电池也是基于半导体光生伏特效应原理制成的，是自发电式有源器件。它有较大面积的 PN 结，当光照射在 PN 结上时，在 PN 结的两端出现光生电动势。光电池的种类很多，其中应用最多的是硅光电池、硒光电池、砷化钾光电池和锗光电池等。

光电池具有以下基本特性。

1. 光谱特性

光电池的相对灵敏度 K_r 与入射光波长 λ 之间的关系称为光谱特性。如图 6.14 所示为硒光电池和硅光电池的光谱特性曲线。由图可知，不同材料光电池的光谱峰值位置是不同的。在实际使用时，可根据光源性质选择光电池。但要注意，光电池的峰值不仅与制造光电池的材料有关，而且与使用温度有关。

2. 光照特性

光生电动势 U 与照度 E_e 之间的特性曲线称为开路电压曲线；光电流密度 J_e 与照度 E_e 之间的特性曲线称为短路电流曲线。如图 6.15 所示为硅光电池的光照特性曲线。由图可知，短路电流在很大范围内与照度呈线性关系，这是光电池的主要优点之一；开路电压与照度之间的关系是非线性的，并且在照度为 2 000lx 的照射下就趋于饱和了。因此，把光电池作为敏感器件时，应该把它当作电流源使用，也就是利用短路电流与照度呈线性关系的特点。由实验可知，负载电阻越小，光电流与照度之间的线性关系越好，线性范围越宽。对于不同的负载电阻，可以在不同的照度范围内使光电流与照度保持线性关系，所以应用光电池作为敏感器件时，所用负载电阻的大小应根据光照的具体情况而定。

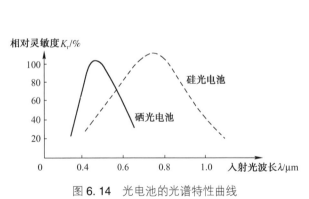

图 6.14　光电池的光谱特性曲线　　　　图 6.15　硅光电池的光照特性曲线

3. 频率特性

光电池的频率特性是光的调制频率 f 与光电池的相对输出电流 I_r（相对输出电流=高频输出电流/低频最大输出电流）之间的关系曲线。如图 6.16 所示，硅光电池具有较高的频率响应，而硒光电池则较差。因此，在高速计数器、有声电影等方面多采用硅光电池。

4. 温度特性

光电池的温度特性是描述光电池的开路电压 U、短路电流 I 随温度 t 变化的曲线，如图 6.17 所示。由于它关系到应用光电池设备的温度漂移，影响测量精度或控制精度等主要指标，因此它是光电池的重要特性之一。由图 6.17 可以看出，开路电压随温度增加而下降得较快，而短路电流随温度上升而增加得却很缓慢。因此，用光电池作为敏感器件时，在自动检测系统设计时就应考虑到温度的漂移，并采取相应的补偿措施。

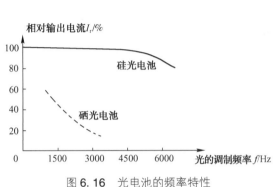

图 6.16　光电池的频率特性

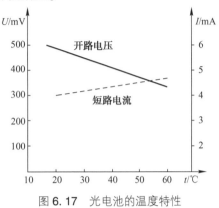

图 6.17　光电池的温度特性

6.2　红外传感器

凡是存在于自然界的物体，如人体、火焰、冰等都会辐射红外线，只是波长不同而已。人体的温度为 36℃ ～37℃，所辐射的红外线波长为 $10\mu m$（属于远红外线区），加热到 400℃ ～700℃ 的物体，其辐射的红外线波长为 $3\sim5\mu m$（属于中红外线区）。红外传感器可以检测到这些物体辐射的红外线，用于测量、成像或控制。

红外传感器按其应用可分为以下几个方面。

（1）红外辐射计，用于辐射和光谱辐射测量。

（2）搜索和跟踪系统，用于搜索和跟踪红外目标，确定其空间位置并对它的运动进行跟踪。

（3）热成像系统，可产生整个目标红外辐射的分布图像，如红外图像仪、多光谱扫描仪等。

（4）红外测距和通信系统。

（5）混合系统，是指以上系统中的两个或多个的组合。

用红外线作为检测媒介来测量某些非电量，具有以下几方面的优越性。

（1）可昼夜测量。红外线（指中、远红外线）不受周围可见光的影响，所以可在昼夜进行测量。

（2）不必设光源。由于待测对象辐射红外线，因此不必设置光源。

（3）适用于遥感技术。大气对某些波长的红外线吸收非常少，所以适用于遥感技术。

6.2.1　红外辐射

红外线是一种不可见光。它的波长范围大致为 $0.76\sim1\,000\mu m$，红外线在电磁波谱中的位置如图 6.18 所示。工程上常把红外线所占据的波段分为 4 部分，即近红外、中红外、远红外和极远红外。

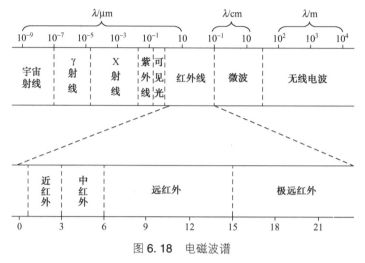

图 6.18　电磁波谱

红外辐射的物理本质是热辐射。一个炽热物体向外辐射的能量大部分是通过红外线辐射出来的。物体的温度越高，辐射出来的红外线越多，辐射的能量就越强。红外线被物体吸收时，可以显著地转变为热能。

红外辐射与所有电磁波一样，是以波的形式在空间以直线传播的。它在大气中传播时，大气层对不同波长的红外线存在不同的吸收带，红外线气体分析器就是利用该特性工作的。空气中对称的双原子气体（如 N_2、O_2、H_2 等）不吸收红外线。红外线在通过大气层时，有 3 个波段透过率较高，分别是 $2\sim2.6\mu m$、$3\sim5\mu m$ 和 $8\sim14\mu m$，它们被统称为"大气窗口"。这 3 个波段对红外探测特别重要，因为红外探测器一般都工作在这 3 个波段。

6.2.2　红外探测器

红外传感器一般由光学系统、红外探测器、信号调理电路及显示系统等组成。红外探测器是红外传感器的核心。红外探测器种类很多，常见的有两大类：热探测器和光子探测器。

1. 热探测器

热探测器利用红外辐射的热效应工作。热探测器的敏感元件吸收辐射后温度升高，有关物理参数发生相应的变化，通过测量物理参数的变化，便可确定热探测器所吸收的红外辐射能量。

与光子探测器相比，热探测器的探测率比光子探测器的峰值探测率低，响应时间长。但热探测器的主要优点是响应波段宽，响应范围可扩展到整个红外区域，可以在室温下工作，使用方便，故其应用相当广泛。

热探测器的主要类型有热释电型、热敏电阻型、热电偶型和气体型。由于热释电型探测器在热探测器中探测率最高，响应波段最宽，所以这种探测器备受重视，发展很快。下面主要介绍热释电型探测器。

热释电型探测器由具有极化现象的热晶体或被称为"铁电体"的材料制作而成。"铁电体"的极化强度（单位面积上的电荷）与温度有关。当红外辐射照射到已经极化的铁电体薄片表面上时，引起薄片温度升高，使极化强度降低，表面电荷减少，这相当于释放一部分电荷，所以称为热释电型传感器。如果将负载电阻与"铁电体"薄片相连，则负载电阻上便产生一个电信号输出，而输出信号的强弱取决于薄片温度变化的快慢，从而反映入射的红外辐射的强弱。

2. 光子探测器

光子探测器利用入射红外辐射的光子流与探测器材料中电子的相互作用，改变电子的能量状态，引起各种电学现象（这一过程也称为光子效应）。通过测量材料电子性质的变化，可以知道红外辐射的强弱。利用光子效应制成的红外探测器，统称为光子探测器。光子探测器有内光电探测器和外光电探测器两种。外光电探测器又分为光电导、光生伏特和光磁电探测器3种。

光子探测器的主要特点是灵敏度高，响应速度快，具有较高的响应频率，但探测波段较窄，一般需在低温下工作。

6.3 光电式传感器应用举例

6.3.1 光敏电阻传感器的应用

1. 带材跑偏检测装置

图 6.19 所示为带材跑偏检测装置的工作原理图和测量电路图。无论是钢带薄板，还是塑料薄膜、纸张、胶片等，在加工过程中极易偏离正确位置而产生所谓的"跑偏"现象。带材加工过程中的跑偏不仅影响其尺寸精度，而且会引起卷边、毛刺等质量问题。带材跑偏检测装置的作用是检测带材在加工过程中偏离正确位置的程度及方向，从而为纠偏控制机构电路提供一个纠偏信号。

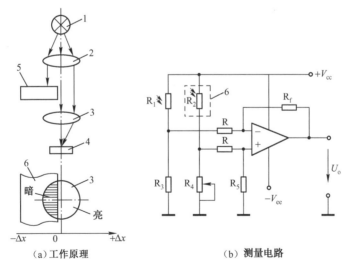

(a) 工作原理 　　　　　 (b) 测量电路

1—光源；2、3—透镜；4—光敏电阻 R_1；5—被测带材；6—遮光罩

图 6.19　带材跑偏检测装置

光源 1 发出的光经过透镜 2 会聚成平行光束后，再经透镜 3 会聚入射到光敏电阻 4（R_1）上。透镜 2、3 分别安置在带材合适位置的上、下方，在平行光束到达透镜 3 的途中，将有部

分光线受到被测带材的遮挡，从而使光敏电阻受照的光通量减小。R_1、R_2是同型号的光敏电阻，R_1作为测量元件安置在带材下方，R_2作为温度补偿元件用遮光罩覆盖。$R_1 \sim R_4$组成一个电桥电路，当带材处于正确位置（中间位置）时，通过预调电桥平衡，使放大器输出电压U_o为0。如果带材在移动过程中左偏，则遮光面积减小，光敏电阻的光照面积增加，阻值变小，电桥失衡，放大器输出负压U_o；若带材右偏，则遮光面积增大，光敏电阻的光照面积减少，阻值变大，电桥失衡，放大器输出正压U_o。输出电压U_o的正负及大小，反映了带材跑偏的方向及大小。输出电压U_o一方面由显示器显示出来，另一方面被送到纠偏控制系统，作为驱动执行机构产生纠偏动作的控制信号。

2. 调光灯电路

光敏电阻在照明调节及光控开关等领域已获得广泛应用。图6.20所示为光控调光电路。

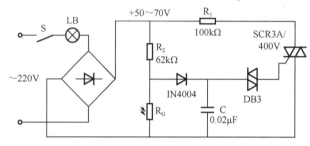

图6.20　光控调光电路

光控调光电路的工作原理：当周围光线变弱时，光敏电阻R_G的阻值增加，使加在电容C上的分压上升，进而使晶闸管的导通角增大，照明灯两端电压增大，照明灯亮度增强。反之，若周围的光线变亮，则R_G的阻值下降，导致晶闸管的导通角变小，照明灯两端电压也同时下降，使灯光变暗，从而实现对灯光照度的控制。

3. 光控开关电路

由光敏电阻构成的光控开关电路如图6.21所示。

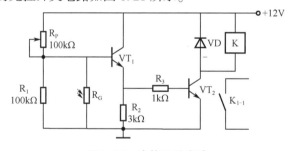

图6.21　光控开关电路

光控开关电路的工作原理：当照度下降到设置值时，由于光敏电阻阻值上升激发VT_1导通，进而使得VT_2也导通，VT_2的激励电流使继电器工作，动合触点闭合，动断触点断开，实现对外电路的控制。

4. 汽车前大灯控制电路

由光敏电阻构成的汽车前大灯控制电路如图6.22所示。

汽车前大灯控制电路的工作原理：在夜间行车时，若无灯光照射光敏电阻R_{gm}，则光敏电阻呈高阻值，555输出高电平，场效应管BG_1、BG_2均导通，汽车两个前大灯D_1和D_2均发光。当对面有车开来时，R_{gm} 呈低阻值，555 输出低电位，场效应管 BG_1、BG_2 均截止，汽车两个前大灯 D_1 和 D_2 均熄灭。

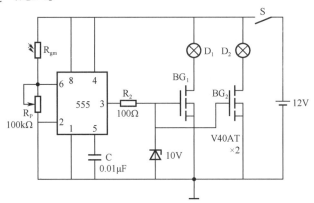

图 6.22　汽车前大灯控制电路

6.3.2　光电晶体管的应用

1. 光电耦合器

光电耦合器是将一个发光器件和一个光敏元件同时封装在一个壳体内组合而成的转换元件。当有电流流过发光器件时便产生一个光源，此光照射到封装在一起的光敏元件后产生一个与发光器件正向电流成比例的电流。

最常见的情况是由一个发光二极管和一个光电晶体管组成光电耦合器，如图 6.23 所示。这种光电耦合器结构简单，成本较低，输出电流较大，可达 100mA，响应时间为 3～4μs。为保证光电耦合器具有较高的灵敏度，应考虑发光与接收波长的匹配。

光电耦合器实际上是一个电隔离转换器，它具有抗干扰性能和单向信号传输功能，广泛应用在电路隔离、电平转换、噪声抑制、无触点开关及固态继电器等场合。

2. 脉冲编码器

图 6.24 所示为脉冲编码器的工作原理图。其中，图 6.24 (a) 是其电路原理图，图 6.24 (b) 是其光栅转盘的结构图。

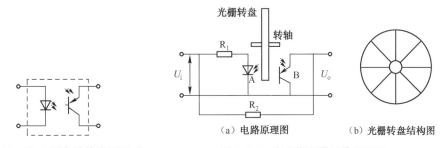

（a）电路原理图　　　　　（b）光栅转盘结构图

图 6.23　光电耦合器的常见形式　　图 6.24　脉冲编码器工作原理图

U_i 为 24V 电源电压，U_o 为输出电压，N 为光栅转盘上总的光栅辐条数，R_1 和 R_2 为限流电阻，而 A 和 B 则分别是光电二极管的发射端和光电晶体管的接收端。当转轴受外部因素的影响而以某一转速 n 转动时，光栅转盘也随之以同样的速度转动。所以，在转轴转动一圈的时间内，接收端将接收到 N 个光信号，从而在其输出端输出 N 个电脉冲信号。由此可知，脉冲编码器输出的电信号 U_o 的频率 f 是由转轴的转速 n 决定的。

3. 光电转速传感器

图 6.25 所示为光电数字转速表的工作原理图。图 6.25（a）所示为透光式光电转速传感器，在待测转速轴上固定一带孔的调制盘，在调制盘一边由白炽灯产生恒定光，透过盘上小孔到达光电二极管或光电晶体管组成的光电转换器上，并转换成相应的电脉冲信号，该脉冲信号经过放大整形电路输出整齐的脉冲信号，转速通过该脉冲频率测定。图 6.25（b）所示为反射式光电转速传感器，在待测转速的盘上固定一个涂有黑白相间条纹的圆盘，它们具有不同的反射信号，并可转换成电脉冲信号。

转速 n 与脉冲频率 f 的关系为

$$n = 60f/N$$

式中，N 为孔数或黑白条纹数目。

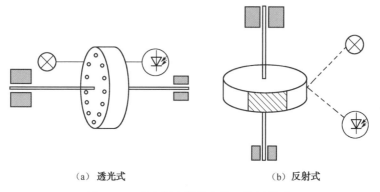

（a）透光式　　　　　　　　　　　　　（b）反射式

图 6.25　光电数字转速表的工作原理图

频率可用一般的频率计测量。光电器件多采用光电池、光电二极管和光电晶体管，以提高寿命，减小体积，减小功耗，提高可靠性。

光电脉冲转换电路如图 6.26 所示。其中 BG_1 为光电晶体管，当光线照射 BG_1 时，产生光电流，使 R_1 上压降增大，导致晶体管 BG_2 导通，触发由晶体管 BG_3 和 BG_4 组成的射极耦合触发器，使 U_o 为高电位；反之，U_o 为低电位。脉冲信号 U_o 可送到计数电路计数。

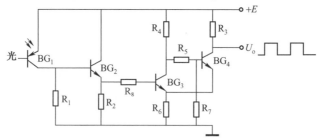

图 6.26　光电脉冲转换电路

4. 烟雾报警电路

图 6.27 所示为烟雾报警电路，它由串联反馈感光电路、半导体管开关电路及集成报警电路等组成。

工作原理：当被监测环境无烟雾时，发光二极管 VD_1 发出的光被光电晶体管 VT_1 接收后致其内阻减小，使得 VD_1 和 VT_1 串联电路中的电流增大，发光二极管 VD_1 的发光强度相应增大，光电晶体管内阻进一步减小。如此循环便形成了强烈的正反馈过程，直至使串联感光电路中的电流达到最大值，在 R_1 上产生的压降经 VD_2 使 VT_2 导通，VT_3 截止，报警电路不工作。当被监测的环境中烟雾急骤增加时，空气的透光性恶化，此时光电晶体管 VT_1 接收到的光通量减小，其内阻增大，串联感光电路中的电流也随之减小，发光二极管 VD_1 的发光强度也随之减弱。如此循环便形成了负反馈的过程，使串联感光电路中的电流减小到起始电流值，R_1 上的电压也降到 1.2V，使 VT_2 截止，VT_3 导通，报警电路工作，发出报警信号。C_1 是为防止短暂烟雾的干扰而设置的，IC9561 为四声报警芯片。

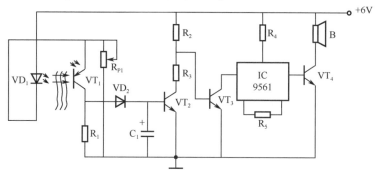

图 6.27　烟雾报警电路

6.3.3　光电池的应用

光电池主要有两大类型的应用：一类是将其作为光生伏特器件使用，直接将太阳能转换为电能，即太阳能电池，这是人类探索新能源的重要研究课题；另一类是将光电池作为光电转换器应用，需要它具有灵敏度高、响应时间短等特性，而不必像太阳能电池那样需要具有高的光电转换率，它主要应用于光电检测和自动控制系统中。

1. 太阳能电池

太阳能电池电源系统主要由太阳能电池方阵、蓄电池组、调节控制器和阻塞二极管组成。若要向交流负载供电，则加一个直流-交流转换器（逆变器），如图 6.28 所示。

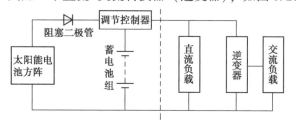

图 6.28　太阳能电池电源系统方框图

太阳能电池方阵是将太阳辐射直接转换成电能的发电装置。选用若干性能相近的单体太阳能电池，经串、并联后可形成可单独做电源使用的太阳能电池组件，然后由多个这样的组件经串、并联构成一个阵列。有阳光照射时，太阳能电池方阵发电并对负载供电，同时也对蓄电池组供电，存储能量，供无太阳光照射时使用。在系统中，调节控制器实现充、放电自动控制，当充电电压达到蓄电池上限电压时，自动切断充电电路，停止对蓄电池充电；而当蓄电池电压低于下限电压时，自动切断输出电路。这样，调节控制器可保证蓄电池电压保持在一定范围内，以防止因充电电压过高或过低而导致器件受到损伤。阻塞二极管在太阳能电池方阵不发电或出现短路故障时，起到避免蓄电池通过太阳能电池放电的作用。

2. 光电报警电路

当太阳光照射光电池时，在如图6.29所示的电路中，SCR有了门极触发电压，此时SCR导通，负载接通。电位器R_p调节光电平使报警器发出声响。

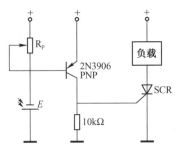

图6.29　光电报警电路

6.3.4　红外测温仪

红外测温仪是利用热辐射体在红外波段的辐射通量来测量温度的。当物体的温度低于1 000℃时，它向外辐射的不再是可见光而是红外光了，故可用红外探测器检测温度。若采用分离出所需波段的滤光片，则可使红外测温仪工作在任意红外波段。

图6.30所示为目前常见的红外测温仪方框图。它是一个光机电一体化的红外测温系统，图中的光学系统是一个固定焦距的投射系统，滤光片一般采用只允许$8\sim14\mu m$的红外辐射通过的材料。步进电机带动调制盘转动，将被测的红外辐射调制成交变的红外辐射。红外探测器一般为（钽酸锂）热释电探测器，透镜的焦点落在其光敏面上。被测目标的红外辐射通过透镜聚焦在红外探测器上，红外探测器将红外辐射转换为电信号输出。

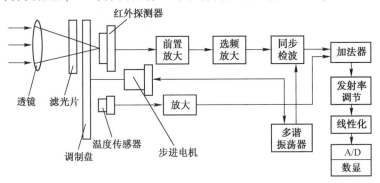

图6.30　红外测温仪方框图

红外测温仪电路比较复杂，包括前置放大、选频放大、发射率调节、线性化等。目前已有带单片机的智能红外测温仪面市，利用单片机与软件的功能，大大简化了硬件电路，提高了仪表的稳定性、可靠性和准确性。

红外测温仪的光学系统可以采用透射式，也可以采用反射式。反射式光学系统多采用凹面玻璃反射镜，并在镜的表面镀金、铝、镍或铬等对红外辐射反射率极高的金属材料。

6.4 光电开关和光电断续器

光电开关和光电断续器是光电式传感器中用于数字量检测的常用器件，它们可用于检测物体的靠近、通过等状态。近年来，随着生产自动化、机电一体化的发展，光电开关及光电断续器已发展成系列产品，其品种及产量日益增加。用户可根据生产需要，选用适当规格的产品，而不必自行设计光路及电路。

从原理上讲，光电开关和光电断续器没有太大的差别，都是由红外发射元件与光敏接收元件组成的，但光电断续器是整体结构，其检测距离只有几毫米至几十毫米，而光电开关的检测距离可达数十米。

6.4.1 光电开关

光电开关是以光电元件、三极管为核心，配以继电器组成的一种电子开关。当开关中的光敏元件受到一定强度的光照射时就会产生开关动作。图 6.31 所示为基本光电开关电路。图 6.31 (a) 中的光电元件 VD 与图 6.31 (b) 中的 VT_1 在无光照时处于截止状态，图 6.31 (a) 中的 VT 与图 6.31 (b) 中的 VT_2 也处于截止状态，继电器 K 得得电，开关不动作；有光照时，图 6.31 (a) 中的 VD、VT 和图 6.31 (b) 中的 VT_1、VT_2 导通，继电器得电后动作，实现光电开关控制。图 6.31 (c) 中，VT_1 在无光照时截止，直流电源经过电阻 R_1、R_2 给 VT_2 提供一个合适的基极电流使它导通，继电器动作；一旦有光照时，VT_1 导通，VT_2 截止，继电器断电，实现了光电开光控制。

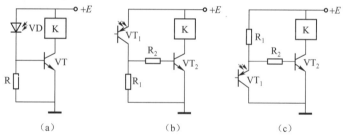

图 6.31 基本光电开关电路

光电开关可分为两类：遮断型和反射型，如图 6.32 所示。图 6.32 (a) 中，发射器与接收器相对安放，轴线严格对准。当有物体从两者中间通过时，红外光束被遮断，接收器接收不到红外线而产生一个电脉冲信号。反射型分为两种情况：反射镜反射型和被测物体反射型（简称散射型），如图 6.32 (b)、(c) 所示。反射镜反射型传感器单侧安装，需要调整反射镜的角度以取得最佳的反射效果，它的检测距离不如遮断型。散射型安装最为方便，并且可以根据被测物体上的黑白标记检测，但散射型的检测距离较短，只有几百毫米。

光电开关中的红外光发射器一般采用功率较大的红外发光二极管（红外 LED），而接收器可采用光电晶体管、光敏达林顿三极管或光电池。为了防止日光灯的干扰，首先可在光敏元件表面加红外滤光透镜。其次，LED 可用高频（40kHz 左右）脉冲电流驱动，从而发射调制光脉冲。相应地，接收光电元件的输出信号经选频交流放大器及解调器处理，可以有效地防止太阳光的干扰。

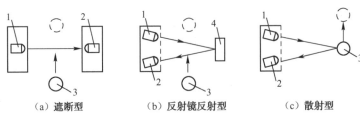

（a）遮断型　　　　（b）反射镜反射型　　　　（c）散射型

1—发射器；2—接收器；3—被测物；4—反射镜

图 6.32　光电开关类型

光电开关可用于统计生产流水线上的产量，检测装备件是否到位及装配质量是否合格，如瓶盖是否压上、标签是否漏贴等，并且可以根据被测物的特定标记给出自动控制信号。目前，光电开关已广泛应用于自动包装机、自动灌装机、装配流水线等自动化机械装置中。

6.4.2　光电断续器

光电断续器的工作原理与光电开关相同，但其光电发射器、接收器放置于一个体积很小的塑料壳体中，所以两者能可靠地对准。光电断续器的工作原理如图 6.33 所示。光电断续器也可分为遮断型和反射型两种。遮断型（也称槽型）的槽宽、槽深及光敏元件各不相同，并已形成系列化产品，可供用户选择。反射型的检测距离较小，多用于安装空间较小的场合。由于检测范围小，因此光电断续器的红外 LED 可以直接用直流电驱动，其正向压降为 1.2～1.5V，驱动电流须控制在几十毫安内。

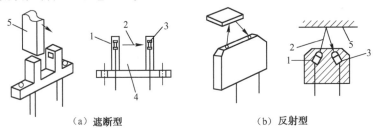

（a）遮断型　　　　　　　　（b）反射型

1—发光二极管；2—红外光；3—光电元件；4—槽；5—被测物

图 6.33　光电断续器的工作原理

光电断续器是价格便宜、结构简单、性能可靠的光电器件，被广泛应用于自动控制系统、生产流水线、机电一体化设备、办公设备和家用电器中。例如，在复印机中，它被用于检测复印纸的有无；在流水线上可用于检测细小物体的暗色标记；还可用于检测物体是否靠近接近开关、行程开关等。

6.5　CCD 图像传感器及其应用

通过视觉，人类可以从自然界获取丰富的信息，而传感器也能实现与人眼类似的视觉，它可以判断形状、颜色，并得出"它是什么"或"他是谁"。人们已经研制出了各种高质量的图像传感器，它与计算机系统配合，能识别人的指纹、脸形，甚至能根据视网膜的毛细血管分布，识别被检人的身份。

电荷耦合器件（Charge Coupled Device，CCD）是 20 世纪 70 年代在 MOS 集成电路技术基础上发展起来的新型半导体器件。它具有光电转换、信息存储和传输等功能，具有集成度高、功耗小、分辨率高、动态范围大等优点。CCD 图像传感器被广泛用于天文、医疗、电视、传真、通信以及工业检测和自动控制系统中。本节简单介绍 CCD 图像传感器的原理及其应用。

6.5.1 CCD 图像传感器的工作原理

一个完整的 CCD 由光敏元、转移栅、移位寄存器及一些辅助输入、输出电路组成。CCD 的光敏元实质上是一个 MOS 电容器，能存储电荷。CCD 工作时，在设定的积分时间内，光敏元对光信号进行取样，将光的强弱转化为各光敏元的电荷量。取样结束后，各光敏元的电荷在转移栅信号的驱动下，转移到 CCD 内部的移位寄存器相应单元中。移位寄存器在驱动时钟的作用下，将信号电荷顺次转移到输出端。输出信号可接到示波器、图像显示器或其他信号存储、处理设备中，并对信号再现或进行存储处理。

1. CCD 的光敏元结构及存储电荷的原理

由 MOS 电容器组成的光敏元如图 6.34 所示。先在 P 型硅衬底上通过氧化工艺，在其表面形成 SiO_2 薄层，然后在 SiO_2 上沉积一层金属作为电极（栅极），就形成一种"金属—氧化物—半导体"的 MOS 单元，可以将其看成一个以氧化物为介质的 MOS 电容器。当在金属电极上施加一正偏压时，在没有光照的情况下，光敏元中的电子数目很少。光敏元受到从衬底方向射来的光照后，产生光生电子—空穴对。电子被栅极上的正电压所吸引，存储在光敏元中，称为"电子包"。光照越强，光敏元收集到的电子越多，所俘获的电子数目与入射到势阱附近的光强成正比，从而实现了光与电子之间的转换。

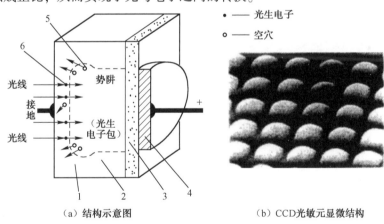

（a）结构示意图　　　（b）CCD光敏元显微结构

1—P 型硅衬底；2—耗尽层边界；3—SiO_2；4—金属电极；5—空穴；6—光生电子

图 6.34　MOS 电容器组成的光敏元

人们称这样一个光敏元为一个像素，通常在半导体硅片上制有几百万个相互独立、排列规则的光敏元，称为光敏元阵列。如果照射到这个阵列上的是一幅明暗起伏的图像，那么这些光敏元就会产生一幅与光照强度对应的"光生电荷图像"，这就是 CCD 摄像器件的光电转换原理。

由于 CCD 光敏元可做得很小（约 $10\mu m$），因此它的图像分辨率很高。在 CCD 的每个像素点表面，还制作了用于将光线聚焦于这个像素点感光区的微透镜，这个微透镜大大增加了信号的响应值。

2. CCD 光敏元信号的读出

CCD 光敏元获得的光生电荷图像必须逐位读取，才能分辨每一个像素获取的光强，所以 CCD 内部制作了与像素数目同一数量级的"读出移位寄存器"，该移位寄存器转移的是模拟信号，有别于数字电路中的数码移位寄存器。读出移位寄存器中的电荷是在两相或三相时钟驱动下实现转移及传输的。读出移位寄存器输出串行视频信号。

6.5.2　CCD 图像传感器的分类

CCD 图像传感器有线阵和面阵之分。所谓线阵，是指在一块硅芯片上制造了紧密排列的许多光敏元，它们排列成一条直线，感受一维方向的光强变化；所谓面阵，是指光敏元排列成二维平面矩阵，感受二维图像的光强变化。CCD 图像传感器还有单色和彩色之分，彩色 CCD 可拍摄色彩逼真的图像。下面简单介绍几种常见的图像传感器。

1. 线阵 CCD

线阵 CCD 由排列成直线的 MOS 光敏元阵列、转移栅、读出移位寄存器、视频信号电路和时钟电路等组成，线阵 CCD 的外形及内部原理框图如图 6.35 所示。转移栅的作用是将光敏元中的电子包"并行"地转移到奇、偶对应的读出移位寄存器中，然后合二为一，恢复光生信号在线阵 CCD 上的原有顺序。

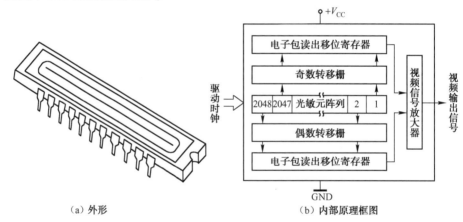

（a）外形　　　　　　　　　　（b）内部原理框图

图 6.35　线阵 CCD 的外形及内部原理框图

2. 面阵 CCD

线阵 CCD 只能在一个方向上实现电子自扫描，为了获得二维图像，人们在 1/2 in（英寸）或更大尺寸上研制出了在 X、Y 两个方向上都能实现电子自扫描的面阵 CCD。面阵 CCD 由感光区、信号存储区和输出移位寄存器等组成。根据不同的型号，面阵 CCD 有多种结构形式，其中帧转移面阵 CCD 的结构示意图如图 6.36 所示。

为了对这种结构的面阵 CCD 的工作原理叙述简单起见，假定它只是一个 4×4 的面阵。在光敏元曝光（或叫光积分）期间，整个感光区的所有光敏元的金属电极上都施加正电压，使光敏元俘获受光照衬底附近的光生电子。曝光结束时刻，在极短的时间内，将感光区中整帧的光电图像电子信号迅速转移到不受光照的对应编号存储区中。此后，感光区中的光敏元开始第二次光积分，而存储阵列则将它里面存储的电荷信息一位一位地转移到输出移位寄存器。在高速时钟的驱动下，输出移位寄存器将它们按顺序输出，形成时频信号。

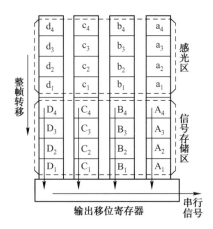

图 6.36 帧转移面阵 CCD 的结构示意图

3. 彩色 CCD

单色 CCD 只能得到具有灰度信号的图像，为了得到彩色图像信号，可将 3 个像素一组，排列成等边三角形或其他形式，制成彩色 CCD，如图 6.37 所示。每个像素表面分别制作红、绿、蓝（即 R、G、B）三种滤色器，形如三色跳棋盘。每个像素点只能记录一种颜色的信息，即红色、绿色或蓝色。在图像还原时，必须通过插值运算处理来生成全色图像。

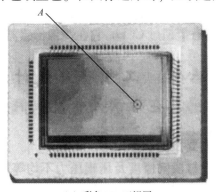

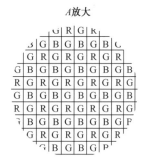

（a）彩色CCD正视图　　　　　　（b）R、G、B的配置（Bayer滤色器）

图 6.37 彩色 CCD

6.5.3 CCD 图像传感器的应用

线阵 CCD 可用于一维尺寸的测量，增加机械扫描系统后，也可用于大面积物体（如钢板、地面等）尺寸的测量和图像扫描。彩色线阵 CCD 还可以用于彩色印刷中的套色工艺的监控等。面阵 CCD 除了可以用于拍照，还可以用于复杂形状物体的面积测量、图像识别（如指纹识别）等。

1. 线阵 CCD 在钢板宽度测量中的应用

使用线阵 CCD 可以测量带材的边缘位置宽度，它具有数字测量的特点：准确度高、漂移小等。线阵 CCD 测量钢板宽度的示意图如图 6.38 所示。

光源置于钢板上方，被照亮的钢板经物镜成像在 CCD_1 和 CCD_2 上。用计算机计算两片线阵 CCD 的亮区宽度，再考虑安装距离、物镜焦距等因素，就可计算出钢板的宽度 L 及钢板的左右位置偏移量。将以上设备略微改动，还可以用于测量工件或线材的直径。若光源和线阵

CCD 在钢板上方平移，则还可以用于测量钢板的面积和形状。

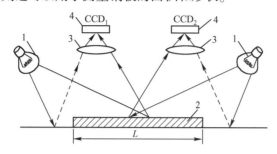

1—光源；2—钢板；3—成像物镜；4—线阵 CCD

图 6.38　线阵 CCD 测量钢板宽度的示意图

2. CCD 数码相机

数码相机（Digital Camera，DC），其实质是一种非胶片相机，它采用 CCD 作为光电转换器件，将被摄物体的图像以数字形式记录在存储器中。

利用数码相机的原理，人们还制造出可以拍摄照片的手机；可以通过网络进行面对面交流的视频摄像头；利用图像识别技术的指纹扫描门禁系统等。在工业中，可利用 CCD 摄像机进行画面监控、温度采集、过热报警等操作。

现在市售的视频摄像头多使用有别于 CCD 的 CMOS（互补金属—氧化物—半导体）图像传感器（以下简称 CMOS）作为光电转换器件。虽然目前的 CMOS 成像质量比 CCD 略低，但 CMOS 具有体积小、耗电量小（不到 CCD 的 1/10）、售价便宜的优点。随着硅晶圆加工技术的进步，CMOS 的各项技术指标有望超过 CCD，它在图像传感器中的应用也将日趋广泛。

小　　结

本章主要介绍了光电式传感器的基本知识。光电式传感器是将光通量转换为电量的一种传感器，它是基于光电转换元件的光电效应工作的。光电式传感器一般具有结构简单、非接触、高精度、高分辨率、高可靠性和响应快等优点。光电效应可分为内光电效应、外光电效应和半导体光生伏特效应。

本章详细介绍了光电管、光敏电阻、光电二极管、光电晶体管、光电池等光电元件的工作原理、基本特性和应用实例，以及红外传感器、光电开关、光电断续器、CCD 图像传感器的相关内容。

思考与练习

1. 什么是光电效应？光电效应分为哪几类？各举例说明。

2. 光电式传感器可分为哪几类？请分别举出几个例子加以说明。

3. 试简单叙述光敏电阻的结构，用哪些参数和特性来表示它的性能？

4. 光电二极管和普通二极管有什么区别？如何鉴别光电二极管的好坏？

5. 如何检测光敏电阻和光电晶体管的好坏？

6. 当光源波长为 $0.8\sim0.9\mu m$ 时，宜采用哪种光敏元件做测量元件？为什么？

7. 总结光电式传感器的特点及其可以测量的物理量。

8. 红外探测器有哪些类型？

9. 仔细观察你的身边，说一说在生活中你见过的光电式传感器有哪些？

10. 某光电晶体管在强光照时的光电流为 2.5mA，选用的继电器吸合电流为 50mA，直流电阻为 250Ω。现欲设计两个简单的光电开关，其中一个是有强光照时继电器吸合，另一个与之相反，是有强光照时继电器释放。请分别画出两个光电开关的电路图（采用普通三极管放大），并标出电源极性及选用的电压值。

11. 某光电开关电路如图 6.39 所示，请分析其工作原理，并说明各元件的作用，该电路在无光照的情况下继电器 K 是处于吸合还是释放状态？

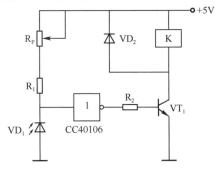

图 6.39 光电开关电路

12. 某光电池的光照特性曲线如图 6.15 所示，请你设计一个较精密的光电池测量电路。要求电路的输出电压 U_o 与照度成正比，且当照度为 1 000lx 时输出电压 $U_o=4V$。

13. 常用的半导体光电元件有哪些？它们的图形符号如何？

14. 对每种半导体光电元件，画出一种测量电路。

15. 什么是光电元件的光谱特性？

第7章 霍尔传感器

霍尔传感器是利用半导体材料的霍尔效应进行测量的一种传感器。它可以直接测量磁场及微位移量，也可以间接测量液位、压力等工业生产过程参数。本章先介绍霍尔元件的基本工作原理、结构和主要技术指标，再讨论测量电路及补偿方法，最后介绍霍尔传感器的应用。

7.1 霍尔元件工作原理

霍尔元件是霍尔传感器的敏感元件和转换元件，它是利用某些半导体材料的霍尔效应原理制成的。所谓霍尔效应，是指置于磁场中的导体或半导体中通入电流时，若电流与磁场垂直，则在与磁场和电流都垂直的方向上会出现一个电势差。

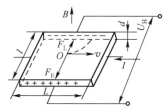

图 7.1 霍尔效应原理图

如图 7.1 所示，一个 N 型半导体薄片的长、宽、厚分别为 L、l、d，在垂直于该半导体薄片平面的方向上，施加磁感应强度为 B 的磁场，在其长度方向的两个面上做两个金属电极，称为控制电极，并外加一电压 U，则在长度方向就有电流 I 流动，而自由电子与电流的运动方向相反。在磁场中自由电子将受到洛伦兹力 F_L 的作用，受力的方向可由左手定则判定，即使磁力线穿过左手掌心，四指方向为电流方向，则拇指方向就是多数载流子所受洛伦兹力的方向。在洛伦兹力的作用下，电子向一侧偏转，使该侧形成负电荷的积累，另一侧则形成正电荷的积累，所以在半导体薄片的宽度方向上形成了电场，该电场对自由电子产生电场力 F_E，该电场力 F_E 对电子的作用力与洛伦兹力的方向相反，即阻止自由电子的继续偏转。当电场力与洛伦兹力相等时，自由电子的积累便达到动态平衡，这时在半导体薄片的宽度方向上所建立的电场称为霍尔电场，而在此方向的两个端面之间形成一个稳定的电势，称为霍尔电势 U_H。上述洛伦兹力 F_L 的大小为

$$F_L = evB$$

式中，F_L 为洛伦兹力（N）；e 为电子电量，等于 1.602×10^{-19} C；v 为电子速度（m/s）；B 为磁感应强度（Wb/m^2）。

电场力的大小为

$$F_E = eE_H = e\frac{U_H}{l}$$

式中，F_E 为电场力（N）；E_H 为霍尔电场强度（V/m）；U_H 为霍尔电势（V）；l 为霍尔元件宽度（m）。

当 $F_L = F_E$ 时，达到动态平衡，则

$$evB = e\frac{U_H}{l}$$

经简化，得

$$U_H = v \cdot B \cdot l \qquad (7.1)$$

对于 N 型半导体，通入霍尔元件的电流可表示为

$$I = nevld \qquad (7.2)$$

式中，d 为霍尔元件厚度（m）；n 为 N 型半导体的电子浓度（$1/m^3$）；其余符号意义同上。

由式（7.2）得

$$v = \frac{I}{neld} \qquad (7.3)$$

将式（7.3）代入式（7.1）得

$$U_H = \frac{IB}{ned} = \frac{R_H IB}{d} = K_H IB \qquad (7.4)$$

式中，$K_H = \dfrac{1}{ned}$，称为霍尔灵敏度；$R_H = \dfrac{1}{ne}$，称为霍尔系数。

由式（7.4）可知，霍尔电势与 K_H、I、B 有关。当 I、B 大小一定时，K_H 越大，U_H 越大。显然，一般希望 K_H 越大越好。

霍尔灵敏度 K_H 与 n、e、d 成反比关系。若电子浓度 n 较高，则 K_H 较小；若电子浓度 n 较低，则导电能力较差。所以，半导体的电子浓度 n 应适中，可以通过掺杂来获得所希望的电子浓度。一般来说，常选择半导体材料来做霍尔元件。此外，厚度 d 越小，K_H 越高；但霍尔元件的机械强度下降，且输入/输出电阻增加，因此，霍尔元件不能做得太薄。

式（7.4）是在磁场方向与霍尔元件垂直的条件下得出来的。若磁场方向与霍尔元件平面的法线成一角度 θ，则输出的霍尔电势为

$$U_H = K_H IB\cos\theta \qquad (7.5)$$

上面讨论的是 N 型半导体，对于 P 型半导体，其多数载流子是空穴，同样也存在着霍尔效应。用空穴浓度 p 代替电子浓度 n，同样可以得出 P 型霍尔元件的霍尔电势表达式为

$$U_H = K_H IB$$

或

$$U_H = K_H IB\cos\theta$$

式中，$K_H = \dfrac{1}{ped}$。

注意：采用 N 型或 P 型半导体，其多数载流子所受洛伦兹力的方向是一样的，但它们产生的霍尔电势的极性是相反的。所以，可以通过实验判别材料的类型。在霍尔传感器的使用中，若能通过测量电路测出 U_H，那么只要已知 B、I 中的一个参数，就可求出另一个参数。

7.2 霍尔元件的基本结构和主要特性参数

7.2.1 基本结构

用于制造霍尔元件的材料主要有 Ge（锗）、Si（硅）、InAs（砷化铟）和 InSb（锑化铟）

等。采用锗和硅材料制成的霍尔元件，具有霍尔系数大、加工工艺简单的特点，它们的霍尔系数分别为 $4.25×10^3$ 和 $2.25×10^3$（单位为 cm^3/C）。采用砷化铟和锑化铟材料制成的霍尔元件，它们的霍尔系数相对小一些，分别为 350 和 1 000，但它们的切片工艺好，采用化学腐蚀法可将其加工到 $10\mu m$。

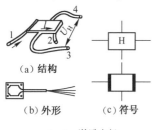

（a）结构

（b）外形　　（c）符号

1、2—激励电极；
3、4—霍尔电极

图 7.2　霍尔元件

霍尔元件的结构如图 7.2（a）所示。矩形状霍尔薄片称为基片，在它相互垂直的两组侧面上各装一组电极：电极 1、2 用于输入激励电流，称为激励电极；电极 3、4 用于输出霍尔电势，称为霍尔电极。基片长宽比约取 2，即 $L:l=2:1$，霍尔电极宽度应选小于霍尔元件长度且位置应尽可能地置于 $L/2$ 处。将基片用非导磁金属或陶瓷或环氧树脂封装，就制成了霍尔元件。其典型的外形如图 7.2（b）所示，一般激励电流引线端以红色导线标记，霍尔电势输出端以绿色导线标记。霍尔元件的电路符号如图 7.2（c）所示。国内常用的霍尔元件种类很多，表 7.1 列出了部分国产常用霍尔元件的有关参数，供选用时参考。

表7.1　常用霍尔元件的参数

参数名称	符　号	单　位	HZ–1型	HZ–2型	HZ–3型	HZ–4型	HT–1型	HT–2型	HS–1型
			材料（N型）						
			Ge（111）	Ge（111）	Ge（111）	Ge（100）	InSb	InSb	InAs
电阻率	ρ	$\Omega\cdot cm$	0.8～1.2	0.8～1.2	0.8～1.2	0.4～0.5	0.003～0.01	0.003～0.05	0.01
几何尺寸	$L×l×d$	mm^3	8×4×0.2	4×2×0.2	8×4×0.2	8×4×0.2	6×3×0.2	8×4×0.2	8×4×0.2
输入电阻	R_i	Ω	110±20%	110±20%	110±20%	45±20%	0.8±20%	0.8±20%	1.2±20%
输出电阻	R_o	Ω	100±20%	100±20%	100±20%	40±20%	0.5±20%	0.5±20%	1±20%
霍尔灵敏度	K_H	mV/(mA·T)	>12	>12	>12	>4	1.8±20%	1.8±20%	1±20%
不等位电阻	R_M	Ω	<0.07	<0.05	<0.07	<0.02	<0.005	<0.005	<0.003
霍尔电势温度系数	α	1/℃	0.04%	0.04%	0.04%	0.03%	−1.5%	−1.5%	—
输出电阻温度系数	β	1/℃	0.5%	0.5%	0.5%	0.3%	−0.5%	−0.5%	—
热阻	R_Q	℃/mW	0.4	0.25	0.2	0.1	—	—	—
工作温度	t	℃	−40～45	−40～45	−40～45	−40～75	0～40	0～40	−40～60

7.2.2　主要特性参数

1. 输入电阻 R_i 和输出电阻 R_o

霍尔元件两激励电流端的直流电阻称为输入电阻 R_i，两个霍尔电势输出端之间的电阻称为输出电阻 R_o。R_i 和 R_o 是纯电阻，可用直流电桥或欧姆表直接测量。R_i 和 R_o 均随温度改变而改变，一般为几欧姆到几百欧姆。

2. 额定激励电流 I 和最大激励电流 I_M

霍尔元件在空气中产生 10℃ 的温升时所施加的激励电流值称为额定电流 I。由于霍尔电势随激励电流的增加而增大，故在应用中，总希望选用较大的激励电流。但激励电流增大，霍尔元件的功耗增大，元件的温度升高，从而引起霍尔电势的温漂增大，因此每种型号的元件均规定了相应的最大激励电流，它的数值从几毫安到几十毫安。

3. 霍尔灵敏度 K_H

霍尔灵敏度 $K_H = \dfrac{U_H}{IB}$，单位为 mV/（mA·T），它反映了霍尔元件本身所具有的磁电转换能力，一般希望它越大越好。

4. 不等位电势 U_M

在额定激励电流下，当外加磁场为零时，即当 $I \neq 0$ 而 $B = 0$ 时，$U_H = 0$；但由于 4 个电极的几何尺寸不对称，造成 $I \neq 0$ 且 $B = 0$ 时，$U_H \neq 0$。为此引入 U_M 来表征霍尔元件输出端之间的开路电压，即不等位电势。一般要求霍尔元件的 $U_M < 1mV$，优质的霍尔元件的 U_M 可以小于 0.1mV。在实际应用中多采用电桥法来补偿不等位电势引起的误差。

5. 霍尔电势温度系数 α

在一定磁感应强度和激励电流的作用下，温度每变化 1℃ 时霍尔电势变化的百分数称为霍尔电势温度系数 α，它与霍尔元件的材料有关，一般约为 0.1%/℃ 左右，在要求较高的场合，应选择低温漂的霍尔元件。

7.3　霍尔元件的测量电路及补偿

7.3.1　基本测量电路

霍尔元件的基本测量电路如图 7.3 所示。在图示电路中，激励电流由电源 E 供给，调节可变电阻可以改变激励电流 I，R_L 为输出的霍尔电势的负载电阻，它一般是显示仪表、记录装置、放大器电路的输入电阻。由于建立霍尔电势所需的时间极短，为 $10^{-14} \sim 10^{-12}$ s，因此其频率响应范围较宽，可达 10^9 Hz 以上。

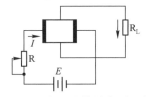

图 7.3　霍尔元件的基本测量电路

7.3.2　温度误差的补偿

霍尔元件属于半导体元件，它必然对温度比较敏感，温度的变化对霍尔元件的输入/输出电阻，以及霍尔电势都有明显的影响。

由不同材料制成的霍尔元件的内阻（输入/输出电阻）与温度变化的关系如图 7.4 所示。由图示关系可知，锑化铟材料的霍尔元件对温度变化最敏感，其温度系数最大，特别在低温范围内更明显，并且是负的温度系数；其次是硅材料的霍尔元件；再次是锗材料的霍尔元件，其中 Ge（HZ-1.2.3）在 80℃ 左右有个转折点，它从正温度系数转变为负温度系数，而 Ge（HZ-4）的转折点在 120℃ 左右。而砷化铟的温度系数最小，所以它的温度特性最好。

不同材料的霍尔元件的输出电势与温度变化的关系如图 7.5 所示。由图示关系可知，锑化铟材料的霍尔元件的输出电势对温度变化最敏感，且是负温度系数；砷化铟材料的霍尔元件比锗材料的霍尔元件受温度变化影响大，但它们都有一个转折点，到了转折点就从正温度系数转变为负温度系数，转折点的温度就是霍尔元件的上限工作温度，考虑到元件工作时的温升，其上限工作温度应适当地降低一些；硅材料的霍尔元件的特性较好。

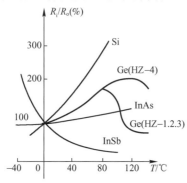
图 7.4　内阻与温度关系曲线

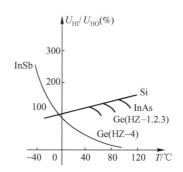
图 7.5　输出电势与温度关系曲线

霍尔元件的温度补偿可以采用如下几种方法。

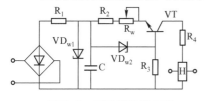
图 7.6　恒流源补偿电路

1. 恒流源补偿法

温度的变化会引起内阻的变化，而内阻的变化又使激励电流发生变化以致影响霍尔电势的输出，采用恒流源可以补偿这种影响，其电路如图 7.6 所示。

在如图 7.6 所示电路中，只要三极管 VT 的输入偏置固定，放大倍数 β 固定，则 VT 的集电极电流（霍尔元件的激励电流）不受集电极电阻变化的影响，即忽略了温度对霍尔元件输入电阻变化的影响。

2. 选择合理的负载电阻进行补偿

在如图 7.3 所示的电路中，当温度为 T 时，负载电阻 R_L 上的电压为

$$U_L = U_H \frac{R_L}{R_L + R_o}$$

式中，R_o 为霍尔元件的输出电阻。

当温度由 T 变为 $T+\Delta T$ 时，R_L 上的电压变为

$$U_L + \Delta U_L = U_H (1 + \alpha \Delta T) \frac{R_L}{R_L + R_o (1 + \beta \Delta T)} \tag{7.6}$$

式中，α 为霍尔电势的温度系数；β 为霍尔元件输出电阻的温度系数。

要使 U_L 不受温度变化的影响，只要合理选择 R_L 使温度为 T 时的 R_L 上的电压 U_L 与温度为 $T+\Delta T$ 时 R_L 上的电压相等，即

$$U_H \frac{R_L}{R_L + R_o} = U_H (1 + \alpha \Delta T) \frac{R_L}{R_L + R_o (1 + \beta \Delta T)}$$

将上式进行化简整理后，得

$$R_L = R_o \frac{\beta - \alpha}{\alpha}$$

对一个确定的霍尔元件，可查表7.1得到 α、β 和 R_o 值，再求得 R_L 值，这样就可在输出回路实现对温度误差的补偿了。

3. 利用霍尔元件输入回路的串联电阻或并联电阻进行补偿的方法

霍尔元件在输入回路中采用恒压源供电工作，并使霍尔电势输出端处于开路工作状态，此时可以利用在输入回路串入电阻的方式进行温度补偿，如图7.7所示。

经分析可知，当串联电阻取 $R = \frac{\beta - \alpha}{\alpha} R_{io}$ 时，可以补偿因温度变化而带来的霍尔电势变化，其中 R_{io} 为霍尔元件在0℃时的输入电阻。

霍尔元件在输入回路中采用恒流源供电工作，并使霍尔电势输出端处于开路工作状态，此时可以利用在输入回路并入电阻的方式进行温度补偿，如图7.8所示。

经分析可知，当并联电阻 $R = \frac{\beta - \alpha}{\alpha} R_{io}$ 时，可以补偿因温度变化而带来的霍尔电势变化。

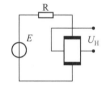

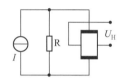

图7.7 串联输入电阻补偿原理　　　　　图7.8 并联输入电阻补偿原理

4. 热敏电阻补偿法

采用热敏电阻对霍尔元件的温度特性进行补偿，如图7.9所示。

由图示电路可知，当输出的霍尔电势随温度增加而减小时，R_{t1}应采用负温度系数的热敏电阻，它随温度的升高而阻值减小，从而增加了激励电流，使输出的霍尔电势增加，从而起到补偿作用；而 R_{t2} 也应采用负温度系数的热敏电阻，因它随温升而阻值减小，使负载上的霍尔电势输出增加，同样能起到补偿作用。在使用热敏电阻进行温度补偿时，要求热敏电阻和霍尔元件封装在一起，或者使两者之间的位置靠得很近，这样才能使补偿效果显著。

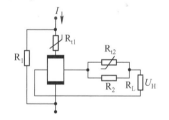

图7.9 热敏电阻温度补偿电路

7.3.3 不等位电势的补偿

在无磁场的情况下，当霍尔元件通过一定的控制电流 I 时，在两输出端产生的电压称为不等位电势，用 U_M 表示。

不等位电势是由于元件输出极焊接不对称，或厚薄不均匀，以及两个输出极接触不良等原因造成的，可以通过桥路平衡的原理加以补偿。如图7.10所示为一种常见的具有温度补偿的不等位电势补偿电路。该补偿电路接成桥式电路，其工作电压由霍尔元件的控制电压提供；其中一个桥臂为热敏电阻 R_t，且 R_t 与霍尔元件的等效电阻的温度特性相同。在该电桥的负载电阻 R_{P2} 上取出电桥的部分输出电压（称为补偿电压），与霍尔元件的输出电压反接。在磁感应强度 B 为零时，调节 R_{P1} 和 R_{P2}，使补偿电压抵消霍尔元件此时输出的不等位电势，从而使

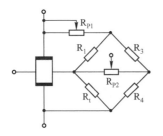

图 7.10 不等位电势补偿电路

$B=0$ 时的总输出电压为零。

在霍尔元件的工作温度下限 T_1 时，热敏电阻的阻值为 $R_t(T_1)$。电位器 R_{P2} 保持在某一确定位置，通过调节电位器 R_{P1} 来调节补偿电桥的工作电压，使补偿电压抵消此时的不等位电势 U_{ML}，此时的补偿电压称为恒定补偿电压。

当工作温度由 T_1 升高到 $T_1+\Delta T$ 时，热敏电阻的阻值为 $R_t(T_1+\Delta T)$。R_{P1} 保持不变，通过调节 R_{P2} 使补偿电压抵消此时的不等位电势 $U_{ML}+\Delta U_M$。此时的补偿电压实际上包含了两个分量：一个是抵消工作温度为 T_1 时的不等位电势 U_{ML} 的恒定补偿电压分量，另一个是抵消工作温度升高 ΔT 时不等位电势的变化量 ΔU_M 的变化补偿电压分量。

根据上述讨论可知，采用桥式补偿电路，可以在霍尔元件的整个工作温度范围内对不等位电势进行良好的补偿，并且对不等位电势的恒定部分和变化部分的补偿可相互独立地进行调节，所以可达到相当高的补偿精度。

7.4 霍尔集成电路

随着微电子技术的发展，目前霍尔元件多已集成化。霍尔集成电路有许多优点，如体积小、灵敏度高、输出幅度大、温漂小、对电源稳定性要求低等。

霍尔集成电路可分为线性和开关型两大类。前者将霍尔元件和恒流源、线性放大器等集成在一个芯片上，输出电压较高，使用非常方便，目前已得到广泛的应用，较典型的线性霍尔集成电路有 UGN3501 等。开关型是将霍尔元件、稳压电路、放大器、施密特触发器、OC门等电路集成在同一个芯片上。当外加磁场的强度超过规定的工作点时，OC门由高阻态变为导通状态，输出变为低电平；当外加磁场的强度低于释放点时，OC门重新变为高阻态，输出高电平。这类器件中较典型的有 UGN3020 等。有一些开关型霍尔集成电路内部还包括双稳态电路，这种器件的特点是必须施加相反极性的磁场，电路的输出才能反转回到高电平，也就是说，具有"锁键"功能，这类器件又称为锁键霍尔集成电路。

图 7.11 和图 7.12 所示分别为 UGN3501 和 UGN3020 的外形尺寸及内部电路框图，图 7.13 和图 7.14 所示分别为它们的输出特性曲线。

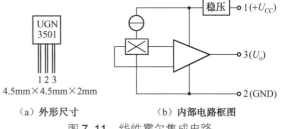

（a）外形尺寸　　（b）内部电路框图

图 7.11 线性霍尔集成电路

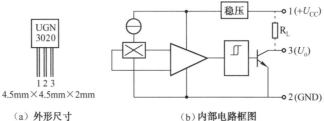

（a）外形尺寸　　（b）内部电路框图

图 7.12 开关型霍尔集成电路

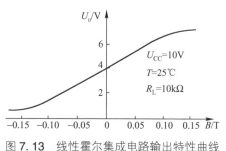

图 7.13 线性霍尔集成电路输出特性曲线

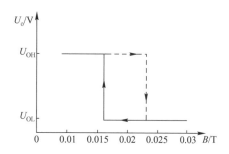

图 7.14 开关型霍尔集成电路输出特性曲线

图 7.15 和图 7.16 分别示出了具有双端差动输出特性的线性霍尔集成电路 UGN3501M 的外形、内部电路框图及其输出特性曲线。当磁场的磁感应强度为零时，第 1 脚相对于第 8 脚的输出电压等于零；当感应的磁场为正向（磁钢的 S 极对准 3501M 的正面）时，输出为正；当磁场为反向时，输出为负，因此使用起来更加方便。它的第 5、6、7 脚外接一只微调电位器后，就可以消除不等位电势引起的差动输出零点漂移。

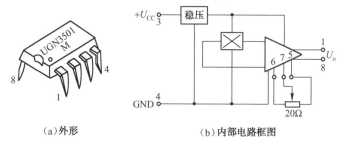

（a）外形   （b）内部电路框图

图 7.15 差动输出线性霍尔集成电路

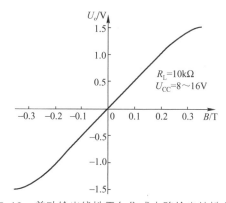

图 7.16 差动输出线性霍尔集成电路输出特性曲线

7.5 霍尔传感器的应用

霍尔电势是 I、B、θ 三个变量的函数，即 $E_H = K_H I B \cos\theta$，利用这个关系可形成若干组合：可以使其中两个量不变，将第 3 个量作为变量；或者固定其中一个量，将其余两个量都作为变量。3 个变量的多种组合使得霍尔传感器具有非常广阔的应用领域。归纳起来，霍尔传感器主要有下列 3 个用途。

（1）当控制电流保持不变时，使传感器处于非均匀磁场中，则传感器的输出正比于磁感应强度。这方面的应用如测量磁场、测量磁场中的微位移，以及应用在转速表、霍尔测力器上等。

（2）当控制电流与磁感应强度都为变量时，传感器的输出正比于这两个变量的乘积。这方面的应用如乘法器、功率计、混频器、调制器等。

（3）当磁感应强度保持不变时，传感器的输出正比于控制电流。这方面的应用如回转器、隔离器等。

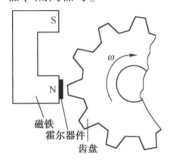

图 7.17　霍尔转速表示意图

1. 霍尔转速表

图 7.17 所示为霍尔转速表示意图。在被测转速的转轴上安装一个齿盘，也可选取机械系统中的一个齿轮，将线性霍尔器件及磁路系统靠近齿盘，随着齿盘的转动，磁路的磁阻也发生周期性的变化，测量霍尔器件输出的脉动频率，该脉动频率经隔直、放大、整形后，就可以用于确定被测物的转速。

2. 霍尔式无触点点火装置

传统汽车使用机械式点火系统，存在着点火时间不准确、触点易磨损等缺点。

采用霍尔开关无触点晶体管点火装置可以克服上述缺点，提高燃烧效率。四汽缸汽车点火装置示意图如图 7.18 所示，图中的磁轮鼓代替了传统的凸轮及白金触点。发动机主轴带动磁轮鼓转动时，霍尔元件输出一连串与汽缸活塞运动同步的脉动信号去触发晶体管功率开关，点火线圈二次侧产生很高的感应电压，火花塞产生火花放电，完成汽缸的点火过程。

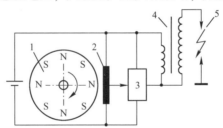

1—磁轮鼓；2—开关型霍尔集成元件；3—晶体管功率开关；4—点火线圈；5—火花塞

图 7.18　四汽缸汽车点火装置示意图

3. 霍尔式功率计

如图 7.19 所示为一种采用霍尔传感器进行负载功率测量的仪器。

由于负载功率等于负载电压和负载电流之乘积，因此使用霍尔元件时，分别使负载电压与磁感应强度成比例、负载电流与控制电流成比例，显然负载功率就正比于霍尔元件的霍尔电势。由此可见，利用霍尔元件输出的霍尔电势为输入控制电流与驱动磁感应强度的乘积的函数，即可测量出负载功率的大小。由图示可知，流过霍尔元件的电流 I 是负载电流 I_L 的分流值，R_f 为负载电流 I_L 的取样分流电阻，为使电流 I 能模拟负载电流 I_L，要求 $R_1 \ll Z_L$（负载阻抗），外加磁场的磁感应强度是负载电压 U_L 的分压值，R_2 为负载电压 U_L 的取

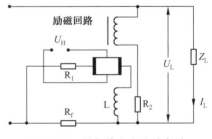

图 7.19　霍尔效应交流功率计

样分压电阻，为使励磁电压尽量与负载电压同相位，励磁回路中的R_2要求取得很大，使励磁回路阻抗接近于电阻性，实际上它总略带一些电感性，因此电感L是用于相位补偿的，这样霍尔电势就与负载的交流有效功率成正比了。

4. 霍尔式无刷直流电动机

采用霍尔传感器驱动的无触点直流电动机的基本原理如图7.20所示。

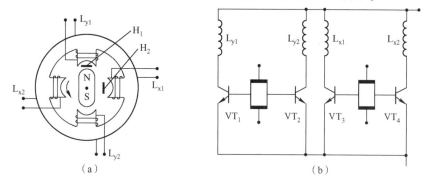

图7.20　霍尔式无刷直流电动机基本原理

由图7.20可知，转子是长度为L的圆桶形永久磁铁，并且以径向极化，定子线圈分成4组，呈环形放入铁芯内侧槽内。当转子处于如图7.20（a）所示位置时，霍尔元件H_1感应到转子磁场，便有霍尔电势输出，其经VT_4放大后便使L_{x2}通电，对应定子铁芯产生一个与转子呈90°的超前激励磁场，它吸引转子逆时针旋转；当转子旋转90°以后，霍尔元件H_2感应到转子磁场，便有霍尔电势输出，其经VT_2放大后便使L_{y2}通电，于是产生一个超前90°的激励磁场，它再吸引转子逆时针旋转。这样线圈依次通电，由于有一个超前90°的逆时针旋转磁场吸引着转子，因此电动机便连续运转起来，其运转顺序如下：N对H_1→VT_4导通→L_{x2}通电，S对H_2→VT_2导通→L_{y2}通电，S对H_1→VT_3导通→L_{x1}通电，N对H_2→VT_1导通→L_{y1}通电。霍尔式直流无刷电动机在实际使用时，一般需要采用速度负反馈的形式来达到电动机稳定和电动机调速的目的。

小　结

霍尔元件的基本结构是在一个半导体薄片上安装2对电极：一对为对称控制电极，输入控制电流；另一对为对称输出极，输出霍尔电势。

霍尔元件测量的关键是霍尔效应。霍尔电势U_H与磁感应强度B、控制电流I之间存在关系$U_H = K_H IB$。K_H称为霍尔灵敏度，它反映了霍尔元件的磁电转换能力。

在实际使用中，霍尔电势会受到温度变化的影响，一般用霍尔电势温度系数α来表征。为了减小α，需要对基本测量电路进行温度补偿，常用的方法有：采用恒流源提供控制电流；选择合理的负载电阻进行补偿；利用霍尔元件输入回路的串联或并联电阻进行补偿；在输入回路或输出回路中加入热敏电阻进行温度误差的补偿。

霍尔元件由于在制造工艺方面的原因，当通入额定直流控制电流而外磁场$B=0$时，霍尔电势输出并不为零，而存在一个不等位电势U_M，从而对测量结果造成影响。为解决这一问题，可采用具有温度补偿的桥式补偿电路。该电路本身也接成桥式电路，且其中一个桥臂采用热敏电阻，可以在霍尔元件的整个工作温度范围内对 U_M 进行良好的补偿。

思考与练习

1. 什么是霍尔效应？

2. 霍尔元件存在不等位电势的主要原因有哪些？如何对其进行补偿？补偿的原理是什么？

3. 为什么要对霍尔元件进行温度补偿？主要有哪些补偿方法？补偿的原理是什么？

4. 为测量某霍尔元件的灵敏度 K_H，构成如图 7.21 所示的实验线路。现施加 $B = 0.1T$ 的外磁场，方向如图 7.21 所示。调节 R 使 $I_C = 60mA$，测量输出电压 $U_H = 30mV$（设表头内阻为无穷大）。试求霍尔元件的灵敏度，并判断其所用材料的类型。

5. 图 7.22 所示为一个霍尔式转速测量仪的结构原理图。调制盘上固定有 $P = 200$ 对永久磁极，N、S 极交替放置，调制盘与被测转轴刚性连接。在非常接近调制盘的某位置固定一个霍尔元件，调制盘上每有一对磁极从霍尔元件下面转过，霍尔元件就会产生一个方脉冲，并将其发送到频率计。假定在 $t = 5$ 分钟的采样时间内，频率计共接收到 $N = 30$ 万个脉冲，求被测转轴的转速 n 为多少转/分？

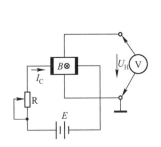

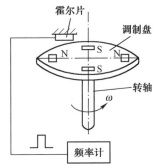

图 7.21　测量霍尔元件灵敏度的实验线路　　　　图 7.22　霍尔式转速测量仪的结构原理图

6. 图 7.23 所示为一个交直流钳形数字电流表的结构原理图。环形磁集束器的作用是将载流导线中被测电流产生的磁场集中到霍尔元件上，以提高灵敏度。设霍尔元件的灵敏度为 K_H，通入的控制电流为 I_C，作用于霍尔元件的磁感应强度 B 与被测电流 I_x 成正比，比例系数为 K_B，现通过测量电路求得霍尔电势为 U_H，求被测电流 I_x。

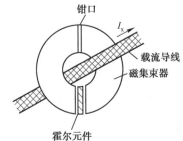

图 7.23　交直流钳形数字电流表的结构原理图

第8章 压电式传感器

压电式传感器是一种电能量型传感器，它是基于某些电介质的压电效应工作的。在外力作用下，在电介质的表面上产生电荷，实现力与电荷的转换，所以它能测量最终转换为力的物理量，如压力、加速度等。最常见的压电材料有石英晶体、压电陶瓷等。压电式传感器具有使用频带宽、灵敏度高、信噪比高、结构简单、工作可靠、质量轻、测量范围广等优点。近年来，由于电子技术迅猛发展，随着与之配套的二次仪表，以及低噪声、小电容、高绝缘电阻电缆的出现，使压电式传感器使用更为方便，集成化、智能化的新型压电式传感器也不断被开发出来。

8.1 压电效应

对某些电介质，当沿着一定方向对它施加压力时，其内部就产生极化现象，同时在它的两个表面上产生符号相反的电荷；当外力去掉后，它又重新恢复为不带电状态；当作用力方向改变时，电荷的极性也随之改变。晶体受力所产生的电荷量与外力的大小成正比，这种现象被称为压电效应。相反，当在电介质的极化方向上施加电场时，这些电介质也会产生变形，当外电场撤离时，变形也随之消失，这种现象称为逆压电效应。

具有压电效应的物质很多，如石英晶体、压电陶瓷、压电半导体等。

8.1.1 石英晶体的压电效应

石英晶体是最常用的压电材料之一，图8.1（a）所示为天然结构的石英晶体理想外形，它是一个正六面体，在晶体学中可以用三个相互垂直的轴 x、y、z 来表示它们的坐标，如图8.1（b）所示。z 轴为光轴（中性轴），是晶体的对称轴，晶体沿光轴 z 方向受力时不产生压电效应；经过正六面体棱线并垂直于光轴的 x 轴为电轴，晶体在沿电轴 x 方向的力作用下产生电荷的压电效应称为纵向压电效应，纵向压电效应最为显著；与 z 轴和 x 轴同时垂直的轴为 y 轴，y 轴垂直于正六面体的棱面，称为机械轴，晶体在沿机械轴 y 方向的力作用下产生电荷的压电效应称为横向压电效应，在 y 轴上加力产生的变形最大。从石英晶体上沿轴线切下的一片平行六面体称为压电晶体切片，如图8.1（c）所示。

若从晶体上沿机械轴 y 轴方向切下一块晶体切片，当在电轴 x 方向施加作用力 f_x 时，在与 x 轴垂直的平面上将产生电荷 q_x，其大小为

$$q_x = d_{11} f_x \tag{8.1}$$

式中，d_{11} 为电轴 x 方向受力的压电系数；f_x 为沿电轴 x 方向施加的作用力。

若在同一晶体切片上，沿机械轴 y 轴方向施加作用力 f_y，则在与 x 轴垂直的平面上将产生电荷 q_y，其大小为

$$q_y = d_{12} \frac{a}{b} f_y \tag{8.2}$$

式中，d_{12} 为机械轴 y 方向受力的压电系数，$d_{12} = -d_{11}$；f_y 为沿机械轴 y 方向施加的作用力；a、b 分别为晶体切片的长度和厚度。

电荷 q_x 和 q_y 的符号由所受力的性质决定，当作用力 f_x 和 f_y 的方向相反时，电荷的极性也随之改变。

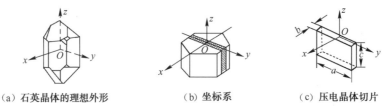

（a）石英晶体的理想外形　　　　　（b）坐标系　　　　　（c）压电晶体切片

图 8.1　石英晶体

石英晶体受压力或拉力时，电荷的极性如图 8.2 所示。

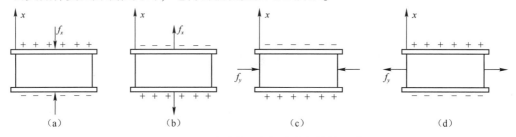

（a）　　　　　　　（b）　　　　　　　（c）　　　　　　　（d）

图 8.2　晶片受力方向与电荷极性的关系

石英晶体在机械力的作用下为什么会在其表面产生电荷呢？具体解释如下。

在石英晶体的每一个晶体单元中，有 3 个硅离子和 6 个氧离子，正、负离子分布在正六边形的顶角上，如图 8.3（a）所示。当作用力为零时，正、负电荷相互平衡，所以外部没有带电现象。

如果在 x 轴方向施加压力，如图 8.3（b）所示，则氧离子 1 挤入硅离子 2 和 6 之间，而硅离子 4 挤入氧离子 3 和 5 之间，结果在表面 A 上出现正电荷，而在表面 B 上出现负电荷。当所受的力为拉力时，在表面 A 和 B 上的电荷极性就与前面的情况刚好相反。

如果在 y 轴方向施加压力，则在表面 A 和 B 上呈现的极性如图 8.3（c）所示，施加拉力时，电荷的极性与之相反。

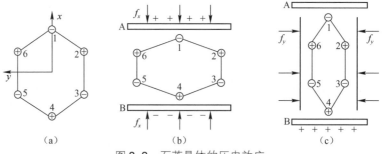

（a）　　　　　　　（b）　　　　　　　（c）

图 8.3　石英晶体的压电效应

如果在 z 轴方向施加压力，由于硅离子和氧离子是对称的平移，故在表面没有电荷出现，因而不产生压电效应。

8.1.2 石英晶体的类型

石英晶体就是二氧化硅（SiO_2），压电效应就是在石英晶体中发现的。它是一种天然晶体，现在已有高化学纯度和结构完善的人工培养的石英晶体。石英晶体的压电系数 $d_{11} = 2.31 \times 10^{-12} C/N$，在几百摄氏度的温度范围内，压电系数不随温度变化；但温度达到 573℃时，石英晶体则完全丧失了压电性质，这是它的居里点。石英晶体的熔点为 1 750℃，密度为 $2.65 \times 10^3 kg/m^3$，有很高的机械强度和稳定的机械性质，因而被广泛地应用。石英晶体主要用于测量大量值的力和加速度，或作为标准传感器使用。

除了石英晶体，常用的压电晶体还有酒石酸钾钠（$NaKC_4H_4O_6$）、铌酸锂（$LiNbO_2$）等。

8.1.3 压电陶瓷的压电效应

压电陶瓷也是一种常见的压电材料，它是人工制造的多晶体压电材料。压电陶瓷内部具有无规则排列的电畴，电畴结构类似于铁磁性材料的磁畴结构。压电陶瓷在没有极化之前不具有压电性，是非压电体，为使其具有压电性，就必须在一定温度下做极化处理。所谓极化，就是以强电场使电畴规则排列，从而呈现出压电性。在 100℃ ～170℃ 温度下，在外电场的作用下，电畴的极化方向发生转动，趋向于按外电场的方向排列，从而使材料得到极化。在极化电场去除后，电畴基本保持不变，留下了很强的剩余极化。当极化后的压电陶瓷受到外力作用时，其剩余极化强度将随之发生变化，从而使一定表面分别产生正、负电荷，于是压电陶瓷就有了压电效应。压电陶瓷在极化方向上压电效应最明显，把极化方向定义为 z 轴，垂直于 z 轴的平面上的任何直线都可作为 x 轴或 y 轴。压电陶瓷在经过极化处理之后具有非常大的压电系数，为石英晶体的几百倍；但压电陶瓷的参数会随时间发生变化，即老化，压电陶瓷老化将使压电效应减弱。

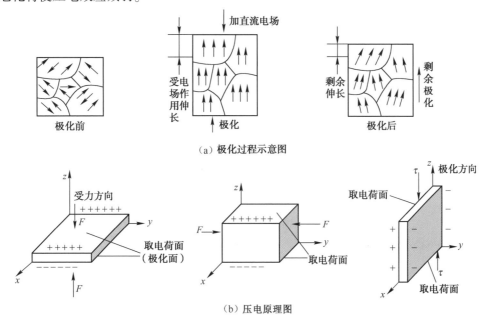

（a）极化过程示意图

（b）压电原理图

图 8.4 压电陶瓷的极化过程示意图和压电原理图

8.1.4 压电陶瓷的类型

1. 钛酸钡压电陶瓷

钛酸钡（$BaTiO_3$）是由碳酸钡（$BaCO_3$）和氧化钛（TiO_2）在高温下合成的，具有较高的压电系数和介电常数，但它的居里点较低。另外，它的机械强度不及石英晶体，但由于它的压电系数高，因而在传感器中得到了广泛应用。

2. 锆钛酸铅系压电陶瓷（PZT）

锆钛酸铅是由钛酸铅（$PbTiO_2$）和锆酸铅（$PbZrO_3$）组成的固溶体$Pb(ZrTiO_3)$。在锆钛酸铅的基础上，添加一种或两种微量的其他元素，如镧（La）、铌（Nb）、锑（Sb）、锡（Sn）、锰（Mn）、钨（W）等，可获得不同性能的PZT系列压电材料。PZT系列压电材料均具有较高的压电系数和居里点，各项机电参数随温度、时间等外界条件的变化较小，是目前常用的压电材料。

3. 铌酸盐系压电陶瓷

铌酸盐系压电陶瓷是以铌酸钾（$KNbO_3$）和铌酸铅（$PbNbO_2$）为基础制成的。铌酸铅具有较高的居里点和较低的介电常数。在铌酸铅中用钡或锶代替一部分铅，可以引起性能的根本变化，从而得到具有较高机械品质因数的铌酸盐系压电陶瓷。铌酸钾是通过热压过程制成的，它的居里点也较高。铌酸盐系压电陶瓷因性能比较稳定，在水声传感器方面得到广泛应用，如用作深海水监听器等。

除了以上几种压电材料，近年来，又出现了铌镁酸铅压电陶瓷（PMN），它具有极大的压电常数，居里点为260℃，可承受$700kg/cm^2$的压力。

8.2 压电材料的选用

前文介绍了压电晶体和压电陶瓷两大类压电材料，前者是单晶体，后者是多晶体。选用合适的压电材料是设计高性能传感器的关键，一般应考虑以下几个方面。

（1）转换性能：具有较高的耦合系数或较大的压电系数。压电系数是衡量材料压电效应强弱的参数，它直接关系到压电输出的灵敏度。

（2）机械性能：作为受力元件，压电元件应具有较高的机械强度和较大的机械刚度。

（3）电性能：具有较高的电阻率和大的介电常数。

（4）温度和湿度稳定性：具有较高的居里点。

（5）时间稳定性：压电特性不随时间蜕变。

8.3 压电式传感器测量电路

8.3.1 压电器件的串联与并联

在压电式传感器中，常将两片或多片压电器件组合在一起使用。由于压电材料是有极性的，因此接法也有两种，如图8.5所示。图8.5（a）所示为串联接法，其输出电容C'为单片

电容 C 的 $1/n$，即 $C'=C/n$，输出电荷量 Q' 与单片电荷量 Q 相等，即 $Q'=Q$，输出电压 U' 为单片电压 U 的 n 倍，即 $U'=nU$；图 8.5（b）所示为并联接法，其输出电容 C' 为单片电容 C 的 n 倍，即 $C'=nC$，输出电荷量 Q' 是单片电荷量 Q 的 n 倍，即 $Q'=nQ$，输出电压 U' 与单片电压 U 相等，即 $U'=U$。

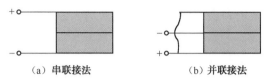

（a）串联接法　　　　　（b）并联接法

图 8.5　压电器件的串联和并联接法

在以上两种连接方式中，串联接法输出电压高，本身电容小，适用于以电压为输出量及测量电路输入阻抗很高的场合；并联接法输出电荷量大，本身电容大，因此时间常数也大，适用于测量缓变信号并以电荷量作为输出的场合。

压电器件在压电式传感器中必须有一定的预应力，这样可以保证在作用力变化时，压电器件始终受到压力，同时也保证了压电器件的输出与作用力的线性关系。

8.3.2　压电式传感器的等效电路

当压电式传感器的压电元件受到外力作用时，就会在受力纵向或横向表面上出现电荷。在一个极板上聚集正电荷，在另一个极板上聚集负电荷。因此，压电式传感器可以看成一个电荷发生器，同时它也是一个电容器。可以把压电式传感器等效为一个与电容相并联的电荷源，其等效电路如图 8.6（a）所示。电容器上的电压 U、电荷 q 与电容 C_a 三者之间的关系为：

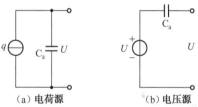

（a）电荷源　　　　　（b）电压源

图 8.6　压电式传感器的等效电路

$U=\dfrac{q}{C_a}$。同时，压电式传感器也可以等效为一个电压源和一个电容相串联的等效电路，如图 8.6（b）所示。

工作时，压电器件与二次仪表配合使用，必定与测量电路相连接，这就要考虑连接电缆电容 C_c、放大器的输入电阻 R_i 和输入电容 C_i。如图 8.7 所示为压电式传感器测量系统完整的等效电路。

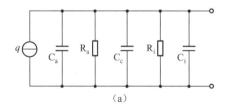

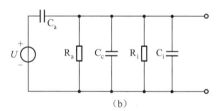

（a）　　　　　　　　　　　　　　（b）

图 8.7　压电式传感器测量系统完整的等效电路

8.3.3　压电式传感器的测量电路

压电式传感器的内阻抗很高，而输出信号却很微弱，因此一般不能直接用于显示和记录。

压电式传感器要求测量电路的前级输入端要有足够高的阻抗，以防止电荷迅速泄漏，使测量误差减小。压电式传感器的前置放大器有两个作用：一是把传感器的高阻抗输出转换为低阻抗输出；二是把传感器的微弱信号进行放大。压电式传感器的输出可以是电压信号，也可以是电荷信号，所以前置放大器也有两种形式：电压放大器和电荷放大器。

实际应用中多采用性能稳定的电荷放大器，这里主要介绍电荷放大器。

电荷放大器由反馈电容 C_f 和高增益运算放大器构成，当略去 R_a 和 R_i 并联电阻后，电荷放大器可用如图 8.8 所示等效电路表示，图中 A 为运算放大器增益。

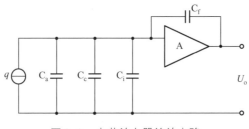

图 8.8　电荷放大器等效电路

由运算放大器基本特性可求出电荷放大器的输出电压为

$$U_o = \frac{-Aq}{C_a + C_c + C_i + (1+A)C_f} \tag{8.3}$$

通常 $A = 10^4 \sim 10^6$，因此当满足 $(1+A)C_f \gg C_a + C_c + C_i$ 时，有

$$U_o \approx \frac{-q}{C_f} \tag{8.4}$$

由式（8.3）可知，电荷放大器的输出电压 U_o 与电缆电容 C_c 无关，且与 q 成正比，这是电荷放大器的最大特点。

8.4　压电式传感器应用举例

1. 压电式压力传感器

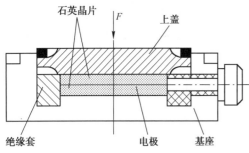

图 8.9　单向压电石英力传感器的结构

（1）单向力传感器。如图 8.9 所示为一个单向压电石英力传感器的结构。两片石英晶片沿电轴方向叠在一起，采用并联接法，中间为片形电极（负极），它收集负电荷。基座与上盖形成正极，绝缘套使正、负极隔离。

被测力 F 通过上盖使石英晶片沿电轴方向受压力作用，便使晶片产生电荷，负电荷由片形电极（负极）输出，正电荷与上盖和基座连接。这种压力传感器有以下特点。

① 体积小，质量轻。

② 固有频率高（为 50～60kHz）。

③ 可检测高达 5 000N（变化频率小于 20kHz）的动态力。

④ 分辨率高（可达 10^{-3}N）。

除了单向力传感器，还有双向力传感器和三向力传感器。双向力传感器基本上有两种组合：一是测量垂直分力和切向分力，即 F_z 与 F_x（或 F_y）；二是测量互相垂直的两个切向分力，即 F_x 与 F_y。无论哪一种组合，传感器的结构形式都相似。

（2）压电式压力传感器测量冲床压力。如图 8.10 所示为冲床压力测量示意图。当测量大的力时，可用两个传感器支承，或将几个传感器沿圆周均匀分布支承，而后将分别测得的力值相加求出总力值 F（属平行力时）。因有时力的分布不均匀，各个传感器测得的力值有大有小，所以分别测力可以测得更准确些，有时也可通过各点的力值来了解力的分布情况。

（3）压电式压力传感器测量金属加工切削力。如图 8.11 所示为利用压电陶瓷式传感器测量刀具切削力的示意图。由于压电陶瓷元件的自振频率高，故特别适合测量变化剧烈的载荷。图中压电式传感器位于车刀前部的下方，当进行切削加工时，切削力通过刀具传给压电式传感器，压电式传感器将切削力转换为电信号输出，记录下电信号的变化便可测得切削力的变化。

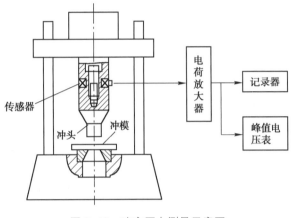

图 8.10　冲床压力测量示意图

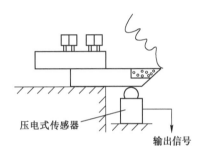

图 8.11　刀具切削力测量示意图

2. 压电式加速度传感器

如图 8.12 所示为一种压电式加速度传感器的结构。它主要由压电元件、质量块、预压弹簧、基座以及外壳等组成。整个部件装在外壳内，并用螺栓加以固定。

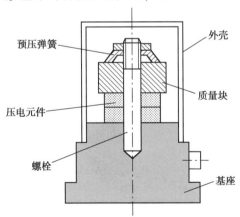

图 8.12　压电式加速度传感器结构图

当加速度传感器与被测物一起受到冲击振动时，压电元件受质量块惯性力的作用，根据牛顿第二运动定律，此惯性力是加速度的函数，即

$$F = ma$$

式中，F 为质量块产生的惯性力；m 为质量块的质量；a 为加速度。

此时，惯性力 F 作用于压电元件上，因而产生电荷 q，当传感器选定后，m 为常数，则传感器输出电荷为

$$q = d_{11}F = d_{11}ma$$

由于输出电荷 q 与加速度 a 成正比，因此，测得加速度传感器输出的电荷便可知加速度的大小。

3. 用压电式传感器测表面粗糙度

如图 8.13 所示，由驱动器拖动传感器触针在工件表面以恒速滑行，工件表面的起伏不平使触针上下移动，使压电晶片产生变形，压电晶片表面就会出现电荷，由引线输出的电信号与触针上下移动量成正比。

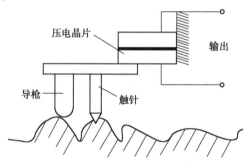

图 8.13　表面粗糙度测量

4. 压电式玻璃破碎传感器

BS-D_2 压电式传感器是专门用于检测玻璃破碎的一种传感器，它利用压电元件对振动敏感的特性来感知玻璃受撞击时产生的振动波。传感器把振动波转换成电压输出，输出电压经放大、滤波、比较等处理后提供给报警系统。

BS-D_2 压电式玻璃破碎传感器的外形及内部电路如图 8.14 所示。传感器的最小输出电压为 100mV，最大输出电压为 100V，内阻抗为 15～20kΩ。

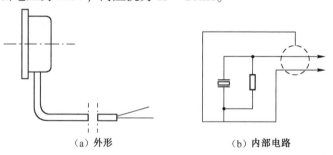

（a）外形　　　　　　（b）内部电路

图 8.14　BS-D_2 压电式玻璃破碎传感器

BS-D_2 压电式玻璃破碎传感器的电路框图如图 8.15 所示。使用时，传感器用胶粘贴在玻璃上，然后通过电缆与报警电路相连。为了提高报警器的灵敏度，信号经放大后，须经带通滤波器进行滤波，要求它对选定的频谱带通的衰减要小，而带外衰减要尽量大。由于玻璃振动的波长在音频和超声波的范围内，这就使滤波器成为电路中的关键。当传感器输出信号高于设定的阈值时，才会输出报警信号，驱动报警执行机构工作。

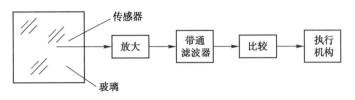

图 8.15 BS-D₂压电式玻璃破碎传感器电路框图

玻璃破碎传感器可广泛应用于文物、贵重商品保管及其他商品柜台等场合。

5. 压电式煤气灶电子点火装置

如图 8.16 所示为压电式煤气灶电子点火装置的原理图。

当使用者将开关往下压时，打开气阀，再旋转开关，使弹簧往左压，这时弹簧有一个很大的力撞击压电晶体，使压电晶体产生电荷，电荷经高压线引至燃烧盘，从而产生高压放电，产生电火花，导致燃烧盘的煤气点火燃烧。

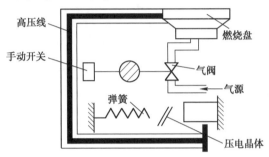

图 8.16 压电式煤气灶电子点火装置原理图

小 结

本章主要介绍了压电式传感器的基本知识。压电式传感器是一种电能量型传感器，它是基于某些电介质的压电效应工作的。

对某些电介质，当沿着一定方向对它施加压力时，其内部就产生极化现象，同时在它的两个表面上产生符号相反的电荷；当外力去掉后，电介质又重新恢复为不带电状态；当作用力方向改变时，电荷的极性也随之改变。晶体受力所产生的电荷量与外力的大小成正比，这种现象被称为压电效应。

压电式传感器的内阻抗很高，而输出的信号却很微弱，因此一般不能直接用于显示和记录。所以，压电式传感器要求测量电路的前级输入端要有足够高的阻抗，以防止电荷迅速泄漏，使测量误差减小。压电式传感器的前置放大器有两个作用：一是把传感器的高阻抗输出转换为低阻抗输出；二是把传感器的微弱信号进行放大。压电式传感器的输出可以是电压信号，也可以是电荷信号，所以前置放大器也有两种形式：电压放大器和电荷放大器。

最后，本章介绍了压电式传感器在实际生产生活中的一些应用实例。

思考与练习

1. 什么是压电效应？什么是逆压电效应？

2. 常用的压电材料有哪些种类？试比较石英晶体和压电陶瓷的压电效应。

3. 压电晶片有哪几种连接方式？各有什么特点？分别适用于什么场合？

4. 选择合适的压电材料做压电式传感器应考虑哪些方面？

5. 压电式传感器可用于测量哪些物理量？

6. 能否用压电式传感器测量变化比较缓慢的力？试说明理由。

7. 为什么说压电式传感器只适用于动态测量而不能用于静态测量？

8. 压电式传感器测量电路的作用是什么？其核心是解决什么问题？

9. 一压电式传感器的灵敏度 $k_1 = 10\text{pC/MPa}$，连接灵敏度 $k_2 = 0.008\text{V/pC}$ 的电荷放大器，所用的笔式记录仪的灵敏度 $k_3 = 25\text{mm/V}$。当压力变化 $\Delta p = 8\text{MPa}$ 时，笔式记录仪在记录纸上的偏移为多少？

10. 某压电式压力传感器的灵敏度为 $8 \times 10^{-4}\text{pC/Pa}$，假设输入压力为 $3 \times 10^{5}\text{Pa}$ 时的输出电压为1V，试确定传感器总电容量。

11. 用压电式加速度计及电荷放大器测量振动，若传感器灵敏度为7pC/g（g为重力加速度），电荷放大器灵敏度为100mV/pC，试确定输入3g加速度时系统的输出电压。

12. 根据图8.17所示石英晶体切片上的受力方向，标出晶体切片上产生电荷的符号。

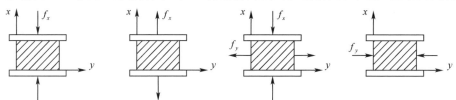

图8.17 石英晶片的受力示意图

第9章 光纤传感器

光纤传感器是20世纪70年代中期迅速发展起来的一种新型传感器，它是光纤和光通信技术迅速发展的产物。它以光学测量为基础，把被测量的变量状态转换为可测的光信号。光纤传感器作为一个新的技术领域，将不断改变传感器的面貌，并在各个领域获得广泛应用。

光纤传感器与常规的传感器相比，具有如下优点。

（1）抗电磁干扰能力强。由于光纤传感器利用光传输信息，而光纤是电绝缘、耐腐蚀的，因此它不易受周围电磁场的干扰；电磁干扰噪声的频率与光波频率相比较低，对光波无干扰；光波易于屏蔽，所以外界的干扰很难进入光纤中。

（2）灵敏度高。光纤传感器的灵敏度优于常规传感器，有的甚至高出几个数量级。

（3）电绝缘性能好。光纤一般是用石英玻璃制作的，具有80kV/20cm耐高压特性。

（4）质量轻，体积小。光纤直径仅有几十微米至几百微米，即使加上各种防护材料制成的光缆，也比普通电缆细而轻。所以，光纤柔软、可绕性好，可深入机器内部或人体内脏进行检测，也能使光沿需要的路径传输。

（5）适于遥控。可利用现有的光能技术组成遥测网。

（6）耐腐蚀，耐高温。

目前，光纤传感器已广泛应用于位移、速度、加速度、压力、温度、液位、流量、水声、电声、磁场、放射性射线等物理量的测量。

光纤传感器种类繁多，本章选择其中典型的几种加以简要介绍。

9.1 光纤传感器的原理、结构及种类

9.1.1 光纤传感器的原理

光纤传感器的构成如图9.1所示。它由光发送器、敏感元件、光接收器、信号处理系统及光纤等主要部分组成。由光发送器发出的光，经光纤引导到调制区，被测参数通过敏感元件的作用，使光学性质（如光强、波长、频率、相位、偏振态等）发生变化，成为被调制光，再经光纤送到光接收器，经过信号处理系统处理而获得测量结果。在检测过程中，用光作为敏感信息的载体，用光纤作为传输光信息的媒质。

图9.1 光纤传感器的构成

由图9.1可知，光纤传感器的基本原理是：光纤中光波参数（如光强、频率、波长、相

位以及偏振态等）随外界被测物理量的变化而变化，所以，可通过检测光纤中光波参数的变化以达到检测外界被测物理量的目的。

9.1.2 光纤的结构

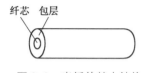

图9.2 光纤的基本结构

光纤是一种传输光信息的导光纤维。它的结构很简单，如图9.2所示，由导光的芯体玻璃（简称纤芯）和包层组成，纤芯位于光纤的中心部位，其直径为 $5\sim100\mu m$，包层可用玻璃或塑料制成，两层之间形成良好的光学界面。包层外面常有塑料或橡胶外套，可保护纤芯和包层并使光纤具有一定的机械强度。

光主要在纤芯中传输，光纤的导光能力主要取决于纤芯和包层的性质，即它们的折射率。纤芯的折射率 n_1 稍大于包层的折射率 n_2，典型的数量值是 $n_1 = 1.46\sim1.51$，$n_2 = 1.44\sim1.50$；而且纤芯和包层构成一个同心圆双层结构。所以，可以保证入射到光纤内的光波集中在纤芯内传输。

9.1.3 光纤的种类

光纤按纤芯和包层的材料性质分类，有玻璃光纤和塑料光纤两类；按折射率分布分类，有阶跃型光纤和梯度型光纤两类。

1. 阶跃型光纤（折射率固定不变）

阶跃型多模光纤如图9.3（a）所示。纤芯的折射率 n_1 分布均匀，不随半径变化，而包层内的折射率 n_2 分布也大体均匀；但纤芯与包层之间折射率的变化呈阶梯状。在纤芯内，中心光线沿光纤轴线传播，通过轴线平面的不同方向入射的光线（子午光线）呈锯齿形轨迹传播。

2. 梯度型光纤（纤芯折射率近似呈平方分布）

梯度型多模光纤如图9.3（b）所示。纤芯内的折射率不是常数，从中心轴线开始沿径向大致按抛物线规律逐渐减小。因此，采用这种光纤时，当光射入光纤后，光线在传播中连续不断地折射，自动地从折射率小的包层面向轴心处会聚，使光线（或光束）能集中在中心轴线附近传输，故也称自聚焦光纤。

此外，光纤还可按传输模式分类，有单模光纤和多模光纤两类。

先介绍模的概念。所谓光波，在本质上是一种电磁波。在纤芯内传播的光波，可以分解为沿轴向和沿截面传输的两种平面波成分。沿截面传输的平面波将会在纤芯与包层的界面处产生反射。如果此波的每一个往复传输（入射和反射）的相位变化是 2π 的整数倍，就可以在截面内形成驻波，这样的驻波光线组又称为"模"。只有能形成驻波的那些以特定角度射入光纤的光，才能在光纤内传播。在光纤内只能传输一定数量的模。当纤芯直径很小（一般为 $5\sim10\mu m$）、只能传输一个模时，这样的光纤被称为单模光纤，如图9.3（c）所示。当纤芯直径较大（通常为几十微米以上）、能传输几百个以上的模时，这样的光纤被称为多模光纤。单模光纤和多模光纤都是当前光纤通信技术上最常用的光纤类型，因此它们被统称为普通光纤。

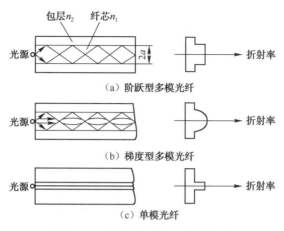

图9.3 光纤的种类和光传播形式

9.2 光的传输原理

9.2.1 光的全反射定律

光的全反射现象是研究光纤传光原理的基础。由几何光学可知，当光线以较小的入射角 φ_1（$\varphi_1 < \varphi_c$，φ_c 为临界角），由光密媒质（折射率为 n_1）射入光疏媒质（折射率为 n_2）时，一部分光线被反射，另一部分光线折射入光疏媒质，如图9.4（a）所示。折射角满足斯乃尔法则，即

$$n_1 \sin\varphi_1 = n_2 \sin\varphi_2 \tag{9.1}$$

根据能量守恒定律，反射光与折射光的能量之和等于入射光的能量。

（a）入射角小于临界角　　　（b）入射角等于临界角　　　（c）入射角大于临界角

图9.4 光线在临界面上发生的内反射示意图

当逐渐加大入射角 φ_1，一直到 φ_c 时，折射光就会沿着界面传播，此时折射角 $\varphi_2 = 90°$，如图9.4（b）所示，这时的入射角 $\varphi_1 = \varphi_c$，称为临界角，由下式决定：

$$\sin\varphi_c = \frac{n_2}{n_1} \tag{9.2}$$

当继续加大入射角 φ_1（即 $\varphi_1 > \varphi_c$）时，光不再产生折射，只有反射，形成光的全反射现象，如图9.4（c）所示。

9.2.2　光纤的传光原理

下面以阶跃型多模光纤为例来说明光纤的传光原理。

如图9.5所示，设纤芯的折射率为n_1，包层的折射率为n_2（$n_1 > n_2$）。当光线从空气（折射率n_0）射入光纤的一个端面，并与其轴线的夹角为θ_0时，如图9.5（a）所示，在光纤内折射成θ_1角。然后以φ_1（$\varphi_1 = 90° - \theta_1$）角入射到纤芯与包层的界面上。若入射角$\varphi_1$大于界角$\varphi_c$，则入射的光线就能在界面上产生全反射，并在光纤内部以同样的角度反复逐次全反射地向前传播，直至从光纤的另一端射出。因光纤两端都处于同一媒质（空气）中，所以出射角也为θ_0。光纤即便弯曲，光也能沿着光纤传播。但是光纤过分弯曲，以致使光射至界面的入射角小于临界角，则大部分光将透过包层损失掉，从而不能在纤芯内部传播，如图9.5（b）所示。

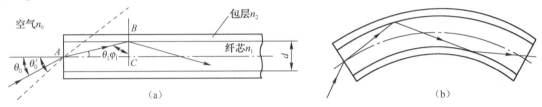

图9.5　阶跃型多模光纤的传光原理

从空气射入光纤的光并不一定都在光纤中产生全反射。图9.5（a）中所示的虚线表示入射角θ_0'过大，光线不能满足临界角要求（即$\varphi_1 < \varphi_c$），这部分光线将穿透包层逸出，称为漏光。即使有少量光被反射回光纤内部，但经过多次这样的反射后，能量已基本上损耗掉，以致几乎没有光通过光纤传播出去。因此，只有在光纤端面一定入射角范围内的光线才能在光纤内部产生全反射而传播出去。能产生全反射的最大入射角可以通过临界角定义求得。

引入光纤的数值孔径（NA）这个概念，则

$$\sin \theta_c = \frac{1}{n_0}\sqrt{n_1^2 - n_2^2} = \text{NA} \tag{9.3}$$

式中，n_0为光纤周围媒质的折射率。对于空气，$n_0 = 1$。

数值孔径是衡量光纤集光性能的一个主要参数，它决定了能被传播的光束的半孔径角的最大值θ_c，反映了光纤的集光能力。它表示无论光源发射功率多大，只有$2\theta_c$张角内的光，才能被光纤接收、传播（全反射）。NA数值越大，光纤的集光能力越强。光纤产品通常不给出折射率，而只给出NA的值。石英光纤的NA = 0.2~0.4。

9.3　光纤传感器的类型

9.3.1　光纤传感器的分类

从广义上讲，凡是采用光导纤维的传感器均可称为光纤传感器，它是20世纪70年代末发展起来的一项新型传感技术，迄今为止已经开发出来的光纤传感器可应用于位移、振动、转速、温度、压力、流量、浓度等多种参量的检测，具有广阔的应用潜力。

光纤传感器通常有 3 种分类方法。

1. 按测量对象分类

按测量对象的不同，光纤传感器可以分为光纤温度传感器、光纤浓度传感器、光纤电流传感器、光纤流速传感器等。

2. 按光纤中光波调制的原理分类

光波在光纤中传输光信息，把被测物理量的变化转换为调制的光波，即可检测出被测物理量的变化。光波在本质上是一种电磁波，因此它具有光的强度、频率、相位、波长和偏振态等参数。相应地，根据被调制参数的不同，光纤传感器可以分为光强调制型光纤传感器、频率调制型光纤传感器、相位调制型光纤传感器、波长调制型光纤传感器、偏振调制型光纤传感器。

3. 按光纤在传感器中的作用分类

按光纤在传感器中所起的作用不同，光纤传感器可分为功能型光纤传感器（即 FF 型）和非功能型光纤传感器（即 NFF 型）。这种分类方法应用甚广。

9.3.2 功能型和非功能型光纤传感器

1. 功能型光纤传感器

功能型光纤传感器主要使用单模光纤，它是利用对外界信息具有敏感能力和检测功能的光纤构成的"传"和"感"合为一体的传感器，其原理如图 9.6 所示。在这类传感器中，光纤一方面起传光的作用，另一方面又是敏感元件。它是靠被测物理量调制或影响光纤的传输特性，把被测物理量的变化转换为调制的光信号的。功能型光纤传感器的典型例子有利用光纤在高电场下的泡克耳斯效应的光纤电压传感器、利用光纤法拉第效应的光纤电流传感器、利用光纤微弯效应的光纤位移（压力）传感器。光纤的输出端采用光敏元件，它所接收的光信号便是被测量调制后的信号，并将光信号转换为电信号。

图 9.6　功能型光纤传感器的原理

由于光纤本身也是敏感元件，因此加长光纤的长度可以提高传感器的灵敏度。这类光纤传感器在技术上难度较大，结构比较复杂，调整也较困难。

2. 非功能型光纤传感器

在非功能型光纤传感器中，光纤不是敏感元件，它只起到传递信号的作用。非功能型光纤传感器利用光纤的端面或在两根光纤中间放置光学材料、机械式或光学式的敏感元件，感受被测物理量的变化。非功能型光纤传感器又可分为两种。一种是把敏感元件置于发送、接收的光纤中间，如图 9.7 所示，在被测对象参数作用下，或使敏感元件遮断光路，或使敏感元件的光穿透率发生某种变化。于是，受光的光敏元件所接收的光量，便成为被测对象参数调制后的信号。另一种是在光纤终端设置"敏感元件+发光元件"组合体，如图 9.8 所示，敏感元件感知被测对象参数的变化，并将其转换为电信号，输出给发光元件（如 LED），最后光敏元件以发光二极管 LED 的发光强度作为测量所得的信息。

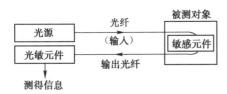

图 9.7 非功能型光纤传感器
敏感元件在中间原理结构图

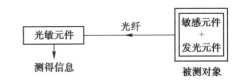

图 9.8 非功能型光纤传感器 "敏感元件+
发光元件" 组合体原理结构图

由于要求非功能型光纤传感器能传输尽量多的光量，因此应采用多模光纤。NFF 型传感器结构简单、可靠，且在技术上容易实现，便于推广应用。但其灵敏度比功能型光纤传感器低，测量精度也差些。

9.3.3 光纤传感器的主要部件

1. 光源

光源一般采用半导体光源或半导体激光器，如砷化镓发光二极管和激光器。激光器是一种新型光源，由于它具有许多突出的优点而被广泛地用于国防、科研、医疗及工业等许多领域。

2. 耦合器

耦合器的作用是使光源发出的光通量尽可能多地进入光纤。若用直接耦合（不用耦合器），则光的损耗会很大。

3. 探测器

它通过耦合器接收光信号并将其转换为电信号，再使电信号经信号处理电路处理而输出。通常要求探测器具有灵敏度高、响应快、噪声低的特点。应注意光源、传输光纤和探测器三者之间的光谱匹配，因为这对系统的工作特性有很大的影响。

4. 连接器

它是用于光纤间对接的专门部件，通常是一个三维可调的精密机械机构，其目的是在尽可能减少光损失的条件下，实现光纤间的连接。

9.4 功能型光纤传感器

9.4.1 相位调制型光纤传感器

1. 相位调制的原理

根据光纤传导的理论分析可知，当一束波长为 λ 的相干光在光纤中传播时，光波的相位角 ϕ 与光纤长度 L、纤芯折射率 n_1 和纤芯直径 d 有关。若光纤受物理量的作用，将会使这 3 个参数发生不同程度的变化，从而引起光相移。一般来说，光纤长度和纤芯折射率对光相位的影响大大超过纤芯直径的影响，因此可忽略由纤芯直径引起的相位变化。由普通物理学知识可知，在一段长为 L 的单模光纤（纤芯折射率为 n_1）中，波长为 λ 的光输出端相对于输入端来说，其相位角 ϕ 为

$$\phi = \frac{2\pi n_1 L}{\lambda}$$

$$(9.4)$$

当光纤受到外界物理量的作用时，光波的相位角变化为

$$\Delta\phi = \frac{2\pi}{\lambda}(n_1\Delta L + L\Delta n_1) = \frac{2\pi L}{\lambda}(n_1\varepsilon_L + \Delta n_1) \qquad (9.5)$$

式中，$\Delta\phi$ 为光波相位角的变化量；λ 为光波波长；L 为光纤长度；n_1 为光纤纤芯折射率；ΔL 为光纤长度的变化量；Δn_1 为光纤纤芯折射率的变化量；ε_L 为光纤轴向应变，$\varepsilon_L = \dfrac{\Delta L}{L}$。这样，就可以应用光的相位检测技术测量温度、压力、加速度、电流等物理量了。

由于光的频率很高（约为 $10^{14}\,\text{Hz}$），光电探测器无法对这么高的频率做出响应，也就是说，光电探测器不能跟踪以这么高的频率进行变化的瞬时值。因此，光波的相位变化是不能直接被检测到的。为了检测光波的相位变化，必须应用光学干涉测量技术将相位调制转换成振幅（强度）调制。通常，在光纤传感器中采用干涉测量仪。

干涉测量仪的基本原理：光源的输出光被分束器（棱镜或低损耗光纤耦合器）分成光功率相等的两束光或几束光，并分别耦合到两根或几根光纤中去。在光纤的输出端再将这些分离光束汇合起来，输入光电探测器，这样在干涉测量仪中就可以检测出相位调制信号。相位调制型光纤传感器实际上是一光纤干涉测量仪，故又称干涉型光纤传感器。

2. 应用举例

如图9.9所示为利用干涉测量仪测量压力或温度的相位调制型光纤传感器原理图。激光器发出的一束相干光经过扩束器以后，被分束棱镜分成两束光，并分别耦合到传感光纤和参考光纤中。传感光纤被置于被测对象的环境中，感受压力或温度的信号；参考光纤不感受被测物理量。这两根光纤（单模光纤）构成干涉测量仪的两个臂。如果两臂的光程长大致相等（在光源相干长度内），那么来自两根光纤的光束经过准直和合成后将会产生干涉，并形成一系列明暗相间的干涉条纹。

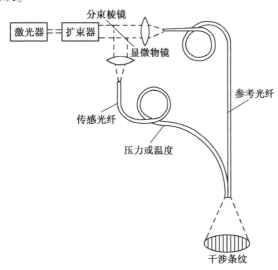

图9.9 测量压力或温度的相位调制型光纤传感器原理图

若传感光纤受物理量的作用，则光纤的长度、直径和折射率将会发生变化，但直径变化对光的相位变化影响不大。当传感光纤感受到温度变化时，光纤的折射率会发生变化，而且光纤的长度也会因热胀冷缩而发生改变。

由式（9.5）可知，光纤的长度和折射率发生变化，将会引起传播光的相位角也发生变

化。这样，传感光纤和参考光纤的两束输出光的相位也发生了变化，从而使合成光强随着相位的变化而变化（增强或减弱）。

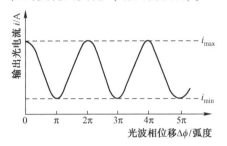

图 9.10 输出光电流与光相位变化的关系

如果在传感光纤和参考光纤的汇合端放置一个光电探测器，就可以将合成光强的强弱变化转换成电信号大小的变化，如图 9.10 所示。

由图 9.10 可以看出，在初始状态，传感光纤中的传播光与参考光纤中的传播光同相时，输出光电流最大。随着相位增加，光电流渐渐减小。相位移增加 π 弧度时，光电流达到最小值。相位移继续增加到 2π 弧度时，光电流又上升到最大值。这样，光的相位调制便转换成电信号的幅值调制。对应相位变化 2π 弧度，移动一根干涉条纹。如果在两光纤的输出端用光电元件来扫描干涉条纹的移动，并转换成电信号，再经放大后输入记录仪，则从记录的移动条纹数就可以检测出温度或压力信号。实验表明，检测温度的灵敏度要比检测压力的高得多。例如，1m 长的石英光纤，温度变化 1℃ 时，干涉条纹移动 17 条，而压力需变化 154kPa，才移动一根干涉条纹。加长光纤长度可以提高灵敏度。

9.4.2 光强调制型光纤传感器

光强调制型光纤传感器的工作原理是利用外界因素改变光纤中光的强度，通过检测光纤中光强的变化来测量外界的被测参数，即强度调制。强度调制的特点是简单、可靠且经济。强度调制方式大致可分为以下几种：由光传播方向的改变引起的强度调制、由透射率改变引起的强度调制、由光纤中光的模式改变引起的强度调制、由吸收系数和折射率改变引起的强度调制。

1. 微弯损耗光强调制

根据模态理论，当光纤轴向受力而微弯时，光纤中的部分光会折射到纤芯的包层中去，不产生全反射，这样将引起纤芯中光强的变化。因此，可根据纤芯或包层的能量变化来测量外力，如应力、质量、加速度等物理量。由此可制作如图 9.11 所示的微弯损耗光强调制器，从而得到测量上述物理量的各种传感器。

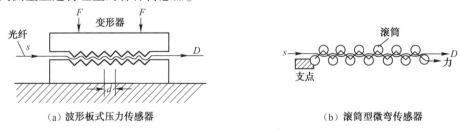

（a）波形板式压力传感器　　　　　　　　（b）滚筒型微弯传感器

图 9.11　微弯损耗光强调制器及相关传感器

微弯光纤压力传感器由两块波形板或其他形状的变形器构成，其中一块活动，另一块固定。变形器一般采用有机合成材料（如尼龙、有机玻璃等）制成。一根光纤从一对变形器之间通过，当变形器的活动部分受到外力的作用时，光纤将发生周期性微变曲，引起传播光的散射损耗，使光在芯模中重新分配：一部分从纤芯耦合到包层，另一部分反射回纤芯。当外力增大时，泄漏到包层的散射光强度随之增大；相反，光纤纤芯的输出光强度减小。纤芯透射光强度占比与外力之间呈线性关系，如图 9.12 所示。由于光强度受到调制，因此通过检测泄漏到包层的散射光强度或光纤纤芯透射光强度的变化就能测出外力的变化。

2. 临界角光纤传感器

临界角光纤传感器也是一种光强调制型传感器。如图 9.13 所示，在一根单模光纤的端部切割（直接抛光）出一个反射面。切割角刚小于临界角。临界角 φ_c 由纤芯折射率 n_1 和光纤端部介质的折射率 n_3 决定，即

$$\varphi_c = \arcsin \frac{n_3}{n_1} \tag{9.6}$$

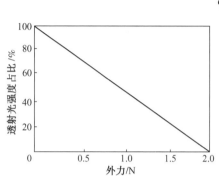

图 9.12　纤芯透射光强度占比与外力的关系

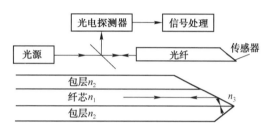

图 9.13　临界角光强调制型光纤传感器

如果临界角不接近 45°（要求周围介质是气体），那么就需要在端面再切割一个反射面。

入射光线在界面上的入射角是一定的。由于入射角小于临界角，一部分光折射入周围介质中；另一部分光则返回光纤。返回的反射光被分束器偏转到光电探测器输出。

当被测介质压力或温度变化时，将使纤芯的折射率 n_1 和介质的折射率 n_3 发生不同程度的变化，引起临界角发生改变，返回纤芯的反射光强度也随之发生变化。

基于这一原理，可以设计出一种微小探针型压力传感器。这种传感器的缺点是灵敏度较低；但频率响应快、尺寸小是它的独特优点。

9.5　非功能型光纤传感器

非功能型光纤传感器主要是光强调制型。按照敏感元件对光调制的原理，可以分为传输光强调制型和反射光强调制型，这里主要介绍前者。

传输光强调制型光纤传感器一般在两根光纤（输入光纤和输出光纤）之间配置机械式或光电式的敏感元件，它在物理量作用下调制传输光强，其方式有遮断光路、改变光纤相对位置、吸收光能量等。

9.5.1　遮断光路的光强调制型光纤传感器

如图 9.14（a）所示为用双金属片光纤温度传感器测量油库温度的结构图。将双金属片固定在油库的壁上，用长光纤传输被温度调制的光信号，光信号经光电探测器转换成电信号，再经放大后输出。在两根光纤束之间的平行光位置上放置一个双金属片，便可进行温度检测，如图 9.14（b）所示。双金属片是温度敏感元件，它由两种不同热膨胀系数的金属片贴合在一起，如图 9.14（c）所示，当双金属片受热变形时，其端部将产生位移，位移量 x 由下式

给出：

$$x = \frac{kL^2 \Delta t}{n} \tag{9.7}$$

式中，Δt 为温度变化量；L 为双金属片长度；k 为由两种金属热膨胀系数之差、弹性系数之比和厚宽比（b/h）所确定的常数。式（9.7）表明，温度与位移量呈线性关系。

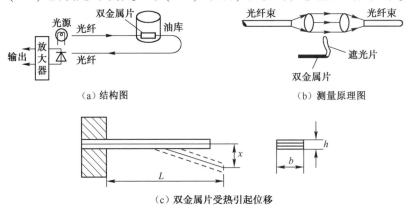

（a）结构图　　　　　　　　　　　　　（b）测量原理图

（c）双金属片受热引起位移

图 9.14　用于油库的双金属片光纤温度传感器

当温度变化时，双金属片带动端部的遮光片在平行光中做垂直方向的位移，起遮光作用并使透过的光强度发生变化。光的透射率为

$$T = \frac{I_T}{I_0} \times 100\% \tag{9.8}$$

式中，T 为光的透射率；I_T 为局部遮光时透射的光强；I_0 为不遮光时透射的光强。

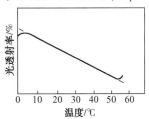

图 9.15　光透射率与温度的关系

局部遮光时，透射的光强与遮光的多少（即双金属片的位移量）有关。双金属片的位移量又随温度的增加而呈线性增加，因此，当温度增加时，光的透射率将近似地呈线性降低，如图 9.15 所示。

光电探测器的作用是将透射到光纤中的光信号转换成电信号，这样便能检测出温度。

由于光纤温度传感器的传感头不带电，因此在诸如油库等易燃、易爆场合进行温度检测是特别适合的。

具有双金属片的光纤温度传感器，可以在 10℃～50℃ 温度范围内进行较为精确的温度测量，光纤的传输距离可达 5 000m。

9.5.2　改变光纤相对位置的光强调制型光纤传感器

受抑全内反射光纤压力传感器是利用改变光纤轴向相对位置对光强进行调制的一个典型例子。传感器有两根多模光纤：一根固定；另一根在压力作用下可以产生垂直位移，如图 9.16 所示。这两根光纤相对的端面被抛光，并与光纤轴线成一足够大的角度 θ，以便使光纤中传播的所有模式的光产生全内反射。当两根光纤充分靠近（中间约有几个波长距离的薄层空气）时，一部分光将透射入空气层并进入输出光纤。这种现象称为受抑全内反射现象，它类似于量子力学中的"隧道效应"或"势垒穿透"。当一根光纤相对另一根固定的光纤垂直位移为 x 时，两根光纤端面之间的距离变化 $x\sin\theta$。透射光强率便随距离发生变化。图 9.17 所示为光源波长 $\lambda =$

0.63μm，纤芯折射率 $n_1=1.48$，数值孔径 NA＝0.2，θ 分别为 52°、64° 和 76° 时光纤相对透射光强率与光纤间隙之间的关系。由曲线可知，光强变化与间隙距离的变化呈非线性关系。

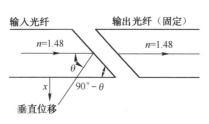

图 9.16　受抑全内反射光纤压力传感器原理图

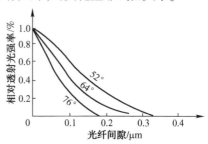

图 9.17　相对透射光强率与光纤间隙距离的关系

因此，在实际使用中应限制光纤的位移距离，使传感器工作在变化距离较小的一段线性范围内。从曲线还可以看出，θ 越大，曲线的线性段斜率越大。所以，为了使传感器获得较高的灵敏度，光纤端面的倾斜角（90°-θ）要切割得较小。

图 9.18 所示为受抑全内反射光纤压力传感器应用实例。一根光纤固定在支架上，另一根光纤通过支架安装在铁青铜弹簧片上。支架上端与膜片相连。当膜片受压力而挠曲并使可动光纤发生垂直位移时，透射入输出光纤的光强被调制，经光电探测器转换成电信号，便能够检测出压力信号。

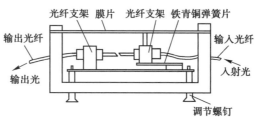

图 9.18　受抑全内反射光纤压力传感器应用实例

9.6　光纤传感器的应用

9.6.1　光纤微位移传感器

图 9.19 所示为 Y 形光纤微位移传感器的原理示意图，其中一根光纤用于传输入射光，另一根用于传输反射光。传感器与被测物反射面的距离在 0～4.0mm 之间变化时，可以通过测量显示电路将距离显示出来。测量时，光纤应与被测面垂直，光电二极管将光纤的光强信号（即被测的距离）转换成电流信号。

9.6.2　光纤流量传感器

在液体流动的管道中横贯一根多模光纤，如

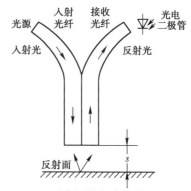

图 9.19　Y 形光纤微位移传感器原理示意图

图 9.20（a）所示，当液体流过光纤时，在液流的下游会产生有规则的涡流。这种涡流在光纤的两侧交替地离开，使光纤受到交变的作用力，光纤就会产生周期性振动。野外的电线在风吹下"嗡嗡"作响就是这种现象作用的结果。

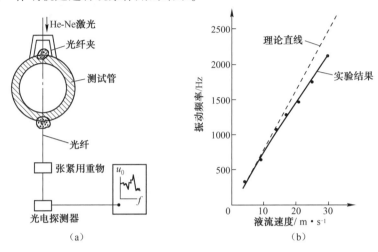

图 9.20　光纤流量传感器原理图

光纤的振动频率与流体的流速和光纤的直径有关。在光纤直径一定时，其振动频率近似正比于流速，如图 9.20（b）所示。光纤中的相干光是通过外界扰动（如振动）来进行相位调制的。在多模光纤中，作为众多模式干涉的结果，在光纤出射端可以观察到"亮""暗"无规则相间的斑图。当光纤受到外界干扰时，亮区和暗区的亮度将不断变化。如果用一个小型光电探测器接收斑图中的亮区，便可接收到光纤振动的信号，经过频谱仪分析便可检测出振动频率，由此可计算出液体的流速及流量。

光纤流量传感器最突出的优点是能在易爆、易燃的环境中安全可靠地工作。测量范围比较大，但在小流速情况下因不产生涡流，会使测量下限受到限制。此外，由于光纤的直径很细，使液体受到的流阻小，所以流量几乎不受影响。它不但能测透明液体的流速，而且能测不透明液体的流速。

9.6.3　光纤图像传感器

光纤图像传感器是靠光纤传像来实现图像传输的，传像束由玻璃光纤按阵列排列而成。一根传像束一般由数万到几十万条直径为 $10 \sim 20 \mu m$ 的光纤组成，每条光纤传输一个像素信息，用传像束可以对图像进行传输、分解、合成和修正。传像束式光纤图像传感器在医疗、工业、军事部门有着广泛的应用。

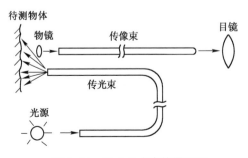

图 9.21　工业用内窥镜原理图

1. 工业用内窥镜

在工业生产的某些过程中，经常需要检查系统内部结构状况，而这种结构由于各种原因不能打开或靠近观察，采用光纤图像传感器可解决这一难题。将探头事先放入系统内部，通过传像束的传输可以在系统外部观察、监视系统内部情况，其工作原理如图 9.21 所示。该传感器主要由物镜、传像束、传光束、目镜等组成，光源发出的光通过传光束照射到待测物体上，照明视场，再由物镜成像，经传像束把待测物体的各像素传送到目镜上，观察者便可对该图像进行分析处理。

另一种结构形式如图 9.22 所示。被测物体内部结构的图像通过传像束送到 CCD，CCD把图像信号转换成电信号，经信号处理送入单片机控制系统，单片机控制系统的输出可以控制伺服装置，实现跟踪扫描，其结果也可以在屏幕上显示和打印。

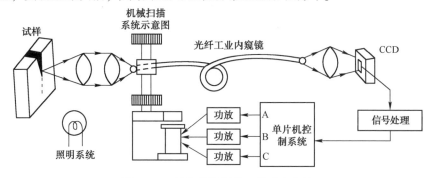

图 9.22 单片机控制的工业用内窥镜

2. 医用内窥镜

医用内窥镜的原理图如图 9.23 所示。它由末端的物镜、图像导管、顶端的目镜和控制手柄组成。照明光是通过图像导管外层光纤照射到被观察物体上的，反射光通过传像束输出。

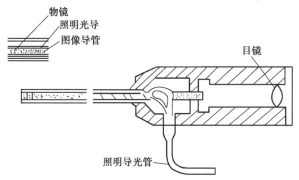

图 9.23 医用内窥镜原理图

由于光纤柔软，自由度大，末端通过手柄控制能偏转，传输图像失真小，因此，它是检查和诊断人体内各部位疾病和进行某些外科手术的重要仪器。

小 结

本章主要介绍了光纤的基本结构，以及光纤的传光原理和特性，并对光纤传感器的分类和特点进行了描述。

光纤传感器将光源入射的光束经由光纤送入调制区，在调制区内，外界被测参数与进入调制区的光相互作用，使光的光学性质（如光强、波长、频率、相位、偏振态等）发生变化而成为被调制的信号光，再经光纤送入光敏器件、解调器而获得被测参数。光纤传感器分为两类：一类是利用光纤本身具有的某种敏感功能的 FF 型传感器，简称功能型传感器；另一类是光纤仅起传输光的作用，必须在光纤端面加装其他敏感元件才能构成传感器的 NFF 型传感器，简称非功能型传感器。

功能型光纤传感器主要使用单模光纤，此时光纤不仅起传光作用，而且还是敏感元件。

非功能型光纤传感器中光纤不是敏感元件，它利用在光纤的端面或在两根光纤中间放置光学材料、机械式或光学式的敏感元件，感受被测物理量的变化，使透射光或反射光强度随之发生变化。在这种情况下，光纤只是作为光的传输回路。非功能型光纤传感器分为传输光强调制型和反射光强调制型两类。

思考与练习

1. 说明光纤的组成和光纤传感器的分类，并分析传光原理。

2. 光纤的数值孔径 NA 的物理意义是什么？NA 取值大小有什么作用？

3. 试计算 $n_1 = 1.46$、$n_2 = 1.45$ 的阶跃折射率光纤的数值孔径值？如果外部介质为空气（$n_0 = 1$），求该种光纤的最大入射角。

4. 说明光纤传感器的结构特点。

5. 试分析和比较 FF 型和 NFF 型光纤传感器。

第10章 过程参数的控制

在工业生产中，经常需要对过程控制的参数，如压力、流量、液位等进行检测和控制。本章详细地阐述了这些过程控制参数检测技术。例如，石油企业中石油输送的压力和流量的检测，化工企业中各种气体的传输和控制及各种流体的液位检测。通过检测与控制，可以完善和加强企业管理，保证生产装置和设备的安全、经济运行，并为工程控制提供翔实的资料和数据。因此，对过程参数的检测是研究和控制生产过程的重要手段。

10.1 压力测量

在工业生产中，压力是一个重要的工艺参数。一些生产过程必须在一定的压力下进行，压力的变化既影响物料平衡又影响化学反应速度，进而影响产品的质量和产量，所以必须严格遵守工艺操作规程，保持一定的压力，才能保证产品的质量，使生产正常运行。

压力的测量方法有很多，具体如下。

1. 利用弹性变形原理

利用各种形式的弹性元件在受压后产生弹性变形的特性进行压力检测。目前应用较广的弹性元件包括单圈弹簧管、多圈螺旋弹簧管、膜片、膜盒、波纹管等，它们是依据弹性元件变形原理制成的。在被测介质的压力作用下，弹性元件发生弹性变形，进而产生相应的位移，如弹簧管压力表。

弹性元件测压范围较宽，尤其是单圈弹簧管，可以从高真空到几百兆帕。膜片、膜盒和波纹管则适宜于测微压和低压。各种不同类型的弹性元件如图 10.1 所示。

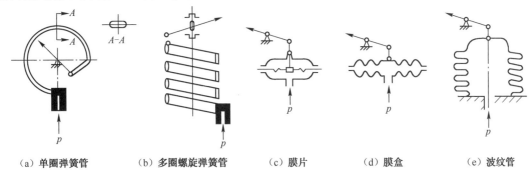

(a) 单圈弹簧管　　(b) 多圈螺旋弹簧管　　(c) 膜片　　(d) 膜盒　　(e) 波纹管

图 10.1　各种不同类型的弹性元件

2. 利用某些物质的某一物理效应与压力的关系来检测压力

应变片式压力传感器、霍尔式压力传感器、电容式压力（差压）变送器、扩散硅式压力（差压）变送器等仪表在弹性元件受压后产生弹性变形特性的基础上，利用某些物质的某一物理效应来检测压力，通过转换装置，可将位移转换成相应的电、气信号，以供远传、报警或控制用。

10.1.1 弹簧管压力表

1. 弹簧管压力表的结构及工作原理

单圈弹簧管压力表主要由弹簧管、传动机构（俗称机芯，包括扇形齿轮、中心齿轮等）、示数装置（指针和分度盘）以及表壳等几部分组成，如图 10.2 所示。

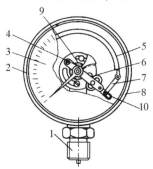

1—接头；2—衬圈；3—分度盘；4—指针；5—弹簧管；
6—传动机构（机芯）；7—拉杆；8—表壳；9—游丝；10—调整螺钉

图 10.2　单圈弹簧管压力表的结构

被测压力由接头 1，即弹簧管的固定端通入，迫使弹簧管 5 与拉杆 7 的连接处（即弹簧管的自由端）向右上方扩张，自由端的弹性变形位移通过拉杆 7 使传动机构 6 做逆时针偏转，进而带动中心齿轮做顺时针偏转，于是固定在中心齿轮上的指针 4 也做顺时针偏移，从而在分度盘 3 的分度标尺上显示出被测压力 p 的数值。由于自由端的位移量与被测压力之间具有比例关系，因此弹簧管压力表的分度标尺是均匀的。弹簧管的材料由被测介质的性质和被测压力高低决定。当 $p<20MPa$ 时采用磷青铜；当 $p>20MPa$ 时则采用不锈钢或合金钢。测量氨气压力时必须采用能耐腐蚀的不锈钢弹簧管；测量乙炔压力时不得用铜质弹簧管；测量氧气压力时则严禁粘有油脂，否则将有爆炸危险。

2. 弹簧管压力表的使用

为了表明压力表具体适用于何种特殊介质的压力测量，压力表的表壳上用表 10.1 规定的色标注明被测介质的名称。氧气表还标有红色"禁油"字样，使用时应予以注意。

表 10.1　特殊介质弹簧管压力表色标

被测介质	色标颜色	被测介质	色标颜色	被测介质	色标颜色
氧气	天蓝色	氯气	褐色	其他可燃性气体	红色
氢气	深绿色	乙炔	白色	其他惰性气体或液体	黑色
氨气	黄色				

一般而言，仪表的上限应为被测工艺变量的 4/3 倍或 3/2 倍，若工艺变量波动较大，如测量泵的出口压力，则相应地取为 3/2 倍或 2 倍。为了保证测量值的准确度，通常被测工艺变量的值以不低于仪表全量程的 1/3 为宜。工业用弹簧管压力表的精度为 0.5～1.5 级。

3. 压力表的安装

安装压力表的方法如下。

（1）压力表应安装在能满足仪表使用环境条件和易观察、易检修的地方。

（2）安装地点应尽量避免受振动和高温影响，对于蒸汽和其他可凝性热气体，以及当介质温度超过60℃时，就地安装的压力表应选用带冷凝器的安装方式，如图10.3（a）所示。

（3）测量有腐蚀性、黏度较大、易结晶、有沉淀物的介质时，应选取带隔离膜片的压力表及远传膜片密封变送器，如图10.3（b）所示。

（4）压力表的连接处应加装密封垫片，一般低于80℃及2MPa以下时，用石棉纸板或铝片；温度及压力更高（50MPa以下）时则用退火紫铜或铅垫。选用垫片材质时，还要考虑介质的影响。例如，测量氧气压力时，不能使用浸油垫片、有机化合物垫片；测量乙炔压力时，不得使用铜质垫片。否则，它们均有发生爆炸的危险。

（5）仪表必须垂直安装，若装在室外，还应加装保护箱。

（6）当被测压力不高，而压力表与取压口又不在同一高度时，如图10.3（c）所示，对由此高度差所引起的测量误差按 $\Delta p = \pm H\rho g$ 进行修正。

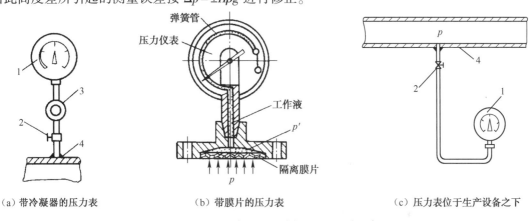

（a）带冷凝器的压力表　　　（b）带膜片的压力表　　　（c）压力表位于生产设备之下

1—压力表；2—切断阀；3—冷凝器；4—生产设备

图10.3　压力表安装示意图

10.1.2　压力、差压变送器的基本原理

凡是能直接感受非电的被测变量并将其转换成标准信号输出的传感转换装置，可称为变送器。变送器是基于负反馈原理工作的，包括测量（输入转换）、放大和反馈三个部分。其工作原理图如图10.4（a）所示。

测量部分的作用是检测被测参数 X，并将其转换成电压（或电流、位移、力矩、作用力等）信号 Z_i 送到放大器输入端。反馈部分的作用是将变送器的输出信号 Y 转换成反馈信号送回放大器输入端。Z_i 与调零信号 Z_0 的代数和与反馈信号 Z_f 进行比较，其差值 ε 送入放大器进行放大并转换成标准输出信号。

根据图10.4（a）可以求得变送器输出与输入之间的关系为

$$Y = \frac{K}{1+KF}(CX+Z_0) \tag{10.1}$$

式中，K 为放大器的放大系数；F 为反馈部分的反馈系数；C 为测量部分的转换系数。

当 $KF \geq 1$ 时，上式可写为

$$Y = \frac{1}{F}(CX+Z_0) \tag{10.2}$$

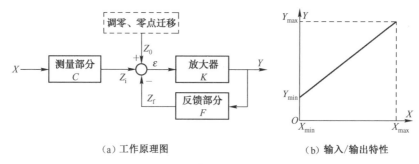

（a）工作原理图 　　　　　　（b）输入/输出特性

图 10.4　变送器工作原理图和输入/输出特性

式（10.2）表明，在 $KF \geq 1$ 的条件下，变送器输出与输入之间的关系取决于测量部分和反馈部分的特性，而与放大器的特性几乎无关。如果反馈系数 F 是常数，则变送器的输出与输入将保持良好的线性关系。

图 10.4（b）所示为变送器输出与输入特性。X_{max}，X_{min} 分别是被测参数的上、下限值，即变送器测量范围的上、下限值（图中 $X_{min} = 0$）；Y_{max}、Y_{min} 分别是输出信号的上、下限值，与标准统一信号的上、下限值相对应。

变送器除信号的输出、输入关系应该准确、可靠、稳定外，还应具有较快的动态响应速度。一般变送器的时间常数都很小，可以忽略不计。

变送器的外形如图 10.5 所示。

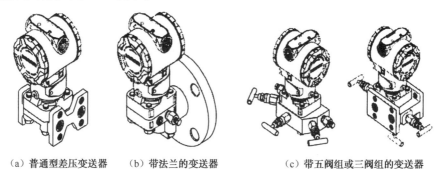

（a）普通型差压变送器　　　（b）带法兰的变送器　　　（c）带五阀组或三阀组的变送器

图 10.5　变送器的外形

10.2　液位测量

在生产过程中，常需要对液位、液位差、相界面等进行检测和控制。例如，火力发电厂中锅炉汽包水位的测量和控制；液氮、液氢等液体在各种低温容器或储槽中液面位置的监测和报警；内燃机中根据液面的变化情况来测定燃油消耗量或油泵压力；在石化工业生产中，通过液位检测来确定容器中原料或产品的数量，判断并调节容器中物料的流入量、流出量。在现代化大生产中，对液位的监视和控制是极其重要的。

液位测量主要基于相界面两侧物质的物性差异或液位改变时引起的有关物理参数的变化，如电阻、电容、电感、差压、声速、光能等，液位测量可以分为以下几类。

（1）根据连通器原理工作的直读式液位仪表。它使用与被测容器连通的玻璃管（板）在容器上直接开窗口的方式来显示液位的高低，如玻璃管液位计、玻璃板液位计等。

（2）根据静压平衡原理工作的静压式液位仪表，如压力式、差压式液位变送器等。

（3）利用浮力原理进行工作的浮力式液位仪表，如浮筒式液位变送器等。

（4）将液位的变化转换为某些电量参数的变化而进行检测的仪表，即电气式液位计，如电极式、电容式、电感式、电磁式等液位测量仪表。

（5）将液位的变化转换为辐射能量的变化来测量液位的高低，如核辐射式液位计、超声波液位计等。

10.2.1 浮力式液位仪表

利用液体浮力原理来测量液位的方法应用十分广泛。通常可分为两种类型：通过浮子随液位升降的位移反映液位变化的，属于恒浮力式液位仪表；通过液面升降使浮筒所受浮力发生改变反映液位的，属于变浮力式液位仪表。

1. 恒浮力式液位计

典型的恒浮力式液位计为浮子式液位计，其工作原理如图10.6所示。

设浮子重 W，平衡锤重 G，浮子的截面积为 A，浸没于液体中的高度为 h，液体密度为 ρ。当液位高度为 H 时，测量系统达到平衡状态，作用在浮子上的合力为零，力平衡关系为

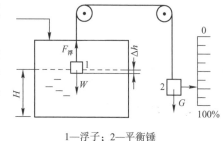

1—浮子；2—平衡锤

图10.6 浮子式液位计工作原理

$$W - F_{浮} = G \qquad (10.3)$$

其中 $$F_{浮} = hA\rho g$$

当液位升高后，浮子被浸没的高度增加 Δh，使浮子所受浮力增加 $\Delta F_{浮}$，则

$$\Delta F_{浮} = \Delta h A \rho g$$

系统的稳定平衡状态被破坏，出现

$$W - (F_{浮} + \Delta F_{浮}) < G \qquad (10.4)$$

浮子由于向上浮力作用的增加，在平衡锤的牵引下，向上做相应的位移，直到系统达到新的平衡状态。此时，作用在浮子上的合力关系式又恢复为 $W - F_{浮} = G$。

比较式（10.3）和式（10.4）可知，为了满足系统受力平衡的要求，浮子上升的位移量 ΔH 与液位的增量是完全相同的。浮子的位移可以直接反映液位的变化量。同时由式（10.3）可知，系统受力平衡关系与液位的高度无关，液位稳定不变时，浮子所受的浮力是一个恒定值。由此，称这种液位检测仪表为恒浮力式液位仪表。

2. 浮筒式液位计

浮筒式液位计用于对生产过程中容器内的液位进行连续测量、远传，配合调节仪表还可构成液位控制系统。浮筒式液位计是变浮力式液位计。

（1）工作原理。浮筒式液位计工作原理如图10.7所示。将一封闭的中空金属浮筒悬挂在容器中，浮筒的质量大于同体积的液体质量，浮筒的重心低于其几何中心，使浮筒总是保持直立状态而不受液体高度的影响。设浮筒重为 W，浮力为 $F_{浮}$，则悬挂点受到的作用力 F 为

$$F = W - F_{浮} \qquad (10.5)$$

其中 $$F_{浮} = AH\rho g$$

式中，A 为浮筒截面积；H 为从浮筒底部算起的液位高度；ρ 为液体密度。

所以 $$F = W - AH\rho g \qquad (10.6)$$

当液位 $H=0$ 时，悬挂点所受到的作用力 $F=W=F_{max}$ 最大。随着液位 H 的升高，悬挂点所受作用力 F 逐渐减小，当液位 $H=H_{max}$ 时，作用力 $F=F_0$ 为最小。根据式（10.6）可知，W、A、ρ、g 均为常数，所以作用力 F 与液位 H 呈反向的比例关系。

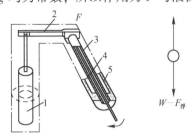

1—浮筒；2—杠杆；3—扭力管；4—芯轴；5—外壳

图 10.7　浮筒式液位计工作原理

由式（10.6）及图 10.7 可知，浮筒式液位计的测量范围由浮筒的长度决定。从仪表的结构及测量稳定的角度出发，测量范围 H_{max} 为 300～2 000mm。

应当注意，浮筒式液位计的输出信号不仅与液位高度有关，而且还与被测介质的密度有关，因此在密度发生变化时，必须进行密度修正。浮筒式液位计还可以用于测量两种密度不同的液体分界面。

（2）浮筒式液位计的应用。浮筒式液位计按传输信号的种类分成两大类：气动和电动。

气动浮筒式液位计的典型系列是 UTQ 型。它由检测环节、变送环节和调节环节 3 部分构成，输出 20～100kPa 的气动液位变送信号，属于就地式检测调节仪表，主要优势在于具有安全防爆性，在炼油厂及相关危险场所得到广泛应用。

电动浮筒式液位计主要由检测环节和变送环节构成。典型的有输出 0～10mA 标准信号的 UTD 系列和输出 4～20mA 标准信号的 SBUT 系列。

浮筒式液位计的安装分外浮筒顶底式、内浮筒侧置式和内浮筒顶置式几种类型，如图 10.8～图 10.10 所示。

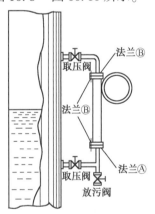

图 10.8　外浮筒顶底式

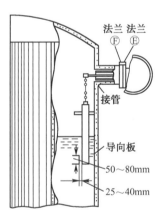

图 10.9　内浮筒侧置式

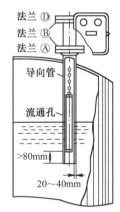

图 10.10　内浮筒顶置式

10.2.2　光纤液位计

随着光纤传感技术的不断发展，其应用范围日益广泛。在液位测量中，光纤传感技术的有效应用，一方面缘于其超高的灵敏度，另一方面是由于它具有优异的电磁绝缘性能和防爆性能，从而为易燃易爆介质的液位测量提供了安全的检测手段。

1. 全反射型光纤液位计

全反射型光纤液位计由液位敏感元件、传输光信号的光纤、光源和光电检测单元等组成。图 10.11 所示为全反射型光纤液位计部分结构原理图。这两根光纤中的一根光纤与光源耦合，称为发射光纤；另一根光纤与光电检测单元耦合，称为接收光纤。其中，棱镜的角度设计必须满足以下条件。

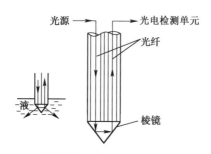

图 10.11 全反射型光纤液位计部分结构原理图

当棱镜位于气体（如空气）中时，由光源经发射光纤传到棱镜与气体界面上的光线满足全反射条件，即入射光线被全部反射到接收光纤上，并经接收光纤传送到光电检测单元中；而当棱镜位于液体中时，由于液体的折射率比空气大，因此入射光线在棱镜中的全反射条件被破坏，其中的一部分光线将透过界面而泄漏到液体中去，致使光电检测单元接收到的光强减弱。通常，上述因介质折射率变化引起的光强变化量很大。例如，当棱镜（折射率为1.46）由空气（折射率为1.01）中转移到水（折射率为1.33）中时，光强的相对变化量为1∶0.11；由空气中转移到汽油（折射率为1.41）中时，光强的相对变化量为1∶0.03。这样的信号变化相当于一个开关量变化，只要棱镜触及液体，传感器的输出光强马上变弱。因此，根据传感器的光强信号即可判断液位的高度。

由上述工作原理可以看出，这是一种定点式的光纤液位传感器，适用于液位的测量与报警，也可用于不同折射率介质（如水和油）之间分界面的测定；另外，根据溶液折射率随浓度变化的性质，还可能用来测量溶液的浓度或液体中小气泡的含量等。由于这种传感器还具有绝缘性能好、抗电磁干扰和耐腐蚀等优点，故可用于易燃、易爆或具有腐蚀性介质的测量。但应注意，如果被测液体对敏感元件（玻璃）材料具有黏附性，则不宜采用这类光纤液位传感器，否则敏感元件露出液面后，由于液体黏附层的存在，将出现虚假液位，从而造成明显的测量误差。

2. 浮沉式光纤液位计

浮沉式光纤液位计是一种复合型液位测量仪表，它由普通的浮沉式液位传感器和光信号检测系统组成，主要包括机械转换部分、光纤光路部分和电子电路部分，其结构和工作原理如图 10.12 所示。

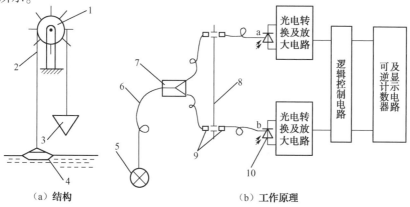

1—计数齿盘；2—钢索；3—重锤；4—浮子；5—光源；6—光纤；7—分束器；8—齿盘；9—透镜；10—光电元件

图 10.12 浮沉式光纤液位计的结构和工作原理

（1）机械转换部分。这部分由浮子4、重锤3、钢索2及计数齿盘1组成，其作用是将浮子随液位上下变动的位移转换成计数齿盘的转动齿数。当液位上升时，浮子上升而重锤下降，经钢索带动计数齿盘顺时针方向转动相应的齿数；反之，若液位下降，则计数齿盘逆时针方向转动相应的齿数。通常，总是将这种对应关系设计成液位变化一个单位高度（1cm 或 1mm）时，齿盘转过一个齿。

（2）光纤光路部分。这部分由光源（激光器或发光二极管）、等强度分束器、两组光纤光路和两个相应的光电检测单元组成。两组光纤分别安装在齿盘上、下两边，当齿盘转过一个齿时，上、下光纤光路就被切断一次，各自产生一个相应的光脉冲信号。由于对两组光纤的相对位置做了特别的安排，从而使得两组光纤光路产生的光脉冲信号在时间上有一很小的相位差。通常，相位超前的脉冲信号用作可逆计数器的加、减指令信号，而另一光纤光路的脉冲信号用作计数信号。

在图 10.12 中，当液位上升时，齿盘顺时针转动，假设是上一组光纤光路先导通，即该光路上的光电元件先接收到一个光脉冲信号，那么该信号经放大和逻辑电路判断后，就提供给可逆计数器作为加法指令（高电位）。紧接着导通的下一组光纤光路也输出一个脉冲信号，该信号同样经放大和逻辑电路判断后提供给可逆计数器做计数运算，使计数器加 1。相反，当液位下降后，齿盘逆时针转动，这时先导通的是下一组光纤光路，该光路输出的脉冲信号经放大和逻辑电路判断后提供给可逆计数器作为减法指令（低电位），而另一光路的脉冲信号则作为计数信号，使计数器减 1，这样，当计数齿盘顺时针转动一个齿时，计数器就加 1；计数齿盘逆时针转动一个齿时，计数器就减 1，从而实现了计数齿盘转动齿数与光电脉冲信号之间的转换。

（3）电子电路部分。这部分由光电转换及放大电路、逻辑控制电路、可逆计数器及显示电路等组成。光电转换及放大电路主要是将光脉冲信号转换为电脉冲信号，再对信号加以放大。逻辑控制电路的功能是对两路脉冲信号进行判别，将先输入的一路脉冲信号转换成相应的"高电位"或"低电位"，并输出至可逆计数器的加减法控制端，同时将另一路脉冲信号转换成计数器的计数脉冲。当可逆计数器加 1（或减 1）时，显示电路则显示液位升高（或降低）1 个单位（1cm 或 1mm）高度。

以上简要地介绍了浮沉式光纤液位传感器的基本工作原理和系统组成，从中可见，这种液位传感器可用于液位的连续测量，而且能够做到液体存储现场无电源、无信号传送，因而特别适用于易燃易爆介质液位测量，属于安全型传感器。

10.2.3 静压式液位计

液体具有静压力，如图 10.13 所示，对于液体底部 A 点而言，有

$$p_A = p_B + \rho g H \tag{10.7}$$

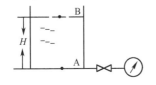

式中，p_A 为容器底所受静压力；p_B 为液体表面所受的大气压力 p_0；H 为容器中 A 点与 B 点之间的距离，即液体的高度；ρ 为容器中液体的密度。

图 10.13 静压式液位计原理示意图

由此可见，当液体密度确定后，通过测出容器底部所受的静压力 p_A，就可求出容器中液体的高度 H。

如前所示，压力表指示的是相对于大气压力的表压力，因此有

$$p_\text{表} = p_A - p_B = p_A - p_0 = \rho g H \tag{10.8}$$

根据这一静压原理,就可制成普通压力式液位计。

1. 差压式液位变送器工作原理

当封闭容器中液面上方的静压力 p_B 不等于大气压力时,则必须考虑 p_B 的影响。此时有

$$\Delta p = p_A - p_B = \rho g H \tag{10.9}$$

即
$$H = \Delta p / \rho g$$

这就是说,测量仪表应为差压式测量仪表。差压式液位变送器正压室接容器底部,感受静压力 p_A,负压室接容器的上部,感受液面上方的静压力 p_B,则在介质密度确定后,即可得知容器中的液体高度,且测量结果与容器中液体上方的静压力 p_B 的大小无关,如图 10.14（a）所示。

当液位由 $H=0$ 变化到 $H=H_\text{max}$（最高液位）时,差压式液位变送器输入信号 Δp 由 0 变化到最大值 $\Delta p_\text{max} = H_\text{max}\rho g$,相应地,差压式液位变送器的输出 I_0 由 4mA 变化到 20mA。

$$I_0 = (20-4)\text{mA}/(\Delta p_\text{max}-0) \times \Delta p + 4\text{mA} = 16\Delta p/\Delta p_\text{max} + 4\text{mA} \tag{10.10}$$

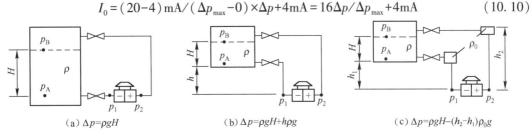

（a）$\Delta p = \rho g H$ （b）$\Delta p = \rho g H + h\rho g$ （c）$\Delta p = \rho g H - (h_2 - h_1)\rho_0 g$

图 10.14 差压式液位变送器的应用

图 10.14（a）中,变送器的正取压口、液位零点在同一水平位置,不需要零点迁移。

图 10.14（b）中,变送器低于液位零点,需零点正迁移。

图 10.14（c）中,变送器低于液位零点,且导压管内有隔离液或冷凝液,需零点迁移。

2. 差压式液位变送器的零点迁移

在实际使用中,由于周围环境的影响,差压式测量仪表不一定正好与容器底部 A 点在同一水平面上,如图 10.14（b）所示。此外,当被测介质是强腐蚀性液体时,必须在引压管上加装隔离装置,通过隔离液来传递压力信号,如图 10.14（c）所示。在这种情况下,差压式液位变送器接收到的差压信号 Δp 不仅与被测液位 H 的高低有关,还受到一个与液位高度无关的固定差压的影响,从而产生测量误差。

为了使差压式液位变送器能够正确地指示液位高度,变送器必须进行零点迁移。

（1）如图 10.14（b）所示:

$$\Delta p = p_1 - p_2 = H\rho g + h\rho g \tag{10.11}$$

将式（10.11）代入式（10.10）可见,当液位 H 由 0 变换到最高液位 H_max 时,变送器输出的最小值 $I_0 > 4\text{mA}$,变送器输出的最大值 $I_0 > 20\text{mA}$。因此,需要进行零点正迁移。迁移量为 $h\rho g$;变送器的量程是 $H_\text{max}\rho g$;变送器的测量范围是 $h\rho g \sim (h\rho g + H_\text{max}\rho g)$。

（2）如图 10.14（c）所示:

$$\Delta p = p_1 - p_2 = H\rho g + \rho_0 g (h_2 - h_1)$$

因 $h_1 < h_2$,并设 $\Delta h = h_2 - h_1$,则

$$\Delta p = H\rho g - \Delta h \rho_0 g \tag{10.12}$$

将式（10.12）代入式（10.10）可见,当液位 H 由 0 变换到最高液位 H_max 时,变送器输

出的最小值 $I_0<4mA$，变送器输出的最大值 $I_0<20mA$。因此，需要进行零点负迁移。迁移量为 $\Delta h\rho_0 g$；变送器的量程是 $H_{max}\rho g$；变送器的测量范围是 $-\Delta h\rho_0 g \sim (H_{max}\rho_0 g-\Delta h\rho_0 g)$。

（3）当 $H=0$ 时，若变送器感受到的 $\Delta p=0$，则变送器不需要迁移；若变送器感受到的 $\Delta p>0$，则变送器需要正迁移；若变送器感受到的 $\Delta p<0$，则变送器需要负迁移。

3. 平衡容器的使用

平衡容器是非法兰式差压变送器用于测量液位时的附件。从结构上分单层和双层两种。

（1）单层平衡容器。用于测量低压容器的液位，当容器内外温差较大或气相容易凝结成液体时，将有冷凝液进入负引压管线至负压室，造成变送器感受到的 Δp 信号不是容器液位的单值函数而产生测量误差。

在负引压管线上安装单层平衡容器（有时又称为冷凝器）后，能保持 Δp 的稳定，从而使变送器的输入 Δp 仅为液位的单值函数。图 10.15 所示为单层平衡容器系统连接图及结构图（设正、负压室内液体密度 ρ 一致）。

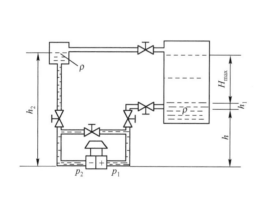
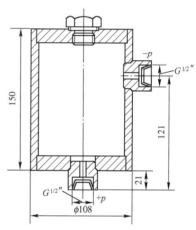

（a）单层平衡容器系统连接图　　　（b）单层平衡容器结构图（单位为mm）

图 10.15　单层平衡容器

（2）双层平衡容器。用于测量锅炉汽包水位的高度。其系统连接图与结构图如图 10.16 所示。

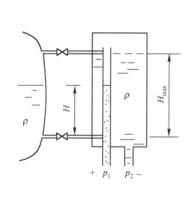
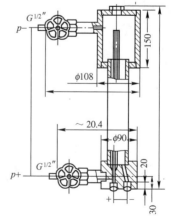

（a）双层平衡容器系统连接图　　　（b）双层平衡容器结构图（单位为mm）

图 10.16　双层平衡容器

双层平衡容器与锅炉汽包内蒸汽部分相通，并保持水位恒定在 H_{max} 上。水位管与汽包内水的部分相连，其水位高度与汽包内水位一致（设相同），在蒸汽压力和温度恒定时，变送器输入 $\Delta p = p_1 - p_2 = Hpg - H_{max}pg$。当 $H = 0$ 时，$\Delta p = -p_2 = -H_{max}pg$；当 $H = H_{max}$ 时，$\Delta p = 0$。此时，变送器应进行负迁移，且相应的迁移量为 100%（迁移量/量程）。

实际上，当双层平衡容器内液体的温度与汽包内温度不完全相同时，会出现测量误差。因此，实际应用时，需采用电气压力校正系统对液位测量结果进行校正，以显示出正确的 H。

10.2.4 电阻式液位计

电阻式液位计分为两类：一类是根据液体与其蒸汽之间导电特性（电阻值）的差异进行液位测量的，相应的仪表称为电接点液位计；另一类是利用液体与其蒸汽之间的不同传热特性，从而引起热敏材料电阻值变化这种现象进行液位测量的，相应的仪表称为热电阻液位计。

1. 电极式水位计

电极式水位计是电阻式水位计中的一种。在 360℃ 以下，纯水的电阻率小于 $10^4\Omega \cdot cm$，蒸汽的电阻率大于 $10^4\Omega \cdot cm$。由于工业用水含盐，因此电阻率较纯水更低，水与蒸汽的电阻率相差就更大了。利用这一特性，就可制成电极式水位计来测量液位的高低。电极式水位计由检测部分和显示部分组成，如图 10.17 所示。

检测部分由一密封连通器（测量管）和电极组成。根据测量的需要，在连通器上装有多个电极（从十几个到几十个）。各电极均用氧化铝等绝缘材料与管道绝缘，并用电缆线引出，测量管作为一个公共电极与电缆相连。当水位达到某一电极时，因为此时的导电性使容器和该电极接通，于是该回路就有电流通过，显示部分中相应的氖灯被点亮。因此，根据显示仪表中氖灯点亮多少，就能非常形象地反映液位的高低。当相邻的两个电极靠得越近，其示值误差就越小。

2. 热电阻液位计

这种液位计使用通电的金属丝（以下简称热丝），利用其与液、汽之间传热系数的不同及电阻值随温度变化的特点进行液位测量。一般情况下，液体的传热系数要比其蒸汽的传热系数大 1～2 个数量级，例如，压力为 0.101MPa、温度为 77K 的气态氮和相同压力下的饱和液氮，它们与直径为 0.25mm 的金属丝之间的传热系数之比约为 1/24。因此，对于通以恒定电流的热丝而言，其在液体和蒸汽环境中所受到的冷却效果是不同的，即浸于液体时的温度要比暴露于蒸汽中的温度低。如果该热丝（如钨丝）的电阻值还是温度的敏感函数，那么传热条件变化所致的热丝温度变化，将引起热丝电阻值的改变。所以，通过测定热丝电阻值的变化就可以判断液位的高低。图 10.18 所示热电阻液位计就是利用热丝的电阻值与热丝浸没于液体中的深度之间的关系来测量液位的。

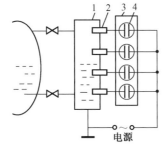

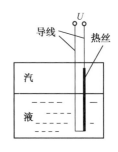

1—连通器（测量管）；2—电极；3—显示器；4—氖灯

图 10.17　电极式水位计　　　　　　　图 10.18　热电阻液位计

10.3 流量测量

1. 流量

流量是指单位时间内流过管道横截面的流体的数量，也称为瞬时流量。流量有体积流量和质量流量之分。体积流量是指单位时间内流过管道横截面的流体的体积，用 q_V 表示，常用单位有 m^3/s（立方米每秒）、m^3/h（立方米每小时）、l/h（升每小时）等；质量流量是指单位时间内流过管道横截面的流体的质量，用 q_m 表示，常用单位有 kg/s（千克每秒）、kg/h（千克每小时）、t/h（吨每小时）等。

设流体的密度为 ρ，质量流量与体积流量之间的关系为

$$q_m = q_V\rho \qquad \text{或} \qquad q_V = \frac{q_m}{\rho} \tag{10.13}$$

当流体通过管道横截面各处的流速相等时，体积流量 q_V 还可以用下式计算：

$$q_V = vA \tag{10.14}$$

式中，A 为管道的横截面积；v 为流体流速。实际上，流体在管道中流动时，同一截面上各处的速度并不相等，所以流速实际上是平均流速。

由于流体的密度受流体工作状态的影响，因此使用体积流量时，必须同时给出流体的压力和温度。对于液体，由于压力的变化对其密度影响较小，故一般可以忽略不计，只考虑温度对其密度的影响；而气体的密度受温度、压力的影响均较大，故需要将在工作状态下测得的体积流量换算成标准状态下（温度为 20℃、压力为 $1.013\ 2\times10^5 Pa$）的体积流量，用符号 q_{VN} 表示，单位为 Nm^3/s（标准立方米每秒）。

累计流量是指一段时间内流体的总流量，即瞬时流量对时间的累积。累计流量的单位常用 m^3 或 kg 表示。在一些贸易往来、成本核算中更多地是使用累计流量。

2. 流量检测中常用的物理量

在流量检测和计算中，经常要使用一些反映流体属性的物理量（物性参数），这里简单介绍一些物性参数的基本概念和公式。

（1）密度 ρ：表示单位体积中物质的量，其数学表达式为

$$\rho = \frac{m}{V} \tag{10.15}$$

式中，m 为物体的质量；V 为物体的体积。实际使用时，流体密度 ρ 可查有关图表或通过计算得到。

密度的国际单位是 kg/m^3（千克每立方米），有时也用 g/cm^3（克每立方厘米）。

物质的密度并不是一成不变的，而是与它的物理状态有关。对于液体，在常温常压下，压力变化对其容积影响甚微，所以工程上通常将液体视为不可压缩流体，即可不考虑压力变化对液体密度的影响，而只考虑温度变化对其密度的影响。对于气体，温度、压力对单位质量气体的体积影响很大，因此在表示气体密度时，必须指明气体的工作状态（温度和压力）。

（2）黏度：表征流体流动时内摩擦黏滞力大小的物理量，有动力黏度和运动黏度。

流体黏性的大小用动力黏度（又称为黏滞系数）η 表示，SI 单位为 $Pa \cdot s$（帕斯卡秒）或 $N \cdot s/m^2$（牛顿秒每平方米）；运动黏度 v 的 SI 单位为 m^2/s（平方米每秒）。二者之间的关

系为：

$$v = \eta / \rho$$

流体的黏度随流体温度和压力的变化而变化。液体的动力黏度主要与温度有关，而气体的黏度与压力、温度的关系十分密切。通常温度上升时，液体的黏度下降，而气体的黏度却上升。

流体的黏度对流量的测量影响很大，主要表现为阻力对流动的影响。在考虑黏度对流体的影响时，采用雷诺数 Re 这一特征数作为流动情况的判据。

（3）雷诺数 Re：表征流体情况的特征数，具体讲是流体惯性力与黏性力之比的无量纲数。其计算公式为

$$Re = \frac{Dv\rho}{\eta} = \frac{Dv}{\nu} \tag{10.16}$$

式中，D 为管径；v 为流速；ρ 为流体密度；η 为动力黏度；ν 为运动黏度。

当 $Re < 2\,300$ 时，黏性力占主要地位，流动属于层流流动状态；当 $Re > 13\,800$ 时，惯性力是主要的，流动完全进入湍流状态；当 $2\,300 < Re < 13\,800$ 时，属于层流向湍流过渡的不稳定区域。

（4）温度体积膨胀系数：当流体的温度升高时，流体所占有的体积将会增加。温度体积膨胀系数是指流体温度每变化 1℃时其体积的相对变化率。

（5）压缩系数：当作用在流体上的压力增加时，流体所占有的体积将会缩小。压缩系数是指当流体温度不变、所受压力变化时其体积的变化率。

10.3.1　容积式流量传感器

容积法测流量具有悠久的历史，其工作原理与日常生活中用容器计量体积的方法类似，即根据一定时间内排出的体积确定流体的体积流量或总流量。常见的有椭圆齿轮流量传感器、腰轮（罗茨式）流量传感器、刮板式流量传感器、活塞式流量传感器、湿式流量传感器及皮囊式流量传感器。其中腰轮（罗茨式）、湿式及皮囊式流量传感器可以测量气体流量。下面重点介绍椭圆齿轮流量传感器、腰轮（罗茨式）流量传感器和刮板式流量传感器。

1. 椭圆齿轮流量传感器

椭圆齿轮流量传感器的工作原理如图 10.19 所示。传感器内有一对互相啮合的椭圆齿轮，它们在被测流体压差的推动下产生旋转运动。图 10.19（a）所示为流体从入口侧流过时，入口侧压力 p_1 大于出口侧压力 p_2，齿轮 A 在流体的进出口差压作用下，顺时针旋转并把其与外壳之间的初月形空腔内的介质排至出口，同时带动齿轮 B 做逆时针旋转。此时齿轮 A 是主动轮，齿轮 B 是从动轮。在图 10.19（b）所示位置时，由于两个齿轮同时受到进出口差压作用而产生转矩，使它们继续沿原来方向转动。在图 10.19（c）所示位置时，齿轮 B 是主动轮，带动齿轮 A 一起转动，同时又把齿轮 B 与外壳之间初月形空腔内的介质排出。这样，两个齿轮交替或同时受差压作用并保持不断地旋转，被测介质以初月形空腔为单位一次又一次地经过椭圆齿轮被排至出口。显然，椭圆齿轮每转动一周，排出 4 个初月形空腔体积的流量，所以体积流量 q_V 为

$$q_V = 4nV_0 \tag{10.17}$$

式中，V_0 为初月形空腔的容积；n 为椭圆齿轮转动次数。只要测出齿轮的转速，就可知道累计总流量。

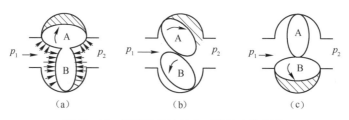

图 10.19　椭圆齿轮流量传感器的工作原理

被测流体黏度越大，齿轮间的泄漏量越小，测量误差就越小，因此椭圆齿轮流量传感器特别适用于高黏度介质的流量测量，主要用于油品的流量测量，有的也可用于气体测量。它的测量精确度高，一般可达 0.2～1 级。但应注意被测介质应清洁，其中不能含有固体颗粒，以免齿轮被卡死。

2. 腰轮流量传感器

腰轮流量传感器又称罗茨式流量传感器，其测量原理与椭圆齿轮流量传感器相同，区别仅在于它的运动部件是一对表面无齿而光滑的腰轮，如图 10.20 所示。两个腰轮的相互啮合是靠安装在壳体外与腰轮同轴的驱动齿轮实现的。

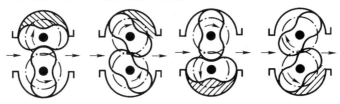

图 10.20　腰轮流量传感器的工作原理

由于两个腰轮实现了无齿啮合，大大减小了轮间及轮与外壳间的泄漏，因此测量精度大幅提高，可作为标准传感器使用。腰轮流量传感器既可测量液体介质，又可测量气体介质。

3. 刮板式流量传感器

刮板式流量传感器的运动部件是两对刮板，分为凸轮式和凹线式两种，这里以凸轮式流量传感器为例加以分析。

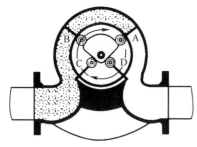

图 10.21　凸轮式流量传感器工作原理

如图 10.21 所示，刮板式流量传感器的壳体内腔是圆形空筒，转子是一个空心圆筒，筒边开有相互成 90°角的 4 个槽，4 个刮板分别放置在槽中，并由在空间交叉互成 90°角的两根连杆连接，在每个刮板的一端有一小滚子分别在一个固定的凸轮上滚动，刮板在与转子一起运动的过程中，始终按照凸轮外廓曲线形状从转子中时而伸出、时而缩进。计量空间是由相邻的两块刮板和壳体内壁、圆筒外壁所形成的空间。与椭圆齿轮流量传感器一样，转子每转动一周，便排出 4 个计量室容积的流体，只要测量转子的转动次数，就可以得到通过流量传感器的流体总量。

容积式流量传感器一般用于对测量精度要求较高的场合；它的测量范围较宽，安装方便，传感器前不需要直管段；它一般不受流动状态的影响，也不受雷诺数大小的限制，可测量高黏度、洁净、单相流体的流量。但应注意，在测量含有颗粒、脏污物的流体时，需在传感器前安装过滤器，以防被卡或损坏；在测量过程中有时会产生较大噪声，甚至使管道产生振动；

机械结构较复杂，体积庞大笨重，一般只适用于中小口径管道的流量测量。

10.3.2 差压式流量传感器

差压式流量传感器又称节流式流量传感器，它是利用流体流经节流装置时产生压力差的原理来实现流量测量的，它的使用量大概占全部流量仪表的 $60\% \sim 70\%$。

差压式流量传感器主要由节流装置和差压计（或差压变送器）组成。节流装置的作用是把被测流体的流量转换成差压信号；差压计则用于测量节流元件前后的静压差并显示测量值；差压变送器能把差压信号转换为与流量对应的标准电信号或气压信号，以供显示、记录或控制用。

1. 测量原理与流量方程

（1）测量原理。当连续流动的流体遇到安装在管道中的节流装置时，由于流体流通面积突然缩小而形成流束收缩，导致流体速度加快；在挤过节流孔后，流速又由于流通面积变大和流束扩大而降低。由能量守恒定律可知，动压能和静压能在一定条件下可以相互转换，流速加快必然导致静压力降低，于是在节流件前后产生静压差 $\Delta p = p_1 - p_2$，且 $p_1 > p_2$，此即节流现象。静压差的大小与流过的流体流量之间有一定的函数关系，因此通过测量节流件前后的静压差即可求得流量。

图 10.22 所示是流体流经节流件（孔板）时的流束、压力及流速的分布情况，在截面 1 处流体未受节流件的影响，流束充满管道，流体平均流速为 v_1，流体静压力为 p_1；流体流经节流件前就已经开始收缩，由于惯性的作用，流束通过节流件后还将继续收缩，直到在节流件后的某一距离处达到最小流束截面 2 处，流体的平均流速 v_2 达到最大，流束中心压力 p_1 降至最小 p_2；流体流经截面 2 后流束又逐渐扩大到充满整个管道，流体的速度也恢复到孔板前稳定流动时的速度，截面 3 是流速刚恢复正常时的截面，平均流速为 v_3，流体静压力为 p_3。

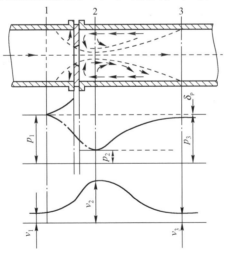

图 10.22　流体流经节流件（孔板）时的流束、压力及流速分布情况

由于涡流区的存在，导致流体能量损失，因此在流束充分恢复后，截面 3 处的静压力 p_3 不能恢复到原先的静压力 p_1，而产生了压力损失 δ_p，显然 $\delta_p = p_1 - p_3$。

（2）流量方程。以伯努利方程和流体流动的连续性方程为依据，对节流现象进行定量分析后可导出流体的流量方程，即首先假设流体为不可压缩的理想流体，求出理想流体的流量方程；然后考虑到实际流体与理想流体的差异，引入一个校正系数，从而获得实际流体的流量方程。

体积流量基本方程为

$$q_V = a\varepsilon F_0 \sqrt{\frac{2}{\rho}\Delta p} = a\varepsilon F_0 \sqrt{\frac{2}{\rho}(p_1-p_2)} \qquad (10.18)$$

质量流量基本方程为

$$q_m = a\varepsilon F_0 \sqrt{2\rho\Delta p} = a\varepsilon F_0 \sqrt{2\rho(p_1-p_2)} \qquad (10.19)$$

式（10.18）、式（10.19）中各参数的意义和单位规定如下。

① q_V 为体积流量（m^3/s）；q_m 为质量流量（kg/s）。

② a 为流量系数，可由实验确定。通常根据节流件形式、管道情况、雷诺数、流体性质、取压方式等查表得到。

③ ε 为流体膨胀的校正系数，通常在 $0.9\sim1.0$ 之间。对于不可压缩流体，$\varepsilon=1$；对于可压缩流体，$\varepsilon<1$。

④ F_0 为节流件开孔面积（m^2）。当已知节流件开孔直径 d(m) 时，$F_0=\frac{\pi}{4}d^2$。

⑤ ρ 为流体密度（kg/m^3）。

⑥ $\Delta p=p_1-p_2$，为节流件前后的压力差（Pa）。

流体方程表明，可以通过测量节流件前后的压差来测量流量。流体流量与节流件前后的压力差之间是非线性的平方根关系，如果压差降到原压差的 1/9，则流量将减小到原流量值的 1/3。对于一个差压上限固定的差压变送器来说，测量精确度就会下降。这就是差压式流量传感器的量程比一般为 3∶1、最大为 4∶1 的基本原因。

2. 标准节流装置

人们对节流装置进行大量研究后，对一些节流件、取压装置进行了标准化，即标准节流装置。标准节流装置是由标准节流件、标准取压装置和上、下游侧阻力件，以及它们之间的直管段所组成的，如图 10.23 所示。对于标准节流装置，只要严格按照规定的技术要求设计、加工、安装和使用即可，不必经过标定，流量测量的精确度就能得到保证。

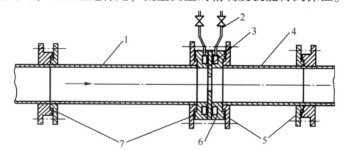

1—上游直管段；2—导压管；3—孔板；4—下游直管段；5、7—连接法兰；6—取压环室

图 10.23　标准节流装置

1）标准节流件

（1）标准孔板。标准孔板的结构非常简单，它是一块中间带圆孔的金属圆板，由圆柱形的流入面和圆锥形的流出面构成，圆形开孔与管道轴线同心，两面平整且平行，开孔边缘非常锐利，且圆筒形柱面与孔板上游侧端面垂直。用于不同管道内径和各种取压方式的标准孔板，其几何形状都是相似的，如图 10.24 所示，其中所标注的尺寸可参阅相关标准规定。标

准孔板的开孔直径 d 是一个很重要的参数，在任何情况下，孔径 d 不小于 12.5mm，它不小于均匀分布的 4 个单测值的算术平均值，而任意单测值与平均值之差不得超过 $\pm0.05\%d$。

（2）标准喷嘴。如图 10.25 所示，标准喷嘴的型线由 5 部分组成，即进口端面 A、第一圆弧曲面 c_1、第二圆弧曲面 c_2、圆筒形喉部 e 和圆筒形喉部的出口边缘保护槽 H。具体参数请参阅国标规定。

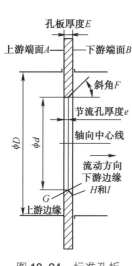

图 10.24 标准孔板

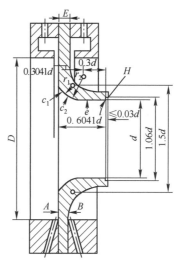

图 10.25 标准喷嘴

2）取压方式

取压方式是指取压口位置和取压口结构。不同的取压方式，即取压口在节流件前后的位置不同，取出的差压值也不同。标准节流装置对每种节流元件的取压方式都有明确规定。

（1）标准孔板的取压方式。标准孔板通常采用两种取压方式，即角接取压和法兰取压，如图 10.26 所示。

① 角接取压。孔板上、下游侧取压孔位于上、下游孔板前后端面处，取压口轴线与孔板各相应端面之间的间距等于取压口直径的一半或取压口环隙宽度的一半。

角接取压又分为环室取压和夹紧环（单独钻孔）取压两种。图 10.26（a）中上半部分采用环室取压，下半部分采用单独钻孔取压。

环室取压的前后两个环室在节流件两边，环室夹在法兰之间，法兰和环室、环室与节流件之间放有垫片并夹紧。节流件前后的压力是从前后环室和节流件前后端面之间所形成的连续环隙或等角距配置的不小于 4 个的断续环隙中取得的。采用环室取压的特点是压力取出口面积比较大，可以取出节流件前后的均衡压差，提高测量精确度。但加工制造和安装均要求较高，否则测量精度难以保证。

单独钻孔取压是在孔板的夹紧环上打孔，流体上下游压力分别从前后两个夹紧环取出。现场使用时加工、安装方便，特别是对大口径管道常采用单独钻孔取压方式。

角接取压标准孔板的适用范围为：管径 D 为 $50\sim1000$mm，直径比 $\beta=d/D$ 为 $0.220\sim0.800$，雷诺数 Re 为 $5\times10^3\sim5\times10^7$。国家标准推荐使用的最小雷诺数 Re_{min} 列于表 10.2 中。

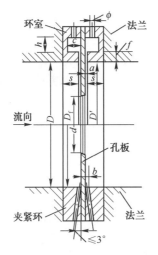

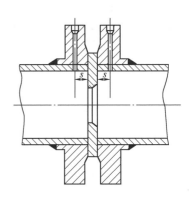

（a）角接取压（上半部分为环室角接取压；下半部分为单独钻孔角接取压）　　　　（b）法兰取压

图 10.26　标准孔板的取压方式

表 10.2　角接取压标准孔板使用的最小雷诺数推荐值

β	$Re_{\min}$	β	$Re_{\min}$	β	$Re_{\min}$	β	$Re_{\min}$
0.220	5.00×10^3	0.375	2.00×10^4	0.525	3.75×10^4	0.675	8.21×10^4
0.250	8.00×10^3	0.400	2.00×10^4	0.550	4.27×10^4	0.700	9.48×10^4
0.275	9.00×10^3	0.425	2.13×10^4	0.575	4.85×10^4	0.725	1.11×10^5
0.300	1.30×10^4	0.450	2.49×10^4	0.600	5.51×10^4	0.750	1.32×10^5
0.325	1.70×10^4	0.475	2.87×10^4	0.625	6.27×10^4	0.775	1.59×10^5
0.350	1.90×10^4	0.500	3.29×10^4	0.650	7.16×10^4	0.800	1.98×10^5

② 法兰取压。如图 10.26（b）所示，标准孔板被夹持在两块特制的法兰中间，其间加两片垫片，上、下游侧取压孔的轴线距孔板前、后端面分别为（25.4±0.8）mm。

法兰取压标准孔板可用于管径 D 为 50～750mm、直径比 β 为 0.100～0.750、雷诺数 Re 为 2×10^3～2×10^7 的范围。国家标准推荐使用的最小雷诺数 $Re_{\min}$ 列于表 10.3 中。

表 10.3　法兰取压标准孔板使用的最小雷诺数推荐值

β	D（mm）														
	50		75		100		150		200		250		375		750	
	min	max	min	max	min	max	min	max	min	max	min	max	min	max	min	max
0.100	8 000	10^6	12 000	10^6	16 000	10^6	24 000	10^7	32 000	10^7	40 000	10^7	60 000	10^7	120 000	10^7
0.150	8 000	10^6	12 000	10^6	16 000	10^6	24 000	10^7	32 000	10^7	40 000	10^7	60 000	10^7	120 000	10^7
0.200	8 000	10^6	12 000	10^6	16 000	10^6	24 000	10^7	32 000	10^7	40 000	10^7	60 000	10^7	120 000	10^7
0.250	8 000	10^6	12 000	10^6	16 000	10^6	24 000	10^7	32 000	10^7	40 000	10^7	60 000	10^7	120 000	10^7
0.300	8 000	10^6	12 000	10^6	16 000	10^6	24 000	10^7	32 000	10^7	40 000	10^7	60 000	10^7	120 000	10^7
0.350	8 000	10^6	12 000	10^6	16 000	10^6	24 000	10^7	32 000	10^7	40 000	10^7	60 000	10^7	120 000	10^7

β	D (mm)															
	50		75		100		150		200		250		375		750	
	min	max	min	max	min	max	min	max	min	max	min	max	min	max	min	max
0.400	8 000	10^6	12 000	10^6	16 000	10^6	30 000	10^7	40 000	10^7	40 000	10^7	60 000	10^7	120 000	10^7
0.450	8 000	10^6	15 000	10^6	20 000	10^6	30 000	10^7	50 000	10^7	40 000	10^7	75 000	10^7	150 000	10^7
0.500	8 000	10^6	20 000	10^6	30 000	10^6	50 000	10^7	75 000	10^7	75 000	10^7	100 000	10^7	200 000	10^7
0.550	10 000	10^6	20 000	10^6	30 000	10^6	50 000	10^7	75 000	10^7	75 000	10^7	100 000	10^7	200 000	10^7
0.600	20 000	10^6	30 000	10^6	40 000	10^6	50 000	10^7	75 000	10^7	100 000	10^7	200 000	10^7	300 000	10^7
0.625	20 000	10^6	30 000	10^6	40 000	10^6	100 000	10^7	100 000	10^7	100 000	10^7	200 000	10^7	300 000	10^7
0.650	30 000	10^6	30 000	10^6	50 000	10^6	100 000	10^7	100 000	10^7	100 000	10^7	200 000	10^7	300 000	10^7
0.675	30 000	10^6	40 000	10^6	50 000	10^6	100 000	10^7	100 000	10^7	100 000	10^7	200 000	10^7	300 000	10^7
0.700	50 000	10^6	40 000	10^6	50 000	10^6	100 000	10^7	100 000	10^7	200 000	10^7	200 000	10^7	400 000	10^7
0.725				10^6	50 000	10^6	100 000	10^7	100 000	10^7	200 000	10^7	500 000	10^7	400 000	10^7
0.750				10^6	50 000	10^6	100 000	10^7	500 000	10^7	200 000	10^7	200 000	10^7	400 000	10^7

（2）标准喷嘴的取压方式。标准喷嘴仅采用角接取压方式，其结构形式同标准孔板角接取压结构形式。

角接取压标准喷嘴可用于管径 D 为 $50\sim500$mm、直径比 β 为 $0.320\sim0.800$、雷诺数 Re 为 $2\times10^4\sim2\times10^6$ 的范围。

3）标准节流装置的使用条件与管道条件

标准节流装置的流量系数，都是在一定条件下取得的，因此除对节流件、取压方式有严格的规定外，对管道及其安装和使用条件也有明确规定。

（1）使用条件。

① 被测流体应充满圆管并连续流动。

② 管道内的流束（流动状态）是稳定的，测量时流体流量不随时间变化或变化非常缓慢。

③ 流体必须是牛顿流体，在物理学和热力学上是单相的、均匀的，或者可认为是单相的，且流体流经节流件时不发生相变。

④ 流体在进入节流件之前，其流束必须与管道轴线平行，不得有旋转流。

⑤ 标准节流装置不适用于脉动流和临界流的流量测量。

（2）管道条件。

① 安装节流装置的管道应该是直的圆形管道，管道直度用目测法测量。上下游直管段的圆度按流量测量节流装置的国家标准规定进行检验，管道的圆度要求是在节流件上游至少 $2D$ （实际测量）长度范围内，管道应是圆的。在离节流件上游端面至少 $2D$ 范围内的下游直管段上，管道内径与节流件上游的管道平均直径 D 相比，其偏差应在±3%之内。

② 管道内表面上不能有凸出物和明显的粗糙不平现象，至少在节流件上游 $10D$ 和下游 $4D$ 的范围内应清洁、无积垢和其他杂质，并满足有关粗糙度的规定。

（3）节流件前后应有足够长的直管段，在不同局部阻力情况下所需要的最小直管段长度如表 10.4 所示。

表 10.4 节流件上、下游侧的最小直管段长度

β	节流件上游侧局部阻力件形式和最小直管段长度 l_1						节流件下游侧最小直管段长度 l_2（左面局部阻力件形式）
	一个 90° 弯头或只有一个支管流动的三通	在同一平面内有多个 90° 弯头	空间弯头（在不同平面内有多个 90° 弯头）	异径管（大变小 $3D \to 2D$，长度 $\geqslant 3D$；小变大 $1/2D \to D$，长度 $\geqslant 1/2D$）	全开截止阀	全开闸阀	
≤0.20	10（6）	14（7）	34（17）	16（8）	18（9）	12（6）	4（2）
0.25	10（6）	14（7）	34（17）	16（8）	18（9）	12（6）	4（2）
0.30	10（6）	16（8）	34（17）	16（8）	18（9）	12（6）	5（2.5）
0.35	12（6）	16（8）	36（18）	16（8）	18（9）	12（6）	5（2.5）
0.40	14（7）	18（9）	36（18）	16（8）	20（10）	12（6）	6（3）
0.45	14（7）	18（9）	38（19）	18（9）	20（10）	12（6）	6（3）
0.50	14（7）	20（10）	40（20）	20（10）	22（11）	12（6）	6（3）
0.55	16（8）	22（11）	44（22）	20（10）	24（12）	14（7）	6（3）
0.60	18（9）	26（13）	48（24）	22（11）	26（13）	14（7）	7（3.5）
0.65	22（11）	32（16）	54（27）	24（12）	28（14）	16（8）	7（3.5）
0.70	28（14）	36（18）	62（31）	26（13）	32（16）	20（10）	7（3.5）
0.75	36（18）	42（21）	70（35）	28（14）	36（18）	24（12）	8（4）
0.80	46（23）	50（25）	80（40）	30（15）	44（22）	30（15）	8（4）

在工业生产中的少数特殊场合，当由于条件限制而不能满足标准节流装置要求的条件时，需要采用一些非标准型节流装置，即特殊节流装置，如 1/4 圆喷嘴、双重孔板、圆缺孔板等，用于测量小流量、低流速、黏度大和脏污介质的流体流量，相关数据可查找有关资料。

3. 差压计

节流装置前后的压差是通过各种差压计或差压变送器测量的。工业上常用的差压计很多，如双波纹管差压计、膜片式差压计、电动差压变送器、气动差压变送器等。

（1）双波纹管差压计。双波纹管差压计是由测量部分和显示部分构成的基地式仪表，主要包括两个波纹管、量程弹簧、扭管及外壳等部分，其结构如图 10.27 所示。

当被测流体流经节流装置时，节流件前、后的压力分别经导压管引入差压计的高、低压室，由于作用在高、低压波纹管上的差压 $\Delta p = p_1 - p_2 > 0$，于是产生向右方向的测量力，高压波纹管被压缩，内部填充的不可压缩液体由于受压，通过中心基座上阻尼阀周围的间隙流向低压波纹管，于是连接轴发生自左向右位移，一方面使量程弹簧拉伸，另一方面通过推板推动摆杆，从而带动扭管逆时针转动角度 α，直至量程弹簧和扭管在推板上产生一反作用力与测量力平衡为止，与差压 Δp 成正比的扭管转角 α，则通过主动杆传给显示部分指示差压值。

（2）膜片式差压计。膜片式差压计由差压变送器和显示仪表两部分组成，如图 10.28 所示。差压变送器主要由差压测量室（高压室和低压室）、三通阀和差动变压器构成；显示仪表可装在远离生产现场的控制室内，进行流量的指示和记录等。

当节流件前、后的压力分别引入高、低压室后，膜片在差压作用下产生位移，通过非磁性杆使差动变压器的铁芯在线圈中移动，由于差动变压器的初级线圈与次级线圈的耦合程度随铁芯位置的变动而变化，因此这时次级线圈 a、b 间电压 U_{ab} 大于 c、d 间电压 U_{cd}，于是总输出电压 $U_{ac} = U_{ab} - U_{cb} > 0$，并且与被测差压成正比关系。

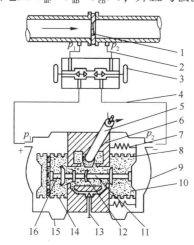

1—节流装置；2、4—导压管；3—阀；5—扭管；
6—中心基座；7—量程弹簧；8—低压波纹管；
9—低压外壳；10—填充液；11—摆杆；12—推板；
13—阻尼阀；14—高压波纹管；15—高压外壳；16—连接轴

图 10.27 双波纹管差压计结构

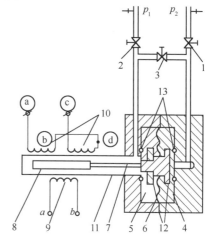

1—高压端切断阀；2—低压端切断阀；3—平衡阀；
4—高压室；5—低压室；6—膜片；7—非磁性杆；8—铁芯；
9、10—差动变压器的初级和次级线圈；11—非磁性材
料的密封套管；12—保护用挡板阀；13—保护用密封环

图 10.28 膜片式差压计结构

4. 差压式流量传感器的安装

差压式流量传感器主要由节流装置、传送差压信号的引压管路及差压计组成。各部分是否可靠正确地安装，将直接影响测量精度，因此必须十分重视安装工作。

（1）节流装置的安装。

① 孔板的圆柱形锐孔和喷嘴的喇叭形曲面部分应对着流体的流向。

② 根据不同的被测介质，节流装置取压口的方位应在规定的范围内，即在如图 10.29 所示箭头所指的范围内。

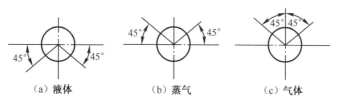

（a）液体   （b）蒸气   （c）气体

图 10.29 测量不同介质时取压口方位规定示意图

③ 必须保证节流件中心与管道同心，其端面与管道轴线垂直。节流件上、下游必须配有足够长的直管段。

④ 在靠近节流装置的引压导管上，必须安装切断阀。

（2）引压导管的安装。

① 引压导管是直径为 10～12mm 的铜、铝或钢管，依据尽量按最短距离敷设的原则，长度为 3～50m。管线弯曲处应是均匀的圆角，曲率半径应大于管外径的 10 倍。

② 引压导管尽可能垂直安装，以避免管路中积聚气体和水分；必须水平安装时，倾斜度不小于1∶10；应加装气体、凝液、微粒的收集器和沉降器，并定期排除。

③ 全部引压导管应保证密闭、无渗漏，注意保温、防冻及防热。

④ 引压管路上应安装必要的切断、冲洗、排污阀等；测量蒸气或腐蚀性介质时，应加装冷凝器或充有中性隔离液的隔离罐。

（3）差压计的安装。安装差压计时，要注意其使用时规定的工作条件与现场周围条件（如温度、湿度、腐蚀性、振动等）是否相吻合，若差别明显，应考虑采取预防措施或更改安装地点。

（4）安装示例。

① 液体流量的测量。建议将差压计安装在节流装置的下方，防止液体中的气体积存在引压管路内，如图10.30（a）所示；如果差压计必须安装在上方，应注意从节流装置引出的导压管先向下面而后再弯向上面，以便形成U形液封，如图10.30（b）所示。测量黏性大、腐蚀性强或易燃的液体时，应在靠近差压计侧的引压管路上分别安装一个充有隔离液的隔离罐，同时差压计也充灌隔离液，以保护差压计。

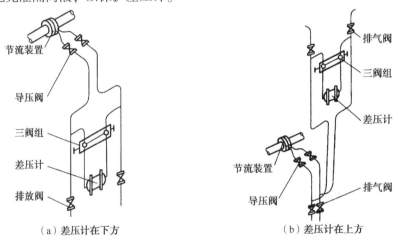

图10.30　测量液体时差压式流量传感器安装示意图

② 气体流量的测量。建议将差压计安装在节流装置的上方，如图10.31（a）所示，防止液体污物和灰尘等进入导压管；必须安装在下方时，在最低处应加装排放阀，如图10.31（b）所示。

③ 蒸气流量的测量。其方案与测量液体时大体相同，不同的是在靠近节流装置截止阀后面的导压管路上，应分别装设冷凝器，以保持两根引压管内的冷凝液柱高度相等，并防止高温蒸气与差压计直接接触，如图10.32所示。

差压式流量计结构简单、制造方便，工作可靠、使用寿命较长，适应性强，价格较低，几乎可以测量各种工况下的介质的流量，应用非常普遍。但也存在测量精度普遍偏低、现场安装要求高、压力损失大、测量范围窄等缺点。

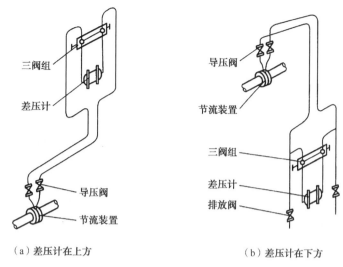

（a）差压计在上方　　　　　　　　（b）差压计在下方

图 10.31　测量气体时差压式流量传感器安装示意图

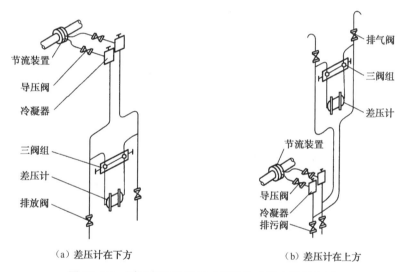

（a）差压计在下方　　　　　　　　（b）差压计在上方

图 10.32　测量蒸气时差压式流量传感器安装示意图

10.3.3　速度式流量传感器

速度式流量传感器是通过测量管道截面流体的平均流速来进行流量测量的。本节将介绍典型的电磁流量传感器、超声波流量传感器和蜗轮流量传感器。

1. 电磁流量传感器

电磁流量传感器是根据法拉第电磁感应定律工作的，主要用于测量导电液体的体积流量，应用范围涉及工业、农业、医学等多个领域，在市场上的占有率仅次于差压式流量传感器。

1）测量原理与结构

电磁流量传感器由变送器和转换器两部分组成，被测流体的流量经变送器后变换成相应的感应电动势，再由转换器将感应电动势转换成标准的直流电信号，送至调节器或指示器进行控制或显示。

（1）测量原理。根据法拉第电磁感应定律，当导体在磁场中做切割磁力线运动时，在导体两端便会产生感应电动势，其大小与磁场的磁感应强度、切割磁力线的导体有效长度及导体的运动速度成正比。当导电的流体介质在磁场中做切割磁力线流动时，如图 10.33 所示，也会在管道两边的电极上产生感应电动势，其方向由右手定则确定，数值大小为

$$E = BDv \qquad (10.20)$$

式中，E 为感应电动势；B 为磁场的磁感应强度；D 为管道直径，即导电液体垂直切割磁力线的长度；v 为垂直于磁场方向流体的运动速度。

根据体积流量与流体速度间的关系式（10.17）及式（10.20），可知

$$q_V = v \frac{\pi D^2}{4} = \frac{\pi D}{4B} E = KE \qquad (10.21)$$

式中，K 为仪表常数，当管道直径确定并维持磁感应强度不变时，K 是一个常数，即流体的体积流量与感应电动势具有线性关系。

（2）结构。电磁流量传感器主要由测量管、励磁线圈、电极、衬里、外壳及转换器等组成，结构如图 10.34 所示。

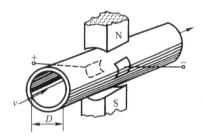

图 10.33　电磁流量传感器测量原理

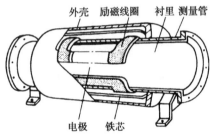

图 10.34　电磁流量传感器的结构

① 测量管。它是一根内部衬有绝缘衬里的高阻抗、非磁性直管，一般可选用不锈钢、玻璃钢、铝及其他高强度塑料制成，位于传感器中心，两端设有便于管道连接用的法兰。测量管采用非导磁材料是为了使磁力线能进入被测介质；采用高阻抗材料可减少电涡流带来的损耗；内部衬有绝缘材料（绝缘衬里）可以防止流体中的电流被管壁短路。

② 励磁系统。常用的励磁方式有直流励磁、正弦交流励磁和恒电流方波励磁三种，不同的励磁系统产生不同性质的磁场，如图 10.35 所示。选取不同的励磁方式将直接影响仪表的抗干扰性能。

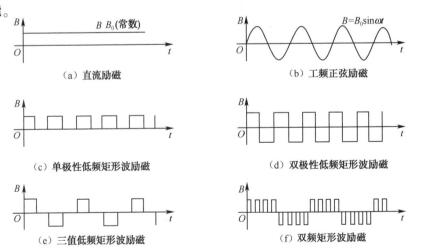

图 10.35　不同励磁方式波形比较

直流励磁是利用永磁体或者直流电源产生恒定磁场，简单可靠，受交流磁场干扰小。但电极上产生的直流电动势会引起被测液体的电解，因而在电极上发生极化现象，破坏了原有的测量条件；且管径较大时，所需永久磁铁体积大，笨重而不经济。

正弦交流励磁是利用正弦交流电为电磁流量传感器中的励磁绕组供电，产生正弦交流磁场，能够基本上消除电极表面的极化现象，同时由于输出交流信号，因此便于后面环节的进一步放大和处理。但会受到与流量信号同相位或成正交的各种干扰的影响；电源电压和频率的波动易造成测量误差。实际应用中采用降低电源频率、电磁屏蔽、线路补偿、使用独立地线等方法，可以减小这些干扰的影响。

低频矩形波励磁是目前采用的主要励磁方式。在半个周期内，磁场是一恒稳的直流磁场，从整个时间过程来看，矩形信号又是一个交变信号。低频矩形波励磁技术结合了直流与交流励磁方式的优点，具有功耗小、零点稳定、电极污染影响小、抗干扰能力强等优点，提高了电磁流量传感器的整体性能。

③ 电极。电极一般由非导磁的不锈钢材料制成，把被测介质切割磁力线所产生的感应电动势信号引出。电极安装在与磁场垂直的测量管两侧管壁的水平方向上，以防沉淀物沉积在电极上而影响测量精确度；还要与衬里齐平，以使流体通过时不受阻碍。

④ 衬里。衬里是指在测量管内侧及法兰密封面上的一层完整的电绝缘耐腐蚀材料。绝缘衬里直接接触被测介质，可增加测量管的耐磨性和耐蚀性，防止感应电动势被金属测量管管壁短路。常用的衬里材料有聚氨酯橡胶、陶瓷等。

⑤ 外壳。一般用铁磁材料制成，既起保护传感器的作用（励磁线圈的外罩），又起密封作用。

⑥ 转换器。变送器产生的感应电动势信号非常微弱，并且伴有各种干扰信号，转换器的作用是将毫伏级的感应电动势信号放大，并将其转换成与被测介质体积流量成正比的标准电流、电压或频率信号输出，同时补偿或消除干扰的影响。

2）电磁流量传感器的特点

（1）动态响应快。可以测量瞬时脉动流量，并具有良好的线性，精度一般为 1.5 级和 1 级，可以测量正反两个方向的流量。

（2）传感器结构简单。测量管内没有任何阻碍流体流动的阻力件和可动的部件，不会产生任何附加的压力损失，属于节能型流量传感器。

（3）应用范围广。除了可测量具有一定电导率的酸、碱、盐溶液，还可测量泥浆、矿浆、污水、化学纤维等介质的流量。

（4）电磁流量传感器输出的感应电动势信号与体积流量呈线性关系，且不受被测流体的温度、压力、密度、黏度等参数的影响，不需进行参数补偿。电磁流量传感器只需经水标定后，就可以用于测量其他导电性流体的流量。

（5）电磁流量传感器的量程比一般为 10：1，最高可达 100：1。测量口径范围为 2mm～3m。

电磁流量传感器也有一定的局限性和不足之处。

① 不能测量气体、蒸气及含有大量气泡的液体的流量，也不能测量电导率很低的液体（如石油制品、有机溶剂等）的流量。

② 受测量管衬里材料和绝缘材料的限制，电磁流量传感器不宜测量高温高压介质的流

量，使用温度一般在200℃以下，工作压力一般为0.16～0.25MPa。此外，电磁流量传感器易受外界电磁干扰的影响。

3）电磁流量传感器的选用与安装

正确选用和安装电磁流量传感器，对提高测量精度和延长传感器的使用寿命都是非常重要的。

（1）选用。应从使用场合、传感器、被测介质等方面综合考虑。

① 使用场合。化工、冶金、污水处理等行业一般选用通用型电磁流量传感器；有爆炸性危险的场合则应选用防爆型；医药卫生、食品等行业则选用卫生型。

② 传感器。首先根据生产工艺预计的流量最大值确定流量传感器的满量程刻度值，并且在使用中常用流量最好能超过满量程的50%，以获得较高的测量精度。口径通常选取与管道口径相同或略小些；需精确测量昂贵介质时，一般可选用高精度的流量传感器；对于控制调节等具有一般要求的场合，宜选择成本低廉的低精度传感器，避免盲目追求高精度而造成不必要的浪费。衬里材料及电极材料应根据介质的物理化学性质正确选择，具体可查询相关手册。

③ 被测介质。使用该类传感器时，被测介质的压力必须低于规定的工作压力，且其温度不得超过绝缘衬里材料的允许温度。

（2）安装。应考虑安装地点、安装方式及环境条件等因素是否满足要求。

① 避免选择周围有腐蚀性气体、电磁干扰、振动、可能被雨水浸没及阳光直射的场合。

② 最好选择垂直安装，并且介质应自下而上流动，以保证测量管内始终充满流体。水平安装时，应使两电极处于同一水平面上，防止电极被沉淀物玷污和被气泡吸附而引起电极短时间绝缘，同时安装位置的标高应低于管道标高。

③ 转换器应安装在环境温度为−10℃～45℃的场合，空气相对湿度不大于85%，避免强烈振动，周围不含腐蚀性气体。与变送器之间的连接电缆的长度不宜超过30m。

2. 蜗轮流量传感器

蜗轮流量传感器以动量矩守恒原理为基础，利用置于流体中的蜗轮的旋转速度与流体速度成比例的关系来反映通过管道的体积流量。它在石油、化工、国防和计量等部门中获得了广泛的应用。

1）测量原理与结构

（1）测量原理。如图10.36所示，流体经过导流体沿着管道的轴线方向冲击蜗轮叶片，由于蜗轮叶片与流体流向之间有一倾角，故流体的冲击力对蜗轮产生转动力矩，使蜗轮克服轴承摩擦阻力、电磁阻力、流体黏性摩擦阻力等阻碍旋转的各种阻力矩开始旋转。当转动力矩与各种阻力矩相平衡时，蜗轮恒速旋转。实践证明，在一定的流体介质黏度和一定的流量范围内，蜗轮的旋转角速度与通过蜗轮的流体流量成正比，通过测量蜗轮的旋转角速度可以确定流体的体积流量。

蜗轮的旋转角速度一般是根据磁电感应原理，通过安装在传感器壳体外部的信号放大器来测量转换的。蜗轮转动时，由磁性材料制成的螺旋形叶片轮流接近和离开固定在壳体上方的永久磁钢外部的磁电感应线圈，周期性地改变了感应线圈磁电回路的磁阻，使通过线圈的磁通量形成周期性的变化，从而产生与流量成正比的交流电脉冲信号。此脉冲信号经信号放大器进一步放大整形后，被送至显示仪表或计算机显示流体的瞬时流量或总流量。

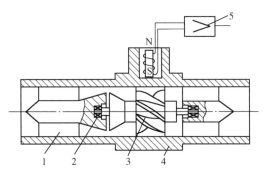

1—导流体；2—轴承；3—蜗轮；4—壳体；5—信号放大器

图 10.36　蜗轮流量传感器

当蜗轮处于匀速转动的平衡状态时，忽略机械摩擦等阻力矩，蜗轮的角速度为

$$\omega = \frac{v\tan\beta}{r} \tag{10.22}$$

式中，ω 为蜗轮旋转的角速度；v 为作用于蜗轮上流体的轴向速度，即流体流速；r 为蜗轮叶片的平均半径；β 为叶片对蜗轮轴线的倾角。

设蜗轮上的叶片数为 z，磁电感应线圈输出的交流电脉冲信号的频率为

$$f = \frac{\omega}{2\pi}z \tag{10.23}$$

将式（10.22）、式（10.23）代入流体体积流量公式 $q_V = Av$ 中，可得

$$q_V = \frac{2\pi rA}{z\tan\beta}f = \frac{f}{K} \tag{10.24}$$

式中，K 为蜗轮流量传感器的仪表系数，与传感器的结构有关。在蜗轮流量传感器的使用范围内，仪表系数 K 应为一常数，其数值由实验标定得到。但实际应用中，由于各种阻力矩的存在，K 并不严格保持常数，特别是在流量很小的情况下，由于阻力矩的影响相对比较大，K 值也不稳定，因此蜗轮流量传感器最好在量程上限 5% 以上的测量区域内使用。

（2）结构。蜗轮流量传感器主要由蜗轮、轴承、导流体、磁电转换装置、外壳和信号放大器等部分组成。

① 蜗轮。一般用高导磁性能的不锈钢材料制成，它是传感器的测量部件。蜗轮与壳体同轴，由支架中的轴承支承，叶轮上装有螺旋形叶片，流体作用于叶片上时蜗轮旋转，叶片数视口径大小而定。蜗轮几何形状及尺寸对传感器性能有较大影响，应根据流体性质、流量范围、使用要求等设计。

② 导流体。对流体起导向、整流的作用，以及用于支承蜗轮。安装在传感器进出口处，避免了流体由于自旋而改变其对蜗轮叶片的作用角度，保证了仪表的测量精度。

③ 磁电转换装置。一般采用变磁阻式，由永久磁钢、导磁棒（铁芯）、磁电感应线圈等组成。蜗轮转动时，线圈上感应出脉动电信号。

④ 轴和轴承。轴和轴承组成一对运动副，支承和保证蜗轮自由旋转。它必须有足够的刚度、强度、硬度、耐磨性及耐腐蚀性等，对传感器的可靠性和使用寿命起决定作用。

⑤ 外壳。一般用非导磁材料制成，用以固定和保护内部部件，并与流体管道相连。壳体外壁安装有信号放大器。

⑥ 信号放大器。将磁电转换装置输出的微弱脉动电信号进行放大、整形，然后输出幅值

较大的电脉冲信号。

2）蜗轮流量传感器的特点

（1）测量精确度高，可达0.5级以上。

（2）测量范围宽。量程比通常为6∶1～10∶1，有的甚至可达40∶1，适用于流量大幅度变化的场合。

（3）反应迅速，可测脉动流。

（4）重复性好，压力损失小，耐高压、耐腐蚀，结构简单，安装使用方便。

（5）数字信号输出，便于远距离传输和计算机数据处理，无零点漂移，抗干扰能力强。

使用蜗轮流量传感器测量时，必须注意以下几点。

① 对被测介质清洁度要求较高，以减少对轴承的磨损，故应用领域受到一定限制。

② 受液体流速分布畸变和旋转流等影响较大，传感器前后应有较长的直管段。

③ 流体密度、黏度对流量特性的影响较大；传感器仪表系数 K 一般是在常温下用水标定的，所以当流体密度、黏度发生变化时，需要重新标定或者进行补偿。

3）蜗轮流量传感器的安装

（1）蜗轮流量传感器应水平安装，上下游直管段应不小于15D 和5D。

（2）应安装在不受外界电磁场影响的地方，否则应在磁电转换装置上加屏蔽罩。

（3）应保证良好接地，采用屏蔽电缆连接。

3. 超声波流量传感器

超声波流量传感器是一种非接触式流量测量仪表，它是利用超声波在流体顺流方向与逆流方向中传播速度的差异来测量流量的。按照测量原理的不同，超声波流量测量可分为传播时间法、多普勒效应法、声束偏移法等。下面以应用较多的传播时间法为例加以介绍。

1）测量原理

声波在流体中传播相同距离时，由于声波在顺流方向的传播速度大于在逆流方向的传播速度，因此顺流与逆流的传播时间就会不同。利用传播时间差与被测流速之间的关系求取流体流量的方法称为传播时间法。传播时间法又分为时差法、相位差法和频率差法。

（1）时差法。在管道中安装两对声波传播方向相反的超声波换能器，如图10.37（a）所示。设声波在静止流体中的传播速度为 c，流体流速为 v，超声波发射器到接收器之间的距离为 L。当声波的传播方向与流体的流动方向相同时，传播速度为（$c+v$）；当两者方向相反时，传播速度为（$c-v$）。因此，声波从超声波发射器 T_1、T_2 到接收器 R_1、R_2 所需要的时间分别为

$$t_1 = \frac{L}{c+v} \tag{10.25}$$

$$t_2 = \frac{L}{c-v} \tag{10.26}$$

两束波传播的时间差（考虑到 $c \gg v$）为

$$\Delta t = t_2 - t_1 = \frac{2Lv}{c^2-v^2} \approx \frac{2Lv}{c^2} \tag{10.27}$$

于是流体的流速 v 为

$$v = \frac{c^2}{2L}\Delta t \tag{10.28}$$

当管道直径为 D，声波传播方向与管道轴线成 θ 角时，如图10.37（b）所示，声波从超

声波发射器 T_1、T_2 到接收器 R_1、R_2 所需要的时间分别为

$$t_1 = \frac{D/\sin\theta}{c+v\cos\theta} \tag{10.29}$$

$$t_2 = \frac{D/\sin\theta}{c-v\cos\theta} \tag{10.30}$$

同理，流速 v 与时差 Δt 之间的关系为

$$v = \frac{c^2\tan\theta}{2D}\Delta t \tag{10.31}$$

流体的体积流量为

$$q_V = \frac{\pi Dc^2\tan\theta}{8}\Delta t \tag{10.32}$$

显然，当声速 c 已知时，只需测出时差 Δt 就可以求出流体的体积流量。但由于声速 c 受温度影响比较大，时间差 Δt 的数量级又很小，一般小于 $1\mu s$，所以超声波流量测量对电子线路要求较高，这为测量带来了困难。

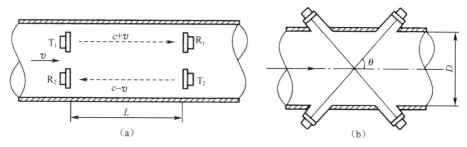

图 10.37　时差法测量原理

（2）相位差法。如果换能器发射连续超声波脉冲或者周期较长的脉冲波列，则在顺流和逆流发射时所接收到的信号之间便要产生相位差 $\Delta\varphi = \omega\Delta t$，代入式（10.31）可得流速 v 与相位差 $\Delta\varphi$ 之间的关系为

$$v = \frac{c^2\tan\theta}{2D\omega}\Delta\varphi \tag{10.33}$$

式中，ω 为超声波的角频率。测出相位差即可知道流体流速和流量大小。

与时差法相比，这种测量方法避免了测量微小时差 Δt，取而代之的是测量数值相对较大的相位差 $\Delta\varphi$，有利于提高测量精确度。但由于流速仍与声速 c 有关，因此无法克服声速受温度影响造成的测量误差。

（3）频率差法。它是通过测量顺流和逆流时超声波脉冲的重复频率来测量流量的。超声波发射器向被测介质发射一个超声波脉冲，经过流体后由接收换能器接收此信号，进行放大后再送到发射换能器产生第二个脉冲。这样，顺流和逆流时脉冲信号的循环频率分别为

$$f_1 = \frac{c+v\cos\theta}{D/\sin\theta} \tag{10.34}$$

$$f_2 = \frac{c-v\cos\theta}{D/\sin\theta} \tag{10.35}$$

则频率差为

$$\Delta f = f_1 - f_2 = \frac{\sin 2\theta}{D}v \tag{10.36}$$

由此可得流体的体积流量为

$$q_{\mathrm{V}} = \frac{\pi D^2}{4}v = \frac{\pi D^3}{4\sin 2\theta}\Delta f \qquad (10.37)$$

因此，只需测出频率差 Δf，就可求出流体流量。在式（10.37）中没有包括声速 c，即使超声波换能器斜置在管壁外部，声速变化所产生的误差影响也是很小的。所以，目前的超声波流量传感器多采用频率差法。

2）特点

（1）超声波流量测量属于非接触式测量，夹装式换能器的超声波流量传感器安装时，只要在管道外部安装换能器即可，不会对管内流体的流动带来影响。

（2）适用范围广，可以测量各种流体和中低压气体的流量，包括其他流量传感器难以解决的强腐蚀性、非导电性、放射性流体的流量。

（3）管道内无阻流件，无压力损失。

（4）量程范围宽，量程比一般可达 1∶20。

（5）管道直径一般为 5～20cm，根据管道直径需设置足够长的直管段。

（6）流速沿管道的分布情况会影响测量结果，超声波流量传感器测得的流速与实际平均流速之间存在一定差异，而且与雷诺数有关，需要进行修正。

（7）传播时间差法只能用于清洁液体和气体；多普勒法不能测量悬浮颗粒和气泡超过某一范围的液体。

（8）声速是温度的函数，流体的温度变化会引起测量误差。

（9）管道衬里或结垢太厚，以及衬里与内管壁剥离、锈蚀严重时，测量精度难以保证。

10.3.4 流体阻力式流量传感器

1. 转子流量传感器

在工业上经常遇到小流量的测量，因其流体流速低，这就要求测量仪表必须具有较高的灵敏度，才能保证一定的测量精度。转子流量传感器特别适宜于测量管径在 50mm 以下管道的微量、小流量的测量。

1）工作原理

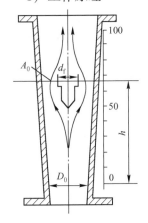

图 10.38 转子流量传感器

转子流量传感器是以转子在垂直锥形管中随着流体流量变化而升降，从而改变流体的流通面积来测量体积流量的，又称为浮子流量传感器或变面积流量传感器。如图 10.38 所示。它由两部分组成：一个是由下往上逐渐扩大的锥形管；另一个是放置在锥形管内随被测介质流量大小变化而上下自由浮动的转子（又称为浮子）。当被测流体自下向上流过锥形管时，由于受到转子的阻挡，在转子上、下端产生差压并对转子形成上升的作用力；同时转子在流体中受到向上的浮力。当转子所受的上升力大于流体中转子重力时，转子便向上运动，转子与锥形管间的环形流通面积也随之增大，于是流体流速减小，转子上、下端差压降低，作用于转子的上升力也随之减小，直到上升力与浸在流体中的转子的重力相平衡时，转子就停浮在一定的高度上。在稳定工况下，转子在锥管中的平衡位置的高低与被测介质的流量大小相对应。因此，锥形管外设置标尺并沿着高度方向以流量标注刻度，根据转子最高边缘所处的位置便可以知道流量的大小。

转子在锥形管中所受到的力有 3 个，分别如下。

（1）转子本身垂直向下的重力 f_1。

$$f_1 = V_f \rho_f g \tag{10.38}$$

（2）流体对转子垂直向上的浮力 f_2。

$$f_2 = V_f \rho g \tag{10.39}$$

（3）由于节流作用使流体作用于转子向上的压差阻力 f_3。

$$f_3 = \xi A_f \frac{\rho v^2}{2} \tag{10.40}$$

式中，V_f 为转子体积；ρ_f 为转子材料密度；ρ 为被测流体密度；ξ 为阻力系数；A_f 转子工作直径（最大直径）处的横截面积；v 为流体流经环形面积时的平均流速；g 为当地重力加速度。

转子在某一高度平衡时，有

$$f_1 - f_2 - f_3 = 0 \tag{10.41}$$

将式（10.38）、式（10.39）、式（10.40）代入式（10.41）中，可得流体通过环形流通面积的流速为

$$v = \sqrt{\frac{2g V_f (\rho_f - \rho)}{\xi A_f \rho}} \tag{10.42}$$

由式（10.42）可以看出，无论转子停留在什么高度位置，流体流过环形面积的平均流速 v 是一个常数。

设环形流通面积为 A_0，环形流通面积 A_0 与锥形管中转子的高度 h 的关系为

$$A_0 = \frac{\pi}{4} \left[(D_0 + 2h\tan\varphi)^2 - d_f^2 \right] \tag{10.43}$$

式中，D_0 为标尺零处的锥形管直径；d_f 为转子最大直径（一般制造时 $D_0 \approx d_f$）；φ 为锥形管锥半角，一般很小，故 $h^2 \tan^2\varphi$ 可忽略不计，则有

$$A_0 = \pi h D_0 \tan\varphi \tag{10.44}$$

设传感器的流量系数为 $a = \sqrt{1/\xi}$，则流体的体积流量为

$$q_V = A_0 v = a A_0 \sqrt{\frac{2g V_f (\rho_f - \rho)}{A_f \rho}} \tag{10.45}$$

将式（10.44）代入式（10.45）中，整理后得

$$q_V = \pi a D_0 \tan\varphi \sqrt{\frac{2g V_f (\rho_f - \rho)}{A_f \rho}} h \approx Kh \tag{10.46}$$

由此可见，当圆锥角很小时，体积流量与转子在锥形管中的高度近似呈线性关系，流量越大，转子所处的平衡位置越高。

注意，式（10.46）中包含流体的密度 ρ，这说明流体改变时，体积流量与转子高度之间的比例系数也在变化。根据国家标准规定，转子流量传感器的流量刻度是在标准状态（20℃，$1.013\,2 \times 10^5\,\text{Pa}$）下用水（对液体）或空气（对气体）介质进行标定的。当被测介质或工况改变时，对流量指示值应加以修正，采用的修正公式为

$$q'_v = q_v \sqrt{\frac{(\rho_f - \rho')\rho}{(\rho_f - \rho)\rho'}} \qquad (10.47)$$

式中，q'_v 为被测介质的实际流量；q_v 为流量传感器的指示值；ρ' 为被测介质的实际密度。

2）转子流量传感器的分类及使用

（1）分类。转子流量传感器分为两大类，分别是直接指示型转子流量传感器和电远传型转子流量传感器。

直接指示型转子流量传感器的锥形管一般是由高硼硬质玻璃或有机玻璃等制成的，在锥形管外壁上标有流量刻度，可直接根据转子在锥形管内的位置高度进行读数。转子材料视被测介质的性质和所测流量大小而定，有铜、铝、不锈钢、硬橡胶、胶木、有机玻璃等，其形状根据流体的性质不同而不同。

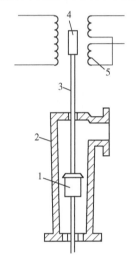

1—转子；2—锥管；3—连动杆；
4—铁芯；5—差动线圈

图 10.39 电远传型转子流量传感器

电远传型转子流量传感器的锥形管一般用不锈钢制成，它可用于测量有较高温度和压力的流体流量，先由锥形管和转子把被测流量的大小转换成转子的位移，再由铁芯和差动变压器进一步将转子的位移转换成电信号输出，如图 10.39 所示。

（2）特点。

① 转子流量传感器主要适用于中小管径、低流速和较低雷诺数的单相液体或气体的中小流量测量。

② 流量测量范围较宽，量程比可达 10∶1。

③ 结构简单，工作可靠，价格低廉，反应快，使用、维护方便。

④ 流量测量元件的输出接近于线性，压力损失小且恒定，对上游直管段要求不高。

⑤ 基本误差约为传感器量程的 ±1% ～ ±2%，测量精确度易受被测介质密度、黏度、温度、压力、纯净度、安装质量等因素的影响。

⑥ 被测介质要求清洁，当与厂家标定介质不同时，须进行示值修正。

（3）安装与使用。

① 转子流量传感器必须垂直安装，且应保证传感器中心线与铅垂线的夹角不超过 5°，并有正确的支承。安装时流体进口总是与锥管的最小段连接，并位于下部。

② 被测流体的工作压力必须低于传感器最大允许压力；应避免流体温度的急剧变化，当流体温度高于 70℃ 时，要加装保护罩以防冷水溅至传感器而引起炸裂。

③ 传感器应安装在无振动、便于维修的地方，必要时应考虑加装旁路，以便处理故障和吹洗。

④ 当被测流体含有较大颗粒、脏物或磁性杂质时，在传感器前应加装过滤器或磁过滤器。

⑤ 传感器上游应安装阀门，在下游 5～10 倍公称通径处应安装调节流量的节流阀。为防止管路中的回流或水锤作用而损坏传感器，在下游节流阀后边应安装单向逆止阀。

⑥ 被测流量应选择在传感器上限刻度的 1/3～2/3 范围内，以保证测量精确度。

⑦ 测量开始时，应缓慢开启上游阀门至全开，然后使用下游的调节阀调节流量；停止工

作时，应先缓慢关闭上游阀门，再关闭下游的流量调节阀。

⑧ 传感器长时间使用或锥管和转子被玷污后，应及时清洗，清洗时注意避免碰损转子和连动杆。

⑨ 当被测流体的状态（密度、温度、压力和黏度）与标定时的流体状态不同时，必须进行示值修正。

2. 靶式流量传感器

靶式流量传感器是基于力平衡原理工作的。它的测量元件是一个放置于管道中心的圆形靶，流体流过时受到靶的阻力而对靶产生一个作用力，通过杠杆将该作用力转换为与流速对应的电信号。

1）工作原理

靶式流量传感器的工作原理如图 10.40 所示，流体流动时对靶产生的作用力主要有：流体对靶的冲击力；由于节流作用，靶前后压差所形成的作用力，以及流体流经圆形靶和管道内壁形成的环形截面时，对靶周产生的黏滞摩擦力。

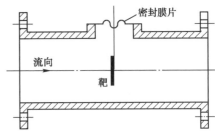

图 10.40 靶式流量传感器

当流量较大时，黏滞摩擦力可忽略不计，这时靶受到的总的作用力可表示为

$$F = k \frac{\rho}{2} v^2 A \tag{10.48}$$

式中，F 为流体作用在靶上的力；k 为阻力系数；ρ 为流体密度；v 为靶和管壁间环形截面处流体的平均速度；A 为靶的迎流面积。

于是，靶和管壁间环形截面处流体的平均流速为

$$v = \sqrt{\frac{2}{kA} \cdot \frac{F}{\rho}} \tag{10.49}$$

当管道直径为 D、靶的直径为 d 时，靶和管壁间环形面积为

$$A_0 = \frac{\pi}{4} (D^2 - d^2) \tag{10.50}$$

于是流体的体积流量为

$$q_V = A_0 v = 4.5119 a D \left(\frac{1}{\beta} - \beta \right) \sqrt{\frac{F}{\rho}} \tag{10.51}$$

式中，$a = \sqrt{\frac{1}{K}}$，为流量系数，由实验确定；$\beta = \frac{d}{D}$，为直径比。

显然，当圆形靶一定时，β 为一定值。如果被测流体密度 ρ 和流量系数 a 为常数，那么作用于靶上的力 F 与被测体积流量的平方成正比。只要测量靶所受到的力，就可以测定被测流体的流量。

作用于靶上的作用力可以通过力平衡转换器转换成 4～20mA 标准电信号输出。

2）特点

（1）结构简单，安装维护方便，不易堵塞。

（2）流量系数与传感器结构、被测介质的黏度和密度有关，使用时应根据流体的实际温度和压力，对被测介质的流量系数进行标定。

（3）靶式流量传感器静压损失小，适用于压力为 6.3MPa 和温度为 120℃以下的流体，在电厂常用于测量给水、凝结水和燃油的流量。

靶式流量传感器主要用于测量管道中的高黏度、低雷诺数的流体和有适量固体颗粒的浆液的流量。此外，还可用于测量一般液体、气体和蒸气的流量。

小　结

本章介绍了过程控制参数压力、液位、流量的检测方法和常用传感器。

1. 压力测量
（1）利用弹性变形原理测量压力。
（2）利用某些物质的某一物理效应与压力的关系来检测压力。

2. 液位测量
（1）在大型储罐的液位连续测量及容积计量中，常采用浮子式液位仪表；而对某些设备里的液位进行连续测量时，应用浮筒式液位计则十分方便。它们是根据浮力原理工作的。

（2）利用静压法测液位是液位测量最主要的方法之一。它测量原理简单，和差压变送器等配套使用可构成通用型的液位显示和控制系统。

（3）光纤液位计属于非接触式液位测量仪表，适用于易燃易爆场合，但不能探测污浊液体及会粘在测头表面的黏稠介质的液位。

3. 流量测量
流量的测量方法有很多，有容积法、节流差压法、速度法、流体阻力法等。

差压式流量传感器是目前使用最多的一种流量测量仪表，可以测量各种性质及状态的液体、气体与蒸气的流量，性能稳定、结构简单，但测量精度较低；电磁流量传感器属于非接触式测量，主要用于导电液体的体积流量测量，因其具有反应速度快、测量范围宽等优点，故应用也比较广泛。转子流量传感器和靶式流量传感器可用于测量高黏度、腐蚀性介质的流量，其输出信号可远传和自动调节；计量部门一般选择精度较高的流量传感器，如椭圆齿轮（腰轮）流量传感器、蜗轮流量传感器等。

思考与练习

1. 现有一标高为 1.5m 的弹簧管压力表测某标高为 7.5m 的蒸气管道的压力，仪表指示 0.7MPa，已知蒸气冷凝水的密度为 $\rho = 966 \text{kg/m}^3$，重力加速度为 $g = 9.8 \text{m/s}^2$，试求蒸气管道内压力值为多少兆帕？

2. 利用差压变送器测液位时，为什么要进行零点迁移？如何实现迁移？其实质是什么？请举例说明。

3. 平衡容器在液位测量中起到什么作用？

4. 恒浮力式液位计与变浮力式液位计测量原理的异同点是什么？

5. 电极式水位计的使用有何特点？光纤液位计是如何工作的？

6. 什么叫流量？流量有哪几种表示方法？它们之间有什么关系？

7. 试分析椭圆齿轮流量传感器的工作原理。它适合在什么场合使用？

8. 什么是标准节流装置？使用标准节流装置进行流量测量时，流体需满足什么条件？

9. 用节流装置测流量，配接一差压变送器，设其测量范围为 0～10 000Pa，对应的输出信号为 4～20mA DC，相应的流量为 0～320m³/h，求输出信号为 16mA DC 时差压是多少？相应的流量是多少？

10. 简述电磁流量传感器的工作原理和使用特点。

11. 从蜗轮流量传感器的基本原理分析其结构特点和使用要求。

12. 超声波流量传感器是如何检测流量的？它有哪些特点？

13. 简述转子流量传感器的工作原理。其安装时应注意什么？

14. 简述靶式流量传感器的工作原理。

第11章　超声波传感器

超声波传感器属于非接触式传感器。超声波具有频率高、方向性好、能量集中、穿透本领大、遇到杂质或分界面能产生显著的反射等特点，在许多领域得到广泛的应用。

超声波传感器目前已广泛应用于工业、农业、医疗、军事、通信、测绘、日常生活等诸多方面，可以用来测量距离、探测障碍物、区分被测物体的大小等。其工作过程可描述为：波的产生、传播、接收、处理及结果的应用。超声波传感器的工作方式大多采取向被测目标发射波并接收目标反射波，从而计算距离、感知物体是否存在等。本章对超声波的物理性质进行简要介绍，着重介绍超声波传感器在工业检测中的典型应用。

11.1　超声波物理基础

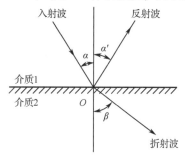

图 11.1　超声波的反射和折射

声波是一种机械波，是机械振动在弹性介质中的传播过程。当频率为 $20\sim20\,000\mathrm{Hz}$ 时可以被人耳听到，称为闻声波；更低频率的机械波称为次声波；$20\,000\mathrm{Hz}$ 以上频率的机械波称为超声波。超声波的指向性强，能量集中，穿透性高。超声波对液体、固体的穿透本领很大，尤其是在阳光不透明的固体中，它可以穿透几十米的深度。超声波碰到杂质或分界面会产生显著反射，形成反射回波，碰到活动物体能产生多普勒效应。由于在两种介质中的传播速度不同，当超声波由一种介质入射到另一种介质中时，在介质的分界面处，会因入射角度的不同而在界面上产生反射、折射现象，这与光波的特性相似，如图 11.1 所示。

1. 声波的传播方式

声波在介质中的传播方式有多种。能在固体、液体和气体介质中传播，质点振动方向与波的传播方向一致的波，称为纵波。只能在固体介质中传播，质点振动方向垂直于传播方向的波，称为横波。只在固体的表面进行传播，质点的振动介于横波与纵波之间，沿着介质表面传播，其振幅随深度的增加而迅速衰减的波，称为表面波。

声波的传播速度与介质的密度、弹性特性有关。而介质的密度与弹性特性都是温度的函数，因此，声波在介质中的传播速度随介质的温度变化而改变。超声波的传播速度通常可认为横波声速为纵波声速的一半，表面波声速为横波声速的90%。

2. 超声波的能量衰减

超声波在介质中传播时，由于散射或漫射及吸收等会导致能量衰减，随着传播距离的增加，超声波的强度逐渐减弱。以固体介质为例，假设超声波进入介质时的强度为 I_0，通过厚度为 δ 的介质后的强度为 I，衰减系数为 A，如图 11.2 所示，则有下列关系式：

$$I = I_o e^{-A\delta}$$

介质中的能量衰减程度与频率及介质密度有很大关系，如气体的密度很小，因此衰减较快，尤其在频率高时衰减更快。

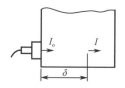

图11.2 超声波能量衰减

3. 超声效应

当超声波在介质中传播时，由于超声波与介质的相互作用，使介质发生物理和化学变化，从而产生一系列效应。

（1）机械效应。超声波的机械作用可促成液体的乳化、凝胶的液化和固体的分散。当超声波在流体介质中形成驻波时，悬浮在流体中的微小颗粒因受机械力的作用而凝聚在波节处，在空间形成周期性的堆积。超声波在压电材料和磁致伸缩材料中传播时，由于超声波的机械作用，可引起压电效应和磁致伸缩。

（2）空化作用。超声波作用于液体时可产生大量小气泡。一个原因是液体内局部出现拉应力而形成负压，压强的降低使原来溶于液体的气体过饱和而从液体中逸出，成为小气泡；另一个原因是强大的拉应力把液体"撕开"成一空洞，称为空化。空洞内为液体蒸气或溶于液体的另一种气体，甚至可能是真空。因空化作用形成的小气泡会随周围介质的振动而不断运动、长大或突然破灭。破灭时，周围液体突然冲入气泡而产生高温、高压，同时产生激波，与空化作用相伴随的内摩擦可形成电荷，并在气泡内因放电而产生发光现象。在液体中进行超声处理的技术大多与空化作用有关。

（3）热效应。由于超声波频率高、能量大，被介质吸收时会产生显著的热效应。

（4）化学效应。超声波可促使发生或加速某些化学反应。例如，纯的蒸馏水经超声处理后可产生过氧化氢；溶有氮气的水经超声处理后可产生亚硝酸；染料的水溶液经超声处理后会变色或退色。超声波还可加速许多化学物质的水解、分解和聚合过程。超声波对光化学和电化学过程也有明显影响。

11.2 超声波传感器的原理及性能指标

在超声波检测中，主要利用超声波的反射、折射、衰减等物理性质。不管哪一种超声波仪器，都先发射超声波，再接收超声波，最后将接收的超声波变换成电信号，完成这部分工作的装置就是超声波传感器。超声波传感器按照其结构和安装方法不同可分为两种类型：分体式和一体式，如图11.3所示。

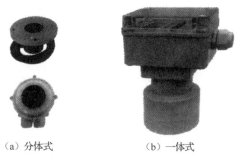

（a）分体式　　　　（b）一体式

图11.3 超声波传感器的类型

　　分体式超声波传感器的发射和接收为两个器件，将两个换能器分别放置在不同的位置，即收、发分置型，称为声场型传感器，它的发射器与接收器多采用非定向型（全向型）换能器或半向型换能器。非定向型换能器产生半球形能场分布模式，半向型换能器产生锥形能场分布模式。收、发分置的超声波传感器警戒范围大，可控制几百立方米的空间，多组使用可以警戒更大的空间。

　　一体式超声波传感器的发射和接收为同一个器件，将两个超声波换能器安装在同一个壳体内，即收、发合置型，其工作原理是基于声波的多普勒效应，故也称多普勒型传感器。其发射的超声波的能场分布具有一定的方向性，一般为面向方向区域呈椭圆形能场分布。

　　超声波探头按其工作原理可分为压电式、磁致伸缩式、电磁式等，其中以如图11.4所示的压电式最为常见。

　　压电式超声波传感器是利用压电材料的压电效应工作的。逆压电效应将高频电振动转换为高频机械振动，从而产生超声波，可作为发射探头；而正压电效应则将超声振动波转换成电信号，可作为接收探头。小功率超声探头多做探测用，有多种不同的结构。

　　当外力作用于晶体端面时，在其相对的两个面上会产生异性电荷。用导线将两端面上的电极连接起来，就会有电流流过。当外力消失时，被中和的电荷又会立即分开，形成与原来方向相反的电流。若作用于晶体端面上的外力是交变的，这样一压一松就可以产生交变电场。反之，将交变电压加在晶体端面的电极上，便会沿着晶体厚度方向产生与所加交变电压同频率的机械振动，向附近介质发射声波。

　　换能器的核心是压电晶片，根据不同的需要，压电晶片的振动方式有很多，如薄片的厚度振动，纵片的长度振动，横片的长度振动，圆片的径向振动，圆管的厚度、长度、径向和扭转振动，弯曲振动等。其中以薄片厚度振动用得最多。由于压电晶片本身较脆，并因各种绝缘、密封、防腐蚀、阻抗匹配及防护环境要求，压电晶片往往被装在一壳体内而构成探头。超声波换能器（探头）的工作原理如图11.5所示，该换能器（探头）振动频率在几百千赫兹以上，采用厚度振动的压电晶片。

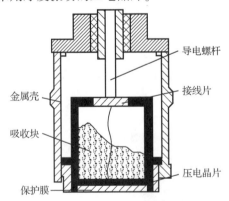

图11.4　压电式超声波传感器

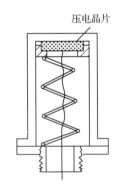

图11.5　超声波换能器（探头）工作原理

　　超声波传感器的主要性能指标如下。

　　（1）工作频率。工作频率就是压电晶片的共振频率。当加到晶片两端的交流电压的频率和晶片的共振频率相等时，输出的能量最大，灵敏度也最高。

　　（2）工作温度。由于压电材料的居里点一般比较高，特别是诊断用超声波探头的使用功率较小，所以工作温度比较低，可以长时间地工作而不失效。

（3）灵敏度。灵敏度主要取决于制造晶片本身。机电耦合系数大，灵敏度高；反之，灵敏度低。

11.3　超声波传感器的应用

超声波传感器的应用有两种基本类型，如图11.6所示。当超声发射器与接收器分别置于被测物两侧时，这种类型称为透射型。透射型可用于遥控器、防盗报警器、接近开关等。当超声发射器与接收器置于同侧时，这种类型称为反射型，反射型可用于接近开关、测距、测液位或料位、金属探伤及测厚等。下面简要介绍超声波传感器在工业中的几种应用。

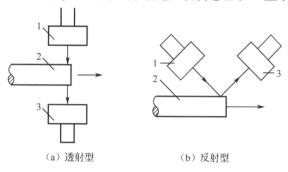

（a）透射型　　　　　　　　（b）反射型

1—超声发射器；2—被测物；3—超声接收器

图11.6　超声波传感器应用的两种基本类型

1. 超声波探伤

超声波探伤是无损探伤技术中的一种主要检测手段。它主要用于检测板材、管材、锻件和焊缝等材料中的缺陷（如裂缝、气孔、夹渣等），测定材料的厚度、检测材料的晶粒、配合断裂力学对材料使用寿命进行评价等。超声波探伤因具有检测灵敏度高、速度快、成本低等优点受到人们的普遍重视，并在生产实践中得到广泛的应用。

超声波探伤的方法多种多样，最常用的是脉冲反射法，而脉冲反射法根据波形不同又可分为纵波、横波、表面波探伤，下面分别予以介绍。

（1）纵波探伤法。测试前，先将探头插入超声波探伤仪［如图11.7（a）所示］的连接插座上，探伤仪面板上有一个荧光屏，通过荧光屏可知工件中是否存在缺陷、缺陷大小及缺陷的位置。工作时，将探头放于被测工件上，并在工件上来回移动进行检测。探头发出的超声波以一定速度向工件内部传播，若工件中没有缺陷，则超声波传到工件底部便产生反射，在荧光屏上只出现始脉冲T和底脉冲B，如图11.7（b）所示；若工件中有缺陷，则一部分超声波在缺陷处产生反射，另一部分继续传播到工件底面产生反射，在荧光屏上除出现始脉冲T和底脉冲B外，还出现缺陷脉冲F，如图11.7（c）所示。荧光屏上的水平亮线为扫描线（时间基线），其长度与工件的厚度成正比（可调整），通过缺陷脉冲在荧光屏上的位置可确定缺陷在工件中的位置。也可通过缺陷脉冲幅度的高低来判别缺陷当量的大小，若缺陷面积较大，则缺陷脉冲的幅度就高，通过移动探头还可确定缺陷大致的长度。

（2）横波探伤法。用斜探头进行探伤的方法称为横波探伤法。超声波的一个显著特点是：当超声波的波束中心线与缺陷截面积垂直时，探测灵敏度最高，但当遇到图11.8所示的斜向缺陷时，用直探头探测虽然可探测出缺陷存在，但并不能真实反映缺陷大小。如用斜探头探测，则探伤效果较佳。因此，在实际应用中，应根据不同缺陷性质、取向，采用不同的探头进行探伤。有些工件的缺陷性质、取向事先不能确定，为了保证探伤质量，应采用几种不同的探头进行多次探测。

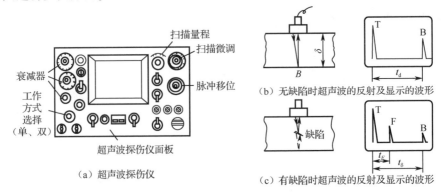

图 11.7　超声波探伤

（3）表面波探伤法。表面波探伤法主要用于检测工件表面的缺陷存在与否，如图 11.9 所示。当超声波的入射角超过一定值后，折射角可能达到 90°，这时固体表面受到由超声波能量引起的交替变化的表面力作用，质点在介质表面的平衡位置附近作椭圆轨迹振动，这种振动称为表面波。当工件表面存在缺陷时，表面波被反射回探头，可以在荧光屏上显示出来。

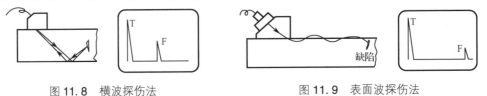

图 11.8　横波探伤法　　　　　　　　　图 11.9　表面波探伤法

2. 超声波测厚

超声波测厚的方法有很多，最常用的方法是利用超声波脉冲反射法进行测厚。现在已有各种型号的超声波测厚仪，可以测钢及其他金属、有机玻璃、硬塑料等材料的厚度。

如图 11.10 所示是超声波测厚示意图。双晶直探头左边的压电晶片发射超声波脉冲，经探头内部的延迟块延时后，该脉冲进入被测试件，在到达试件底面时，被反射回来，并被右边的压电晶片所接收。只要测出从发射超声波脉冲到接收超声波脉冲所需的时间 t（扣除经两次延迟的时间），再乘以被测试件的声速常数 c，就是超声波脉冲在被测试件中所经历的来回距离，也就代表了厚度值，即 $\delta = \dfrac{1}{2}ct$。

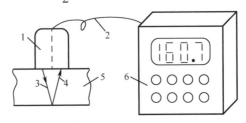

1—双晶直探头；2—引线电缆；3—入射波；4—反射波；5—试件；6—测厚显示器

图 11.10　超声波测厚示意图

在电路中，只要在从发射到接收这段时间内使计数电路计数，便可达到数字显示的目的。使用双晶直探头可以使信号处理电路趋于简化，有利于缩小仪表的体积，探头内部的延迟块可减少杂乱反射波的干扰。

3. 超声波测密度

如图11.11所示为超声波测密度示意图。图中测量室长度为L，根据$t = 2L/c$的关系（t为探头从发射到接收超声波所需的时间），可以求得超声波的声速c。由实验证明，超声波在液体中的传播速度c与液体的密度有关，因此，可通过t的大小来反映液体的密度。

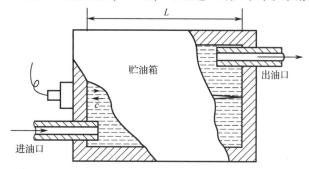

图11.11 超声波测密度示意图

4. 超声波测液位和物位

如图11.12所示，在液面上方安装空气传导型超声发射器和接收器。根据超声波脉冲反射原理，可通过超声波的往返时间测出液体的液位。如果液面晃动，则会由于反射波散射而使接收困难，此时可用直管将超声波传播路径限定在某一空间内。另外，由于空气中的声速随温度改变会造成温漂，所以在传送路径中还设置了一个反射性良好的小板作为标准参照物，以便计算修正，上述方法除了可以测量液位，也可以测量粉体和粒状体的物位。

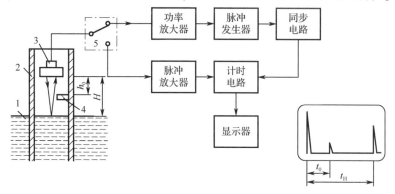

1—液面；2—直管；3—超声波探头；4—反射小板；5—电子开关
图11.12 超声波液位计原理图

5. 超声防盗报警器

如图11.13所示为超声防盗报警器原理图。上图为发射部分原理图，下图为接收部分原理图。它们装在同一块电路板上。发射器发射出频率$f = 40\text{kHz}$左右的连续超声波。如果有人进入信号的有效区域，相对速度为v，从人体反射回接收器的超声波将因多普勒效应而发生频率偏移Δf，接收器将收到两个不同频率所组成的差拍信号（$40\text{kHz} \pm \Delta f$）。差拍信号由选频放大器（中心频率为40kHz，可防止环境噪声的干扰）放大，并经检波器A检波后，由低通滤波器滤去 40kHz 信号，而留下 Δf 的多普勒信号。此信号经低频放大器放大后，由检波器 B 转变为直流电压，去控制声、光报警器。由于振动和气流也会产生多普勒效应，故该防盗报警器多用于室内。根据本装置的原理，还能运用多普勒效应去测量运动物体的速度。

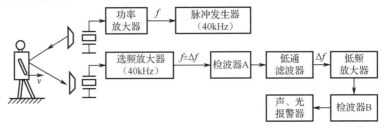

图 11.13　超声防盗报警器原理图

以上列举的仅为超声波传感器应用的极小部分，而且仅属检测方面。实际上，超声波在其他领域也有许多应用，如用超声波进行机械加工、清洗及焊接等；将超声波传感器装在鱼船上可帮助渔民探测鱼群；将超声波传感器装在汽车上可帮助驾驶员倒车；还可用超声波传感器测量车速等。

小　结

超声波是一种在弹性介质中的机械振荡，超声波可以在气体、液体及固体中传播，其传播速度不同。另外，它有折射和反射现象，并且在传播过程中有衰减。在空气中传播超声波，其频率较低，一般为几十千赫兹，而在固体、液体中频率可用得较高。在空气中衰减较快，而在液体及固体中传播衰减较小，传播较远。利用超声波的特性，可制成各种超声波传感器，配上不同的电路，可以制成各种超声测量仪器及装置。

超声波传感器是目前在工业上已广泛应用的非接触式传感器。在工业生产中，超声波传感器被广泛用来进行探伤、测厚、测密度、测量液位和物位等。在日常生活中，超声波传感器被广泛用于汽车倒车雷达、自动清扫机器人的避障、超声防盗报警器等领域。

思考与练习

1. 什么是超声波？其频率范围是多少？
2. 利用超声波测厚的基本方法是什么？
3. 超声波的特点是什么？有哪些重要特性？
4. 什么是透射率和反射率？举例说明它们的应用价值。
5. 图 11.14 是汽车倒车防碰超声装置。请根据学过的知识，分析该装置的工作原理。该装置还可以有其他哪些用途？

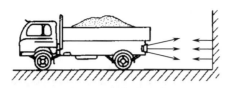

图 11.14　汽车倒车防碰超声装置

6. 请根据学过的知识，设计一套装在汽车和大门上的超声波遥控开车库大门的装置。要求该装置能识别控制者的身份代码（二进制编码），并能防止汽车发动机噪声及其他杂音的干扰。

要求：

（1）画出传感器安装简图。

（2）分别画出超声发射器及接收器的电信号处理框图。

（3）简要说明该装置的工作原理。

（4）该装置还能用于哪些方面的检测？

7. 放大器输出电压高低与被测距离是怎样的关系？

8. 为什么通过改变信号发生器输出方波的峰值可以测量传感器的最大探测范围。

第12章 自动检测技术的综合应用

在前面的章节中，重点分析了各类传感器的结构和工作原理。本章将介绍自动检测与转换技术在工业生产和日常生活中的综合应用。

12.1 传感器的选用原则

传感器处于检测系统的输入端，一个检测系统性能的优劣，关键在于能否正确合理地选择传感器。而传感器的种类繁多，性能又千差万别，对某一被测量的检测通常会有多种不同工作原理的传感器可供选用。如何根据检测目的和实际条件合理地选用最适宜的传感器，是经常会遇到的问题。本节在常用传感器的基本知识的基础上，就合理选用传感器的一些基本原则做一概略介绍。

由于传感器的精度高低、性能好坏直接影响整个自动检测系统的品质和运行状态，因此，选用传感器时应首先考虑这些因素；其次，在传感器满足所有性能指标要求的情况下，应选用成本低廉、工作可靠、易于维修的传感器，以期达到理想的性能价格比。

1. 灵敏度

灵敏度是指传感器在稳态下的输出变化量与输入变化量的比值。灵敏度高，则意味着传感器所能感知的变化量小，即被测量稍有变化，传感器就有较大的输出响应。一般来讲，传感器的灵敏度越高越好。

但是应注意，传感器在采集有用信号的同时，其自身内部或周围存在着各种与测量信号无关的噪声，若传感器的灵敏度很高，则即使是微弱的干扰信号也很容易被混入，并且会伴随着有用信号一起被电子放大系统放大，显然这不是测量所希望出现的。因此，应选择高信噪比的传感器，既要求传感器本身噪声小，又不易从外界引入干扰噪声。

传感器的量程范围与灵敏度有关。当输入量增大时，除非有专门的非线性校正措施，否则传感器是不应当进入非线性区域的，更不能进入饱和区。若传感器工作在既有被测量又有较强干扰量的情况下，则过高的灵敏度反而会缩小传感器适用的测量范围。

2. 线性范围

传感器理想的静态特性是在很大测量范围内输出与输入之间保持良好的线性关系。但实际上，传感器只能在一定范围内保持线性关系。线性范围越宽，表明传感器的工作量程越大。传感器工作在线性区内是保证测量精确度的基本条件，否则就会产生非线性误差。在实际应用中，传感器绝对工作在线性区是很难保证的，也就是说，在许可的限度内，也可以工作在近似线性的区域内。因此，在选用时必须考虑被测量的变化范围，使非线性误差在允许范围内。

3. 响应特性

通常希望传感器的输出信号和输入信号随时间的变化曲线相一致或基本相近，实际上很难做到这一点，延迟通常是不可避免的，但总希望延迟时间越短越好。

选用的传感器动态响应时间越短，延迟就越小。同时还应充分考虑被测量的变化特点，如温度的惯性通常很大等。

4. 稳定性

稳定性表示传感器在长期使用之后，其输出特性不发生变化的性能。影响传感器稳定性的因素是环境和时间。工作环境的温度、湿度、尘埃、油剂、振动等影响，会使传感器的输出发生改变，因此要选用适合于使用环境的传感器，同时还要求传感器能长期使用而不需要经常更换或校准。

5. 精确度

传感器的精确度是反映传感器能否真实反映被测量的一个重要指标，关系到整个测量系统的性能。精确度越高，测量值与真值越接近。但并不是在任何情况下都必须选择高精度的传感器，这是因为传感器的精确度越高，其价格就越高。如果一味追求高精度，必然会造成不必要的浪费。因此，在选用传感器时，首先应明确检测目的。若属于相对比较的定性实验研究，只需获得相对比较值，就不必选用高精度的传感器；若要求获得精确值或对测量精度有特别要求，则应选用高精度的传感器。

6. 测试方式

传感器在实际条件下的工作方式，也是选用传感器时应考虑的重要因素。例如，是接触测量还是非接触测量，是在线测试还是非在线测试，是破坏性测试还是非破坏性测试等。

在线测试是一种与实际情况更接近一致的测试方式，尤其在许多自动化过程的检测与控制中，通常要求真实性和可靠性，而且必须在现场条件下才能达到检测要求。实现在线测试是比较困难的，对传感器与检测系统都有一定的特殊要求，因此应选用适合于在线测试的传感器。

以上是传感器选用时应考虑的一些主要因素。此外，还应尽可能兼顾结构简单、体积小、质量轻、价格便宜、易于维护、易于更换等特点。

12.2　综合应用举例

12.2.1　高炉炼铁自动检测与控制

高炉炼铁就是在高炉中将铁从铁矿石中还原出来，并熔化成生铁。高炉是一个竖式的圆筒形炉子，其本体由炉基、炉壳、炉衬、冷却设备和高炉支柱组成，而高炉内部工作空间又分为炉喉、炉身、炉腰、炉腹和炉缸五段。高炉生产除本体外，还包括上料系统、送风系统、煤气除尘系统、渣铁处理系统和喷吹系统。高炉产品包括各种生铁、炉渣、高炉煤气及炉尘。生铁供炼钢和铸造使用；炉渣可用于制作水泥、绝热材料、建筑和铺路材料；高炉煤气除了供热风炉做燃料使用，还可供炼钢、焦炉、烧结点火用等；炉尘回收后可做烧结厂原料用。

自动检测和控制系统是高炉自动化生产的重要组成部分，控制系统的功能配置及可靠性直接影响高炉的生产能力、安全运行、高炉寿命等重要经济指标的实现。高炉炼铁生产工艺参数检测与控制系统如图 12.1 所示。图中各主要符号代表意义分别为：$\frac{p}{B}$ 为压力变送器，$\frac{\Delta p}{B}$ 为差压变送器，$\frac{G}{B}$、$\frac{Q}{B}$ 为流量变送器，$\frac{T}{B}$ 为温度变送器，$\frac{p}{J}$ 为压力记录仪，$\frac{\Delta p}{J}$ 为差压记录仪，$\frac{G}{J}$、$\frac{Q}{J}$ 为流量记录仪，$\frac{T}{J}$ 为温度记录仪，$\frac{f}{J}$ 为湿度记录仪，$\frac{L}{J}$ 为料尺记录仪，DTL 为调节器，DKJ 为电动执行器，F 为操作器。

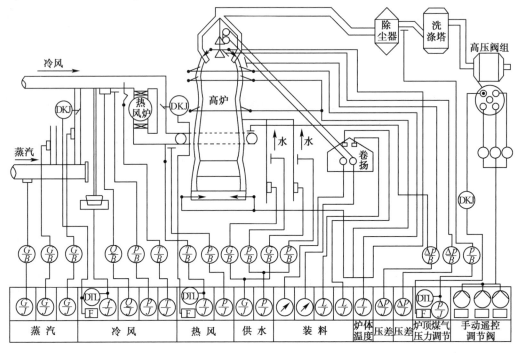

图 12.1　高炉炼铁生产工艺参数检测与控制系统

1. 高炉本体检测和控制

为了准确、及时地判断高炉炉况和控制整个生产过程的正常运行，必须检测高炉内各部位的温度、压力等参数。

（1）温度。需检测的温度点包括炉顶温度、炉喉温度、炉身温度和炉基温度，并采用多点式自动电子电位差计指示和记录。

① 炉顶温度。它是煤气与料柱作用的最终温度，它说明了煤气热能与化学能利用的程度，在很大程度上能监视下料情况。炉顶温度的测量是利用安装在 4 个或 2 个煤气上升管内的热电偶实现的。

② 炉喉温度。它能准确反映煤气流沿炉子周围工作的均匀性。炉喉温度是利用安装在炉喉耐火砖内的热电偶测量的。

③ 炉身温度。它可以监视炉衬侵蚀和变化情况。炉衬结瘤和过薄时，都可以通过炉身温度反映出来。一般在炉身上下层各装一排热电偶测量炉身温度，每排 4 点或更多点。

④ 炉基温度。它主要用于监视炉底侵蚀情况，一般在炉基四周装有 4 只热电偶，并在炉底中心装 1 只热电偶。

（2）差压（压力）。需检测大小料钟间的差压、热风环管与炉顶间的差压及炉顶煤气压力。

① 大小料钟间差压的测量。炉喉压力提高后，在料钟开启时，必须注意压力平衡，降大钟之前，应开启大钟均压阀，使大小料钟间的差压接近于炉喉压力；降小钟之前，应开启小钟均压阀，使大小料钟间的差压接近于大气压力。如果压差过大，则料钟及料车的运转应有立即停止的电气装置，否则传动系统负荷太大，易受损失，所以大小料钟之间的差压由差压变送器将其转换为 4～20mA DC 的电流信号，送至显示仪表指示和记录。

② 热风环管与炉顶间差压的测量。炉顶煤气压力反映煤气逸出料面后的压力，是判断炉况的重要参数之一。目前采用最多的是测量热风环管与炉顶间的差压，由差压变送器测量后送至显示仪表指示和记录。

③ 炉顶煤气压力的自动检测与控制。高压操作不但可以改善高炉工作状况，提高生产率，降低燃料消耗，而且可以增加炉内煤气压力和还原气体的浓度，有利于强化矿石的还原过程，还可降低煤气通过料层的速度，有利于增加鼓风量，改善煤气流分布。目前，大多数高炉都采取高压操作，高压操作时的炉喉煤气压力为 0.5～1.5 个标准大气压。在高炉工作前半期，料钟的密闭性较好，一般可保持较高压力；而在高炉工作后半期，由于钟料磨损，故密闭性变差，炉顶煤气压力要降低一些。

由于炉喉处煤气中含灰尘较多，取压管易堵塞，因此测量煤气压力的取压管安装在除尘器后面、洗涤塔之前。虽然是间接地反映炉喉煤气压力，但比较可靠。炉顶煤气压力控制采用单回路控制方案，即在除尘器后测出的煤气压力，经压力变送器转换后送至显示仪表指示和记录，同时送至煤气压力调节器与给定值比较，根据偏差的大小及极性，发出调节信号给电动执行器，调节洗涤塔后面煤气出口处阀门的开度，改变局部阻力损失，保持炉喉煤气压力为给定数值。

2. 送风系统检测和控制

送风系统主要考虑鼓风温度和湿度的自动控制，均采用单回路控制方案。

（1）鼓风温度是影响鼓风质量的一个重要参数，它将影响高炉顺行、生产率、产品质量和使用寿命。如图 12.1 所示，冷风通过冷风阀进入热风炉被加热，同时冷风还通过混风阀进入混风管，与经过加热的热风在混风管内混合后达到规定温度，再进入环形风管。

用热电偶测定进入环形风管前的温度，经温度变送器转换后送至调节器，调节器按 PID 规律运算后的输出信号驱动电动执行器 DKJ，调节混风阀的开度，控制进入混风管的冷风量，保持规定的鼓风温度，同时鼓风温度送至显示仪表指示和记录。

（2）鼓风湿度是影响鼓风质量的另一个重要参数，通常采用干、湿温度计测量。其基本原理是用一个干温度计和一个湿温度计，当鼓风通过两温度计时，由于湿温度计水分蒸发，温度将低于干温度计的温度。鼓风湿度越大，则蒸发越慢，吸热较少，干、湿温度计的温度就越接近，因此利用干、湿温度计的温度差即可判断鼓风湿度的大小。

在冷风管道上取出冷风，用一干一湿两个热电阻测温，将经温度变送器转换后的电流信号送至调节器，调节器的输出信号驱动电动执行器，控制蒸汽阀的开度，改变进入鼓风中的蒸汽量，控制鼓风湿度保持为规定值。

3. 热风炉煤气燃烧自动检测与控制

根据炼铁生产工艺的要求，一般希望热风炉能以最快的速度升温，并且要求煤气燃烧过程稳定。图 12.2 所示是目前较多采用的热风炉煤气燃烧自动检测控制系统。

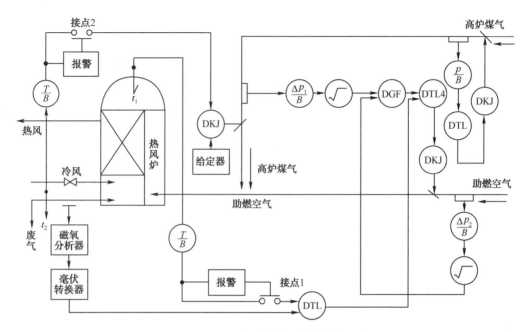

图 12.2　热风炉煤气燃烧自动检测控制系统

（1）煤气与空气的比例控制。由差压变送器及开方器分别取得煤气流量与空气流量，送入调节器 DTL4 构成一个比值控制系统，调节器 DTL4 的输出信号送到电动执行器，调节空气管道上的阀门开度，控制煤气与空气的比例达到规定的数值。

（2）烟道废气中含氧量的控制。用磁氧分析器和毫伏转换器测量烟道废气中的含氧量并送给氧量调节器，与含氧量的给定值相比较，发出校正信号送入调节器 DTL4 中。如果含氧量大于给定值，则校正信号使电动执行器动作，使空气管道阀门朝关小的方向动作，直到含氧量稳定在给定值为止；反之，则开大阀门，增加空气量，直到烟道废气中含氧量增加并稳定在给定值为止。因此，通过控制烟道废气含氧量可以减少或消除因煤气成分波动而造成的影响。

（3）炉顶温度控制。安装在热风炉炉顶的热电偶和温度变送器测量的炉顶温度，通过报警接点 1（炉顶温度低于规定值时报警接点 1 断开，炉顶温度高于规定值时接点 1 接通）输入到氧量调节器中，产生一个校正信号送入调节器 DTL4，使电动执行器动作，开大空气管道阀门开度，增加空气量，炉顶温度便开始降低，当炉顶温度低于规定值时，报警接点 1 断开，校正信号终止。

（4）烟道废气温度控制。安装在烟道上的热电偶和温度变送器测得的烟道废气温度，通过报警接点 2（废气温度高于规定值时接通，低于规定值时断开）输入到电动执行器中，使之关小煤气管道阀门开度；煤气量减少，废气温度降低，直到废气温度低于规定值，报警接点 2 断开。当在燃烧开始阶段或操作中需要改变煤气量时，可通过电流给定器给出 4～20mA DC 的电流信号，直接控制电动执行器，实现远距离手动控制。

（5）煤气压力控制。通过安装在煤气管道上的取压管和压力变送器取得煤气压力，送入调节器，与煤气压力给定值相比较，调节器根据偏差情况给出控制信号，驱动电动执行器，改变煤气管道阀门开度，直到煤气压力达到给定值为止。

此外，还有喷吹重油自动控制、吹氧系统自动控制、煤气净化系统自动控制、汽化冷却系统自动控制等。

目前，我国比较先进的大中型高炉炼铁生产过程工艺参数检测与控制，都采用了先进的集散控制系统（DCS），取代了模拟调节器和显示、记录仪，对生产工况进行集中监视和分散控制，无论从使用角度还是从成本考虑都是极有优势的。

12.2.2　蒸馏塔自动检测与控制

在石油、化工工业中，许多原料、中间产品和粗成品是由若干组分所组成的混合物，蒸馏塔就是用于将若干组分所组成的混合物（如石油等）通过精馏，将其中的各组分分离和精制，使之达到规定纯度的重要设备之一。图12.3所示为常压蒸馏塔生产过程工艺参数自动检测控制系统。对蒸馏塔的控制要求通常分为质量指标、产品质量和能量消耗三方面。质量指标是蒸馏塔控制中的关键，应使塔顶产品中的轻组分（或重组分杂质）含量符合技术要求，或使塔底产品中的重组分（或轻组分杂质）符合技术要求。

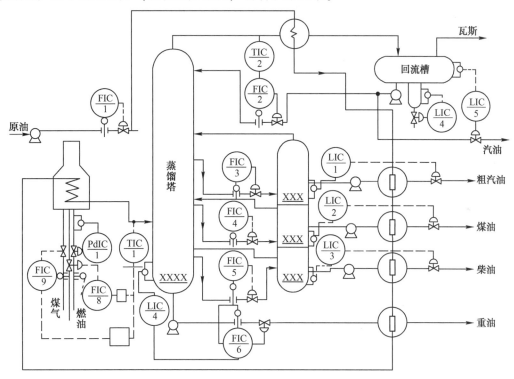

图12.3　常压蒸馏塔生产过程工艺参数自动检测控制系统

1. 蒸馏塔参数检测

（1）温度测量：包括原油入口温度、塔顶蒸气温度，可用热电偶测量。

（2）流量测量：需测量燃料（煤气和燃油）流量、原油流量、回流量、各组分及重油流量等。绝大部分流量信号可采用孔板与差压变送器配合测量，对于像重油这样的高黏度液体，不能采用孔板测量，应选用容积式流量传感器（如椭圆齿轮流量传感器）进行测量。

（3）液位测量：包括回流槽液位、水与汽油的相界位、其他组分液位及蒸馏塔底液位等，采用差压式液位传感器或差压变送器测量。

2. 蒸馏塔自动控制系统

工艺对一端产品质量有要求时，如对塔顶产品成分有严格要求、对塔底产品组分只要求保持在一定范围内，通常使用塔顶产品流量控制塔顶产品成分，用回流量控制回流槽液位，用塔底产品流量控制塔底液位，用蒸气的再沸器进行自身流量的控制；当对塔底产品成分有严格要求时，控制方案用塔底产品流量控制塔底产品成分，用回流量控制回流槽液位，塔顶产品只进行流量控制，塔底液位用加热用蒸气量进行控制。倘若工艺对两端产品质量均有要求，则控制方案采用较复杂的解耦控制。

（1）原油温度和流量控制。原料与来自蒸馏塔的半成品在热交换器中交换能量，然后利用管式加热炉将原油的温度加热到一定数值。原油温度的控制是通过温度调节器 TIC/1 与燃料流量调节器组成串级系统实现的，燃料流量调节器的输出信号通过电气转换后，采用带气动阀门定位器的气动薄膜执行机构，其目的是为了防爆，以确保安全。输入常压蒸馏塔的原油流量采用单回路控制，用调节器 FIC/1 控制。

（2）回流控制。这是蒸馏塔控制系统中最重要的部分之一，温度调节器 TIC/2 与回流流量调节器 FIC/2 组成串级控制回路。要加热的原油遇到从塔下部吹入的热蒸气而蒸发，蒸气上升送入较上层的塔盘中与盘中液体接触而凝结，在各层塔盘上都发生沸点高的蒸气凝结和沸点低的液体蒸发的现象，形成了各层间的自然温度分布。

从塔顶排出的蒸气被冷却而积存于回流罐中，其中，气体、汽油以及水等将在回流罐中被分离，汽油的一部分作为回流又循环流入蒸馏塔内，另一部分导入后面的生产装置。为保持回流罐中的液位在一定的范围内，以 LIC/5 控制排出的汽油流量。

蒸馏塔的塔顶蒸气经冷凝变成汽油和水而积存在回流罐内，设置 LIC/4 水位调节器是为了维持水和汽油有一定的分界面，又可以从中把下部水分离出来。一般情况下都采用差压装置变送器和显示器等作为分界液面的变送器。

（3）重油及各组分流量控制。在蒸馏塔底部积存着最难蒸发的重油，为了使重油中的轻质成分蒸发，需要维持一定的液面高度，吹入蒸气使之再蒸发，由 LIC/4 和 FIC/6 组成的串级控制系统就是为此而设置的。由于塔底变送器的导压管很容易受外界气温的影响而使其内部蒸气凝结，因此需要进行蒸气管并行跟踪加热，才能使用。在蒸馏塔的适当位置设置粗汽油、煤油和柴油的出口管线，分别用 FIC/3、FIC/4、FIC/5 对它们进行流量控制和调节。由于这些中间馏分中还含有轻质油，因此与蒸馏塔并列的还设有汽提塔，将蒸气吹入其中，使馏分中的轻质油蒸发排出，液位控制调节器 LIC/1、LIC/2、LIC/3 即为此目的而设置。

12.2.3 传感器在汽车中的应用

汽车类型繁多，其结构大体都是由发动机、底盘和电气设备三部分组成的。当汽车启动后，电动汽油泵将汽油从油箱内吸出，由滤清器过滤杂质后经喷油器喷射到空气进气管中，与适当的空气混合均匀后分配到各汽缸中。火花塞点火后，混合汽油在汽缸内迅速燃烧，推动活塞做功，齿轮机构被曲柄带动，驱动车轮旋转，汽车开始行驶。

汽车的每一部分均安装有许多检测和控制用的传感器，能够在汽车工作时为驾驶员或自动检测系统提供车辆运行状况数据，自动诊断隐形故障，实现自动检测和自动控制，从而提高汽车的动力性、经济性、操作性和安全性。

汽车用传感器按照其功能大致可以分为两大类：一类是使驾驶员了解汽车各个部位状态的传感器；另一类是用于控制汽车运行状态的控制传感器，包括温度、压力、转速、加速度、流量、液位、位移方位、气体浓度传感器等，如表 12.1 所示。

表 12.1　汽车用传感器的种类

种　类	检 测 对 象
温度传感器	冷却水、排出气体（催化剂）、吸入空气、发动机机油、室内外空气
压力传感器	大气压力、燃烧压、发动机油压、制动压、各种泵压、轮胎压
转速传感器	曲柄转角、曲柄转数、车轮速度
速度、加速度传感器	车速、加速度
流量传感器	吸入空气流量、燃料流量、排气再循环量、二次空气量、冷媒流量
液位传感器	燃料、冷却水、电解液、洗窗器液、机油、制动液
位移方位传感器	节气门开度、排气再循环阀开量、车高（悬梁、位移）、行驶距离、行驶方位
气体浓度传感器	O_2、CO_2、NO_x、HC 化合物
其他传感器	转矩、爆震、燃料酒精成分、湿度、玻璃结露、鉴别饮酒、催眠状态、蓄电池电压、蓄电池容量、灯泡断线、荷重、冲击物、轮胎失效率

下面以关系到汽车安全性的 ABS 和安全气囊系统为例，简要介绍传感器在汽车中的应用。

1. ABS

汽车防抱死制动系统，简称 ABS（Anti-lock Brake System），是当前人们选购汽车的重要依据之一，具有 ABS 的车辆安全性能更好。

ABS 由传感器、电子控制器和执行器三大部分组成，其工作原理如图 12.4 所示。电子控制器又被称为电控单元（Electronic Control Unit，ECU）。传感器主要是车轮转速传感器，其作用是对车轮的运动状态进行检测，获取车轮转速（速度）信号；ECU 的主要作用是接收车轮转速传感器送来的脉冲信号，计算出轮速、参考车速、车轮减速度、滑移率等，并进行判断，输出控制指令给执行器；制动压力调节器是主要的执行器，在接收了 ECU 的指令后，驱动调节器中的电磁阀动作，调节制动器的压力，使之增大、保持或减小，实现制动压力的控制功能，使各车轮的制动力满足少量滑动但接

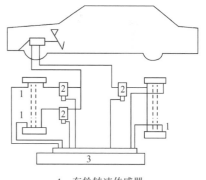

1—车轮转速传感器；
2—制动压力调节器；3—电子控制器
图 12.4　ABS 工作原理

近抱死的制动状态，以使车辆在紧急刹车时不致失去方向性和稳定性。制动压力调节循环的频率可达 3～20Hz，各制动轮缸的制动压力能够被独立调节。

如果没有 ABS，则紧急刹车时刹车片将抱死车轮，车辆的安全性能将受到威胁。配置 ABS 以后，ABS 通过控制刹车油压的收放对车轮进行控制，工作过程是抱死—松开—抱死—松开的循环，使车辆处于临界抱死的间隙滚动状态，确保制动时方向的稳定性和转向控制能力，缩短制动距离，减小轮胎磨损。

2. 安全气囊

为避免或减少交通事故对人体的伤害，除汽车安全带以外，很多汽车上还安装有安全气

囊。这是因为汽车发生事故时，胸部以上受伤的概率高达75%以上，而且汽车的行驶速度越高，受伤的概率就越高。所以，为保证车内驾乘人员的安全，特别是头、颈部的安全而设计出汽车安全气囊。

汽车安全气囊有机械式和电子式两大类型。机械式安全气囊系统的气囊、充气泵、传感器等部件集中装在转向盘内，如图12.5所示。撞车瞬间由传感器引出点火销，高速撞击充气泵中的引燃器，引燃固体燃料并释放出大量气体，气囊充气后膨胀，对驾驶员起到保护作用。这种安全气囊主要用于保护驾驶员的头部，同时配合三点式安全带减轻撞车时对驾驶员的面部损伤。

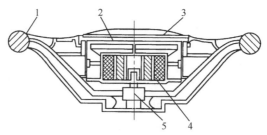

1—转向盘；2—气囊；3—缓冲垫；4—充气泵；5—传感器

图12.5　机械式安全气囊

电子式安全气囊的种类较多，但其工作原理基本相同，如图12.6所示。当汽车发生碰撞时，由传感器感应碰撞程度，并将感应信号送至ECU，由ECU对碰撞信号进行识别，若是轻度碰撞，气囊不动作；若属于中度或重度碰撞，则ECU会发出点火器点火的信号，使气囊在极短时间内充气，以保护驾乘人员。

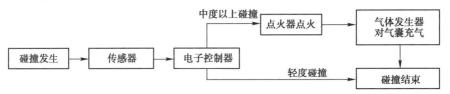

图12.6　电子式安全气囊工作原理

下面以较复杂的双动作双气囊和双安全带预紧器为例加以说明。一般驾驶员位固定放1对，另外1对放在前排或后排。电子式安全气囊的工作完全由微机程序控制，按照人们事先设计的工作内容与步骤，逐条执行，整机程序框图如图12.7所示。其工作过程分为以下3个步骤。

（1）汽车点火启动，气囊开始工作，CPU等电子电路复位，做好工作准备。

（2）自检。由自检子程序对各传感器、引爆器、RAM、ROM、电源等部件逐个进行检查。如发现问题，则执行故障显示子程序，使故障灯发出报警信号，驾驶员根据故障灯亮的时间长短与个数确定故障码及气囊故障的部位。如果自检气囊无故障，则启动传感器采集子程序，对所有的传感器进行巡回检测，若没有达到碰撞速度，则程序又返回到自检子程序。如果一直没有碰撞，则程序一直循环下去。

（3）碰撞发生后，经CPU判断碰撞速度的大小，并发出不同的指令。若碰撞速度小于30km/h，则CPU发出引爆双安全带预紧器的指令，点燃双安全带预紧器，拉紧安全带保护乘员；若碰撞速度大于30km/h，则CPU内所有的引爆器发出引爆指令，使两个安全带拉紧，两个气囊张开，同时 CPU 发出光、电报警指令。

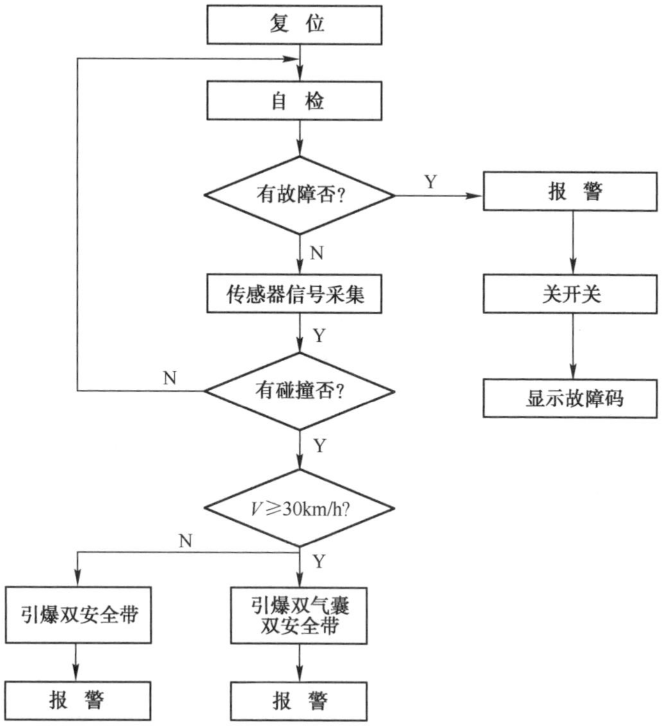

图 12.7 电子式安全气囊程序框图

如果碰撞速度较大，则主电源断线，电源监控器自动启动故障备用电源，使整个系统照常工作，并使报警器工作，直至备用电源电量耗尽。

12.2.4 传感器在空气污染监测中的应用

根据污染物产生的原因，空气污染物一般来自天然空气污染源和人为空气污染源。天然空气污染源是指造成空气污染的自然发生源，如火山爆发排出的火山灰、二氧化硫、硫化氢等；森林火灾、海啸、植物腐烂、天然气、土壤和岩石的风化，以及大气圈中的空气运动等自然现象所引起的空气污染。人为空气污染源是指造成空气污染的人为发生源，如资源和能源的开发、燃料的燃烧，以及向大气释放出污染物的各种生产设施等，有工业污染源、农业污染源、交通运输污染源及生活污染源。

空气中主要污染物是指对人类生存环境威胁较大的污染物：总悬浮颗粒物、可吸入颗粒物、二氧化硫、氮氧化物、一氧化碳和光化学氧化剂六种。对于局部地区，也有由特定污染源排放的其他危害较大的污染物，如碳氢化合物、氟化物及危险的空气污染物（如石棉尘、金属铍、多环芳烃及一些具有强致癌作用的物质等）。

空气污染监测是环境保护工作的重要内容。它可以获得有害物质的来源、分布、数量、动向、转化及消长规律等，为消除危害、改善环境和保护人民健康提供资料。在进行空气污染各项监测时，需要对采样点的布设、采样时间和频度、气象观测、地理特点、工业布局、采样方法、测试方法和仪器等进行综合考虑，在此仅就采样器加以说明。

用于空气污染监测的采样器主要由收集器、流量计和抽气动力三部分组成。常见的携带式采样器工作原理如图 12.8 所示。

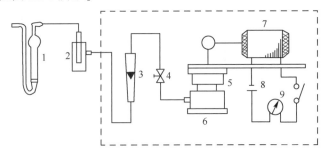

1—吸收管；2—滤水阱；3—流量传感器；4—流量调节阀；5—抽气泵；
6—稳流器；7—电动机；8—电源；9—定时器

图 12.8 携带式采样器工作原理

收集器用于收集在空气中存在的污染物，常用的收集器有吸收管。

流量计即流量传感器，用于计量空气流量，现场使用时常选用轻便、易于携带的孔口流量计和转子流量计。

孔口流量计有隔板式和毛细管式两种。当气体通过隔板或毛细管小孔时，因阻力而产生压力差。气体的流量大，产生的压力差也大，由孔口流量计下部的 U 形管两侧的液柱差可直接读出气体的流量。孔口流量计中的液体，可用水、酒精、硫酸、汞等，由于各种液体相对密度不同，对于同一流量，孔口流量计上所示液柱差也不同，相对密度小的液体液柱差最大，通常所用的液体是水，为了读数方便，可向液体中加几滴红墨水。

在使用转子流量计时，当空气中湿度太大时，需要在转子流量计进气口前连接一只干燥管，否则转子吸收水分后质量增加和管壁湿润等都会影响流量的准确测量。

抽气动力是一个真空抽气系统，通常有电动真空泵、刮板泵、薄膜泵、电磁泵等。

12.2.5 IC 卡智能水表的应用

水是宝贵的环境资源，也是我国可持续发展战略的物质基础。但是，我国是世界上人均水资源拥有量十分贫乏的国家之一，节约和保护水资源是我国当前一项十分重要的战略措施。IC 卡智能水表的开发和利用对节水的科学管理起到了促进作用。

1. 测量原理

一体化 IC 卡智能水表是在传统水表的基础上，重新设计控制盒并使之与水阀组装在一起，由流量测量机构、隔膜阀控制机构、防窃水结构、IC 卡、单片机、电源及表壳等几部分构成的，其结构如图 12.9 所示。其工作原理与蜗轮流量传感器类似，流量测量机构采用叶轮流量传感器，水流通过进口过滤网以后，从双喷嘴喷出，形成侧射流，正向冲击叶轮上的叶片，水流在叶片上均匀地向四周扩散，推动叶轮克服水流的黏性阻力、机械摩擦阻力、电磁阻力做匀速旋转运动。理论分析证明，通过叶轮的水流量与叶轮的旋转速度成正比，因此只要准确测量出叶轮的旋转速度，即能测量出水流量的大小。

叶轮叶片用导磁的不锈钢材料制作，叶轮轴和叶轮腔体用不导磁的不锈钢材料制作，在腔体的上方放置永久磁钢，在永久磁钢下方放置霍尔传感器。当叶轮叶片旋转至永久磁钢正下方位置时，磁场强度最大；转过该位置后，磁场强度逐渐减小。随着叶轮的旋转，永久磁钢下方的磁场强度做周期性的变化，霍尔传感器检测周期性变化的磁场，并转换成同频率变化的霍尔电压信号输出。只要测量出霍尔传感器输出电压信号的频率，即可测量出水的流量，这就是一体化 IC 卡智能水表流量测量的原理。

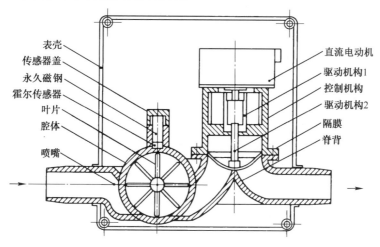

图 12.9 　一体化 IC 卡智能水表的结构

一体化 IC 卡智能水表的启闭控制机构采用脊背式隔膜阀机构。当隔膜紧贴脊背时关闭，当隔膜离开脊背时开启。隔膜阀的启闭用直流电动机和驱动机构来控制。当向直流电动机输入正向直流电时，直流电动机正转，关闭隔膜阀停止供水；当向直流电动机输入反向直流电时，直流电动机反转，开启隔膜阀进行供水。隔膜阀的启闭行程由安装在驱动机构上的启闭行程开关控制。

2. 硬件与软件

一体化 IC 卡智能水表采用内含 EPROM 的 87C51 组成单片机系统。非易失性 E^2PROM 芯片 AT24C02 存储用户密码、时间、购水量、累计用水量、剩余用水量、窃水记录等重要数据，并采用 SLE4442 逻辑加密卡保护存储器和加密存储器，保证 IC 卡的安全。水流量测量选用 CS837 霍尔传感器。

使用一系列开关实现生产厂家调试校正当地时间、判断 IC 卡是否插入 IC 卡卡座、切换显示及防止用户私开表盖窃水等功能。通过电源检测控制备用电源的开启，以保证水表在电网停电的情况下运行的可靠性。采用程控驱动及微动行程开关控制隔膜阀的动作，保证隔膜阀安全可靠地运行。

一体化 IC 卡智能水表的软件主要由主程序和$\overline{INT0}$、$\overline{INT1}$中断服务程序组成。主程序通过判断使用条件，控制开阀的动作，并通过电源监控来保证 IC 卡智能水表安全可靠地运行。$\overline{INT0}$中断服务程序主要用于水量的监控，在水量达到临界及无剩余水量时均给出声光报警。$\overline{INT1}$中断服务程序通过各开关的状态实现生产厂家调试校正当地时间、判断 IC 卡是否插入 IC 卡卡座、切换显示及防止用户私开表盖窃水等功能。一体化 IC 卡智能水表的单片机系统软件设计，采用了用户不透明的智能化软件设计，用户只需持卡购水和持卡用水，无须其他操作，使用方便，安全性很高。

一体化 IC 卡智能水表整体结构紧凑，体积小，防护措施安全可靠，水电完全隔离，实现了用户凭卡购水、凭卡用水的科学管理。

12.2.6 传感器在全自动洗衣机中的应用

社会的发展和进步加快了人们生活的节奏，许多方便快捷、省时省力、功能齐全的电器设备成了人们生活中必不可少的伙伴。在这些电器设备中，传感器技术和微计算机技术的应用越来越广泛，涉及的电器有洗衣机、彩电、冰箱、摄录像机、复印机、空调、录音机、电饭煲、电风扇、煤气用具等，使用的传感器有温度、湿度、气体、光、烟雾、声敏等传感器。下面以全自动洗衣机为例加以分析。

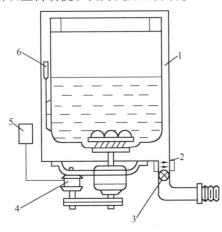

1—脱水缸；2—光电传感器；3—排水阀；
4—电动机；5—布量传感器；6—水位传感器
图 12.10 传感器在洗衣机中的应用示意图

在全自动洗衣机中使用的传感器有水位传感器、布量传感器和光电传感器等，使洗衣机能够自动进水、控制洗涤时间、判断洗净度和脱水时间，并将洗涤控制于最佳状态。图 12.10 所示是传感器在洗衣机中的应用示意图。

（1）水位传感器。洗衣机中的水位传感器用来检测水位的等级。它由 3 个发光元件和 1 个光敏元件组成。根据依次点亮 3 个发光元件后，光到达光敏元件的变化而得到水位的数据。

（2）布量传感器。布量传感器用来检测洗涤物的重量，它通过电动机负荷的电流变化来检测洗涤物的重量。

（3）光电传感器。光电传感器由发光二极管和光敏晶体管组成，安装在排水口上部。根据排水口上部的光透射率检测洗净度，判断排水、漂净度及脱水情况。在微处理器控制下，每隔一定时间检测一次，待值恒定时，则认为洗涤物已干净，便结束洗涤过程。在排水过程中，传感器根据排水口的洗涤泡沫引起透光的散射情况来判断排水过程。漂洗时，传感器可通过测定光的透射率来判断漂净度。脱水时，排水口有紊流空气使透光散射，光电传感器每隔一定时间检测一次光的透过率，当光的透过率变化为恒定时，则认为脱水过程完成，便通过微处理器结束全部洗涤过程。

12.2.7 传感器在电冰箱中的应用

电冰箱主要由制冷系统和控制系统两部分组成。控制系统主要包括温度自动控制、除霜温度控制、流量自动控制、过热及电流保护等。完成这些控制需要使用检测温度和流量（或流速）的传感器。

图 12.11 是常见的电冰箱电路原理图。电冰箱运行时，由温度传感器组成的温控器按所调定的冰箱温度自动接通和断开电路，控制制冷压缩机的关与停。当给冰箱加热除霜时，由温度传感器组成的除霜温控器将会在除霜加热器达到一定温度时，自动断开加热器的电源，停止除霜加热。热敏电阻检测到的冰箱内的温度将由温度显示器直接显示出来。PTC 启动器采用电流控制的方式来实现压缩机的启动，并对电动机进行保护。

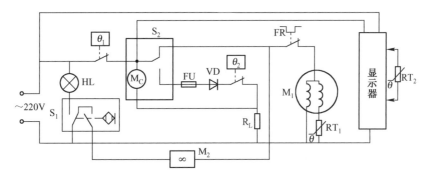

θ_1—温控器；θ_2—除霜温控器；R_L—除霜热丝；S_1—门开关；S_2—除霜定时开关；
FR—热保护器；RT_1—PTC启动器；RT_2—测温热敏电阻

图 12. 11　电冰箱电路原理图

（1）压力式温度传感器。压力式温度传感器有波纹管式和膜盒式两种形式，主要用于温控器和除霜温控器。如图 12.12 所示，压力式温度传感器由波纹管（或膜盒）与感温管连成一体，内部填充感温剂。感温管紧贴在电冰箱的蒸发器上，感温剂的体积将随蒸发器的温度而变化，引起腔内压力变化，由波纹管（或膜盒）将压力变化转换成位移变化。这一位移变化通过温控器中的机械传动机构推动微动开关机构切断或接通压缩机的电源。

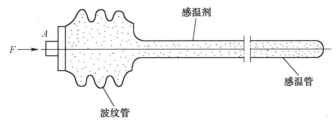

图 12. 12　压力式温度传感器

（2）热敏电阻式温控电路。热敏电阻式温控电路如图 12. 13 所示。热敏电阻 RT 与电阻 R_3、R_4、R_5 组成电桥，经 IC_1 组成的比较器、IC_2 组成的触发器、驱动管 VT、继电器 K 控制压缩机的启停。

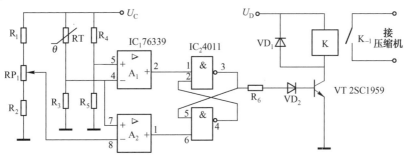

图 12. 13　热敏电阻式温控电路

（3）除霜温控电路。图 12.14 所示为用热敏电阻等组成的除霜温控电路，可使除霜以手动开始、自动结束，实现了半自动除霜。

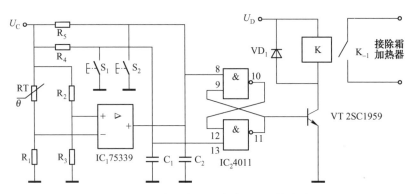

图 12.14　热敏电阻组成的除霜温控电路

当要除霜时，按动 S_1 使 IC_2 组成的 RS 触发器置位端接地，其输出端为高电平，晶体管 VT 导通，继电器 K 接通除霜加热器 R_1。当加热一段时间后，冰箱内温度回升，RT 电阻值下降，IC_2 反相输入端电位升高，最终使 RS 触发器翻转，晶体管 VT 截止，继电器 K 断开，除霜结束。在除霜期间，若人工按动 S_2，也可停止除霜。

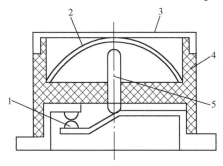

1—微动开关；2—双金属热敏元件；
3—护盖；4—外壳；5—推杆

图 12.15　双金属除霜温度传感器

（4）双金属除霜温度传感器。双金属除霜温度传感器的结构如图 12.15 所示。它由双金属热敏元件、推杆及微动开关等组成，平时微动开关处于常闭状态。接通除霜开关，除霜加热器经双金属热敏元件构成回路，除霜开始。除霜后，电冰箱蒸发器温度升高，双金属热敏元件产生形变，经推杆使微动开关的触点断开，停止除霜。

（5）双金属热保护器。如图 12.16 所示，双金属热保护器是一个封装起来的固定双金属热敏元件。它埋设在压缩机内的电动机绕组中，对电动机绕组的温度进行控制。当电动机绕组过热时，保护器内的双金属片产生形变，切断压缩机的电源。

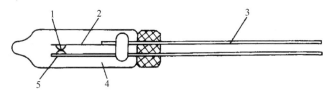

1—可动触点；2—双金属片；3—引线；4—铅玻璃套；5—固定触点

图 12.16　双金属热保护器

12.2.8　传感器在空调中的应用

目前，家用空调大多采用由传感器检测并用微机进行控制的模式，其控制系统组成如图 12.17 所示。在空调的控制系统中，室内部分安装有热敏电阻和气体传感器；室外部分安装有热敏电阻。空调通过负温度系数热敏电阻和微机可快速完成室内室外的温差控制、冷房控制及冬季热泵除霜控制等功能。SiO_2 气体传感器用于测量室内空气的污染程度，当室内空气污染超标时，通过空调的换气装置可自动进行换气。

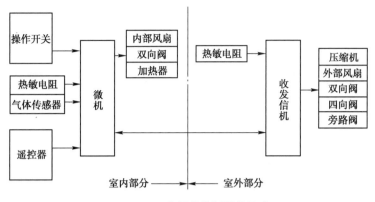

图 12.17 空调的控制系统组成

12.2.9 传感器在厨具中的应用

1. 微波炉

家用微波炉利用磁控管发出的微波对食品进行加热、烹调，具有快捷、节能、消毒及卫生等特点。在"智能型"的微波炉中，安装有温度传感器、湿度传感器、气体传感器、热释电红外传感器及称重传感器等，它们可以检测食品重量、解冻程度及炉中相对湿度等参数。

2. 自动抽油烟机

自动抽油烟机实现了排油烟过程和报警的自动化。它的电气部分主要由排油烟风扇和气敏监控电路组成。气敏监控电路主要由气体传感器和运算放大器 LM324 组成，如图 12.18 所示。四只运算放大器均工作在比较器状态。气敏元件采用 QM-211，其阻值随油烟浓度增大而变小，B 点电压升高，经 RP_1 电位器送入 IC_1 组成的比较器进行电压比较。当油烟浓度大于设定值时，IC_1 输出高电平，由 IC_2 组成的报警电路发出报警声，同时也使 IC_3 组成的排油烟控制电路工作，继电器 K 吸合，接通排油烟风扇开始排除油烟。由 IC_4 组成的误动作限制电路，即延时电路，用来防止开机后预热气敏元件过程中产生误动作信号。

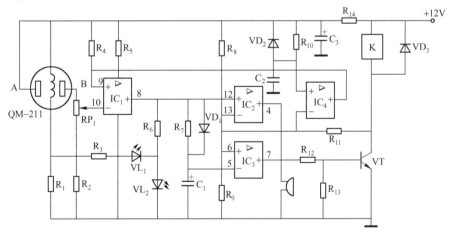

图 12.18 自动抽油烟机气敏监控电路

3. 热敏铁氧体传感器在电饭锅中的应用

电饭锅用磁钢限温器的结构原理如图 12.19 所示。传感器的受热板 1 紧靠内锅锅底，当压下煮饭开关时，通过杠杆将永久磁铁推上，与热敏铁氧体相吸，簧片开关接通电源。当热敏铁氧体的温度超过居里点温度时，将失去磁化特性。热敏铁氧体的吸力不仅与温度有关，还与其厚度有关。应适当选择热敏铁氧体的材料配方和弹簧的弹性力。当锅中米饭做好，锅底的温度升高到103℃时，弹簧力大于永久磁铁与热敏铁氧体的吸力，弹簧力将永久磁铁压下，电源被切断。

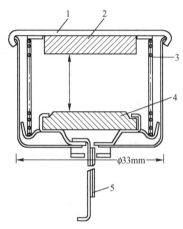

1—受热板；2—热敏铁氧体；3—弹簧；4—永久磁铁；5—驱动开关

图 12.19　电饭锅用磁钢限温器的结构原理

12.2.10　传感器在燃气热水器中的应用

燃气直流式热水器中一般设置有防止不完全燃烧的安全装置、熄火安全装置、空烧安全装置及过热安全装置等。前两个安全装置主要由温度传感器（热电偶）构成，后两个安全装置由水气联动装置来实现。如图 12.20 所示，水气联动装置实际上是一个压力敏感元件，它根据不同的水压控制燃气阀的开关。当打开冷水阀时，A 腔的水压力大于 B 腔的气体压力，膜片向 B 腔鼓起，当水压力大于弹簧的预压力时，通过节流塞连杆压缩弹簧打开燃气阀门。可见，当水阀未打开、关闭或水压过低时，燃气通路自动关闭，防止了空烧或过热的现象。如果在使用中将热水出口关闭，则 A 腔的水将通过节流塞上的小孔流向 B 腔，同样会关闭燃气阀门。

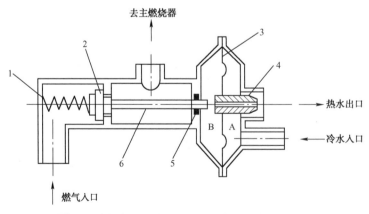

1—弹簧；2—密封塞；3—膜片；4—节流塞；5—密封圈；6—连杆

图 12.20　水气联动装置结构示意图

燃气直流式热水器的工作原理如图 12.21 所示。当打开燃气进气阀，按动开关 S 时，电源通过 VD_1 向 C_1 充电，使 VT_1、VT_2 导通，电磁阀 Y 得电工作，打开燃气输入通道，高压发生器输出高压脉冲点燃长明火。打开冷水阀门，在水压作用下燃气进入主燃烧器，经长明火引燃。在热水器中的两个热电偶，一个设置在长明火的旁边，其热电动势加在电磁阀 Y 线圈的两端，在松开开关 S 时维持电磁阀工作。如果发生意外使长明火熄灭，则电磁阀关闭，切断燃气通路。

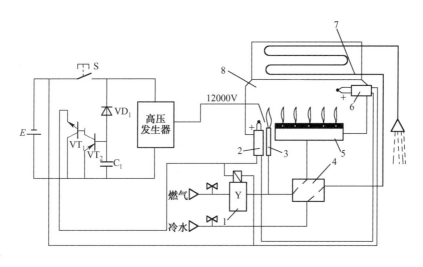

1—进燃气电磁阀；2—热电偶 1；3—长明火；4—水气联动装置；
5—主燃烧器；6—热电偶 2；7—热交换器；8—燃烧室

图 12.21　燃气直流式热水器的工作原理

缺氧保护热电偶 2 设置在燃烧室的上方，与热电偶 1 反极性串联。热水器正常工作时，热电偶 2 的热电动势较小，不影响电磁阀的工作。当氧气不足时，火焰变红且拉长，热电偶 2 被拉长的火焰加热，产生较大的热电动势，抵消了热电偶 1 的热电动势，使电磁阀 Y 关闭，起到了缺氧保护的作用。

12.2.11　传感器在家用吸尘器中的应用

吸尘器中的传感器主要用来检测吸尘的风量或吸入管出口处的压力差，通过检测值与设定的基准值比较，经相位控制电路将电动机转速控制在最佳状态，以获取最好的吸尘效果。

图 12.22 所示是硅压力传感器在吸尘器内的安装图，传感器的输入端设置在吸入管的出口处，另一端与大气连通。当吸尘器接近床面或地毯时，压力增大，电动机转矩下降，使床面或地毯上的灰尘充分吸入吸尘器。

图 12.23 所示是吸尘器风压传感器的结构示意图，它主要由风压板和可变电阻器等组成。吸入的空气流通过风压板带动可变电阻器转动，将风压转换为电阻的变化，以控制电动机的转矩大小，使其达到最佳的工作状态。

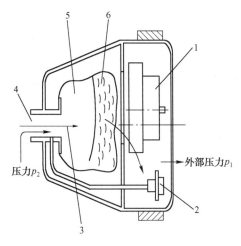

1—电动机；2—压力传感器；3—吸气流；
4—吸气孔；5—滤清器；6—吸入物

图 12.22　吸尘器中的硅压力传感器

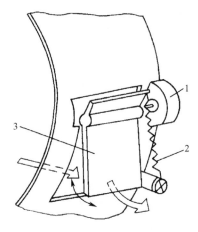

1—可变电阻器；2—弹簧；3—风压板

图 12.23　吸尘器风压传感器的结构示意图

小　结

　　运用误差理论和传感器知识解决实际生产、生活中的问题，是学习自动检测与转换技术的目的。

　　首先应根据检测或控制目标及实际条件，合理选择适用的传感器。一般先重点考虑传感器的性能指标；其次考虑选用工作可靠、使用方便、性价比高的传感器。

　　自动检测技术已广泛应用于工农业生产、国防建设、交通运输、医疗卫生、环境保护、科学研究和人们的日常生活中，起着越来越重要的作用，成为国民经济发展和社会进步的一项必不可少的重要基础技术。

思考与练习

　　1. 请结合某一生产过程，具体说明所安装的传感器的名称及作用。
　　2. 结合你在生活中使用的电器设备，谈谈传感器在其中所起的作用。
　　3. 请查阅有关资料，设计一个某超市的防盗系统。

第13章 数字式传感器技术

前面所介绍的传感器均属于模拟式传感器（如电阻式传感器、电容式传感器、电感式传感器、压电式传感器、磁电式传感器、热电偶传感器、光电传感器、霍尔传感器等），这类传感器均将被测参数转换为电模拟量（电流、电压）。若要转换为数字显示，就要进行 A/D 转换，这不但增加了投资，而且增加了系统的复杂性，降低了系统的可靠性和精确度。

直接采用数字式传感器，具有以下优点：精确度和分辨率高；抗干扰能力强，便于远距离传输；信号易于处理和存储；可以减小读数误差；稳定性好，易于与计算机连接等。

本章将学习几种常用的数字式传感器，如数字编码器、光栅传感器、磁栅传感器、感应同步器等，并讨论它们在直线位移和角位移中测量、控制的应用。

13.1 光栅传感器

13.1.1 光栅的基本知识

在检测技术中常用的是计量光栅，它主要利用光的透射和反射现象，进行长度测量和位移测量，有很高的分辨率，可优于 $0.1\mu m$。

1. 光栅的分类

（1）长光栅和圆光栅。计量光栅按其形状和用途可分为长光栅和圆光栅两类，如图 13.1 和图 13.2 所示。前者用于测量长度，后者可测量角度（有时也可测量长度）。

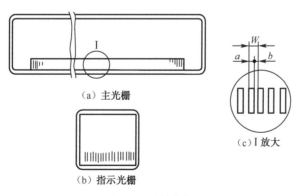

（a）主光栅

（b）指示光栅

（c）I 放大

图 13.1 长光栅

（2）透射光栅和反射光栅。根据光线的走向不同，光栅可分为透射光栅和反射光栅，如图 13.3 所示。

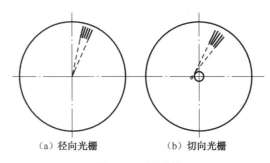

（a）径向光栅　　　　　（b）切向光栅

图13.2　圆光栅

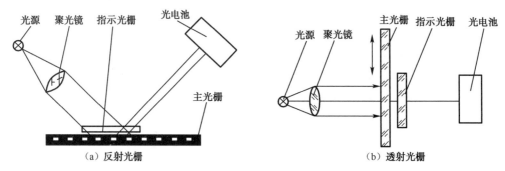

（a）反射光栅　　　　　　　　　　（b）透射光栅

图13.3　反射光栅和透射光栅

透射光栅的栅线刻制在透明材料上，主光栅常用工业白玻璃，指示光栅最好用光学玻璃。反射光栅的栅线刻制在具有强反射能力的金属（如不锈钢）上或玻璃所镀金属膜（如铝膜）上。

（3）黑白光栅和闪耀光栅。根据栅线的形式不同，光栅可分为黑白光栅（也称幅值光栅）和闪耀光栅（也称相位光栅）。

黑白透射光栅是在玻璃上刻制一系列平行等距的透光缝隙和不透光的栅线，栅线密度一般为25～250线/mm。

闪耀透射光栅直接在玻璃上刻划而成，其栅线密度一般为150～2400线/mm。

目前，长光栅中有黑白光栅，也有闪耀光栅，而且两者都有透射光栅和反射光栅。圆光栅一般只有黑白光栅，主要是透射光栅。

2．光栅传感器的组成

光栅传感器由光源、光栅副、光敏器件三大部分组成，也称为光栅测量装置。

（1）光源。光栅传感器的光源通常采用钨丝灯泡或半导体发光器件。

（2）光栅副。光栅副由标尺光栅（主光栅）和指示光栅组成，标尺光栅和指示光栅的刻线宽度和间距经常完全一样。将指示光栅与标尺光栅叠合在一起，两者之间保持很小的间隙（0.05mm或0.1mm）。在长光栅中标尺光栅固定不动，而指示光栅安装在运动部件上，所以两者之间可以形成相对运动。

光栅的主要指标是光栅常数，如图13.1中的W：

$$a+b=W \tag{13.1}$$

式中，W为光栅的栅距，也称光栅常数；a为栅线宽度；b为栅线缝隙宽度。通常情况下，$a=b=W/2$。

（3）光敏器件。光敏器件一般包括光电池和光敏三极管等。在光敏器件的输出端，常接有放大器，通过放大器得到足够的信号输出，以防干扰的影响。

13.1.2 莫尔条纹及其测量原理

用光栅测量位移时，由于刻线过密，数出测量对象上某一个确定点相对于光栅移过的刻线，直接对刻线计数很困难，因而目前利用光栅的莫尔条纹或相位干涉条纹进行计数。

1. 长光栅的莫尔条纹

（1）莫尔条纹的产生。在透射式直线长光栅中，把栅距相等的主光栅与指示光栅的刻线面相对叠和在一起，中间留有很小的间隙，并使两者的栅线保持很小的夹角 θ。在两光栅的刻线重合处，光从缝隙透过，形成亮带；在两光栅刻线的错开处，由于相互挡光作用而形成暗带，于是在近似于垂直栅线方向出现明暗相间的条纹，即在 $a\text{-}a'$ 线上形成亮带，在 $b\text{-}b'$ 线上形成暗带，如图 13.4 所示。这种亮带和暗带形成的明暗相间的条纹称为莫尔条纹。

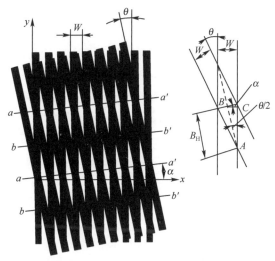

图 13.4　莫尔条纹光栅

（2）莫尔条纹的参数。莫尔条纹两个亮条纹之间的宽度为其间距，这是描述莫尔条纹的重要参数。从图 13.4 可以看出，$\alpha = \dfrac{\theta}{2}$，则莫尔条纹间距 B_{H} 为

$$B_{\mathrm{H}} = \frac{BC}{\sin\frac{\theta}{2}} = \frac{W/2}{\sin\frac{\theta}{2}} \approx \frac{W}{\theta} \tag{13.2}$$

式中，B_{H} 为莫尔条纹间距；W 为光栅栅距；θ 为两尺刻度间相对倾斜角。

可见，莫尔条纹的间距（或者称为宽度）B_{H} 是由光栅栅距 W 与光栅夹角 θ 决定的。

（3）莫尔条纹的作用。由于光栅的刻线非常细微，很难分辨到底移动了多少个栅距。而利用莫尔条纹的实际价值就在于：在光栅的适当位置安装光敏器件，利用莫尔条纹让光敏器件能分辨出光栅移动时引起的光强变化。

当光栅移动时，光栅移动 W，则莫尔条纹移动 B_{H}；光栅移动的方向与莫尔条纹移动的方向相对应。

从式（13.2）可以看出，莫尔条纹具有放大效应。设 $W = 0.01\mathrm{mm}$、$\theta = 0.001\mathrm{rad}$，则 $B_{\mathrm{H}} = 10\mathrm{mm}$。

可见，其放大倍数 K 为

$$K = \frac{B_{\mathrm{H}}}{W} = \frac{1}{\theta} = 1000 \qquad (13.3)$$

相当于把两尺刻度距离放大了 1000 倍。

2. 莫尔条纹的测量原理

当指示光栅沿 X 轴（如水平方向）自左向右移动时，莫尔条纹的亮带和暗带将顺序自下而上不断地掠过光敏器件，光敏器件检测到莫尔条纹的光强变化近似于正弦波变化。光栅移动一个栅距 W，光强变化一个周期。

如果光敏器件同指示光栅一起移动，当移动时，光敏器件接收光线受莫尔条纹影响呈正弦规律变化，因此光敏器件产生按正弦规律变化的电流（或电压）。

（1）幅值光栅测量。当指示光栅相对于光标尺移动时，莫尔条纹沿其垂直方向上、下移动，移过的莫尔条纹数等于移过的光栅的刻线数。沿着莫尔条纹的移动方向放置四枚光电池，其间距为莫尔条纹的 1/4，这样就可产生相位差为 90° 的 4 个信号。通过细分和辨向电路将这些信号进行处理，即可检测位移量及运动方向。由于指示光栅的刻线是相等的，接收的信号仅因光照而幅值不同，故称这种光栅为幅值光栅。

（2）相位光栅测量。图 13.5 所示是反射式相位干涉条纹。主光栅与指示光栅的刻线宽度相同，但刻线的距离不相等。若以主光栅的刻线为基准，指示光栅的四条刻线依次错开 0°、90°、180°、270°，光电池按水平方向排列，当指示光栅相对于主光栅移动时，光电池各瞬间接收的光通量就不同，产生的电势相位彼此错开 90°。这些信号经过细分和辨向电路的处理，即可测知位移量和运动方向。由于指示光栅的刻线是按相位排列的，故称这种光栅为相位光栅。

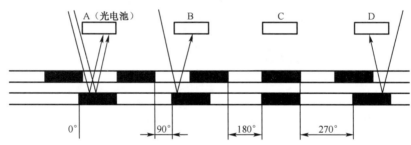

图 13.5　反射式相位干涉条纹

3. 莫尔条纹技术的特点

（1）误差平均效应。莫尔条纹是由光栅的大量刻线共同形成的，对光栅的刻划误差有平均作用，从而能在很大程度上消除光栅刻线不均匀引起的误差。刻线的局部误差和周期误差对于精度没有直接的影响。

（2）移动放大作用。莫尔条纹的间距 B_{H} 是放大了的光栅栅距，它随着指示光栅与主光栅刻线夹角 θ 而改变。θ 越小，B_{H} 越大，相当于把微小的栅距扩大了 K 倍。由此可见，计量光栅起到光学放大器的作用。调整夹角即可得到很大的莫尔条纹的宽度，既起到了放大作用，又可以提高测量精度。因此，可得到比光栅本身的刻线精度高的测量精度。这是光栅测量和普通标尺测量的主要差别。

（3）方向对应关系。当指示光栅沿与栅线垂直的方向做相对移动时，莫尔条纹则沿光栅刻线方向移动（两者的运动方向相互垂直）；指示光栅反向移动，莫尔条纹也反向移动。在图 13.4 中，当指示光栅向右移动时，莫尔条纹向上移动。利用这种严格的一一对应关系，根据光敏器件接收到的条纹数目，就可以知道光栅所移过的位移值。

（4）倍频提高精度。固定位置放置的光敏器件接收莫尔条纹光强的变化，在理想条件下其输出信号是一个三角波。但由于两光栅之间的空气间隙、光栅的衍射作用、光栅黑白不等及栅线质量等因素的影响，光敏器件输出的信号是一个近似的正弦波。莫尔条纹的光强变化近似于正弦变化，便于将电信号做进一步细分，即采用"倍频技术"，这可以提高测量精度。

（5）直接数字测量。莫尔条纹移过的条纹数与光栅移过的刻线数相等。例如，采用 100 线/mm 光栅时，若光栅移动了 $x$mm（也就是移过了 $100x$ 条光栅刻线），则从光敏器件前掠过的莫尔条纹也是 $100x$ 条。因为莫尔条纹比栅距宽得多，所以能够被光敏器件所识别。将此莫尔条纹产生的电脉冲信号计数，就可知道移动的实际距离。

计量光栅的光学放大作用与安装角度有关，而与两光栅的安装间隙无关。莫尔条纹的宽度必须大于光敏器件的尺寸，否则光敏器件无法分辨光强的变化。

例如，对 25 线/mm 的长光栅而言，$W = 0.04$mm，$\theta = 0.016$rad，则 $B_H = 2.5$mm，光敏器件可以分辨 2.5mm 的间隔，但无法分辨 0.04mm 的间隔。

13.1.3 光栅测量系统

光栅测量系统由光栅光学系统和电子系统组成。

1. 光栅光学系统

光栅光学系统又称光栅系统，是由照明系统、光栅副、光电接收系统组成的。通常将照明系统、指示光栅、光电接收系统（除标尺光栅外）组合在一起组成光栅读数头。从照明系统经光栅副到达光电接收系统的光路，是光栅系统的核心。

（1）垂直透射式光路。如图 13.6 所示，光源 1 发出的光线经准直透镜 2 后成为平行光束，垂直投射到光栅上，由主光栅 3 和指示光栅 4 形成的莫尔条纹信号直接由光敏器件 5 接收。这种光路适用于粗栅距的黑白透射光栅。

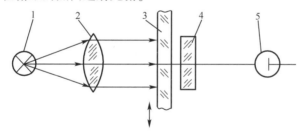

1—光源；2—准直透镜；3—主光栅；4—指示光栅；5—光敏器件

图 13.6 垂直透射式光路

在实际使用中，为了判别主光栅移动的方向、补偿直流电子的漂移以及对光栅的栅距进行细分等，常采用四极硅光电池接收四相信号。这样，当主光栅移过一个栅距，即莫尔条纹移过一个条纹宽度时，四极硅光电池中的各极顺次发出相位分别为 0°、90°、180°、270° 的 4 个输出信号。

该光路的特点是结构简单、位置紧凑、调整使用方便，是目前应用比较广泛的一种。

（2）透射分光式光路。透射分光式光路又称衍射光路，这种光路只适用于细栅距透射光栅，如图 13.7 所示。

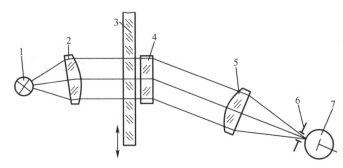

1—光源；2—准直透镜；3—主光栅；4—指示光栅；5—透镜；6—光阑；7—光敏器件

图 13.7　透射分光式光路

（3）反射式光路。如图 13.8 所示，此光路适用于粗栅距的黑白反射光栅。

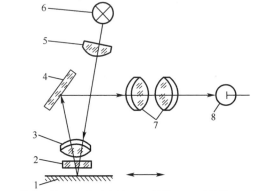

1—反射主光栅；2—指示光栅；3—场镜；4—反射镜；5—聚光镜；

6—光源；7—物镜；8—光敏器件

图 13.8　反射式光路

（4）镜像式光路。镜像式光路如图 13.9 所示。

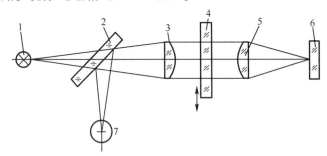

1—光源；2—半透半反镜；3—聚光镜；4—主光栅；5—物镜；6—反射镜；7—光敏器件

图 13.9　镜像式光路

2. 电子系统

电子系统是完成电信号处理的部分，由细分电路、辨向电路和显示系统组成。

1）细分原理与电路

随着对测量精度要求的提高，要求光栅具有较高的分辨率，减小光栅的栅距可以达到这一目的，但效果是有限的。为此，目前广泛地采用内插法把莫尔条纹间距进行细分。所谓细分，就是在莫尔条纹信号变化的一个周期内，给出若干个计数脉冲，减小脉冲当量。由于细分后，计数脉冲的频率提高了，故又称为倍频。细分提高了光栅的分辨能力，提高了测量精度。

细分方法可分为两大类：机械细分和电子细分。这里只讨论电子细分的几种方法。

（1）直接细分。直接细分法是利用光电器件输出的相位差为90°的两路信号进行四倍频细分，如图13.10所示。由光栅系统送来的两路相位差为90°的光电信号，分别经过差动放大，再由射级耦合触发器整形成两路方波。调整射极耦合触发器鉴别电位，使方波的跳变正好在光电信号的0°、90°、180°、270°四个相位上发生。电路通过反相器，将上述两种方波各反相一次，这样得到四路方波信号，分别加到微分电路上，就可在0°、90°、180°、270°处各产生一个脉冲（这里的微分电路是单向的）。

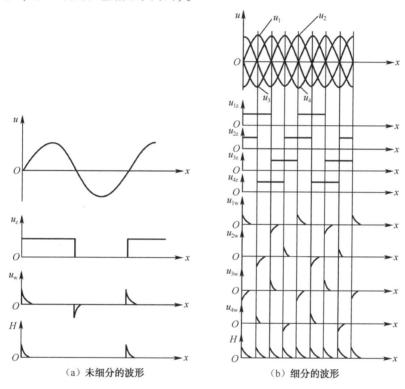

图 13.10　未细分与细分的波形比较

（a）未细分的波形　　　　（b）细分的波形

直接细分法共用了两个反相器和4个微分电路来得到4个计数脉冲，实际上已把莫尔条纹一个周期的信号进行了四倍频（细分数 $n=4$），把这些细分信号送到一个可逆计数器中进行计数，那么光栅的位移量就被转换成数字量了。

必须指出，因为光栅的移动有正、反两个方向，所以不能简单地把以上4个脉冲直接作为计数脉冲，而应该引入辨向电路。

这种方法的优点是对莫尔条纹信号波形要求不严格，电路简单，可用于静态和动态测量系统。但是其缺点也很明显，光电器件安放困难，细分数不能太高。

（2）电桥细分。电阻电桥细分法的基本原理可以用下面的电桥电路来说明。图13.11中 e_1 和 e_2 分别为从光电器件得到的两个莫尔条纹信号电压值，R_1 和 R_2 是桥臂电阻，则有

$$U_{se}=\frac{R_2}{R_1+R_2}e_1+\frac{R_1}{R_1+R_2}e_2 \tag{13.4}$$

如果电桥平衡，则必有 $U_{se}=0$，即

$$\frac{e_1}{R_1} + \frac{e_2}{R_2} = 0 \tag{13.5}$$

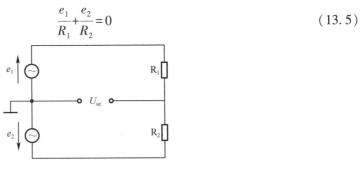

图 13.11　电阻电桥细分法电路

已知莫尔条纹信号是光栅位置状态的正弦函数，令 e_1 与 e_2 的相位差为 π/2，光栅在任意位置时，可以分别写成

$$e_1 = U\sin\theta \qquad e_2 = U\cos\theta \tag{13.6}$$

则式（13.5）可以写成

$$-\frac{\sin\theta}{\cos\theta} = \frac{R_1}{R_2} = -\tan\theta \tag{13.7}$$

从式（13.7）可见，选取不同的 R_1 和 R_2 值，就可以得到任意的 θ 值。虽然从式（13.7）看来，只有在第二和第四象限，才能满足过零的条件。但是，实际上取正弦、余弦及其反相的四个信号，组合起来就可以在四个象限内都得到细分。也就是说，通过选择 R_1 和 R_2 的阻值，可以得到任意的细分数。

从式（13.5）可见，上述平衡条件是在 e_1 和 e_2 的幅值相等、位置相差 π/2 和信号与光栅位置有着严格的正弦函数关系下得出的。因此，它对莫尔条纹信号的波形、两个信号的正交关系以及电路的稳定性都有严格的要求，否则会影响测量精度，带来一定的误差。

采用两个相位差的信号来进行测量和移相，在测量技术上获得广泛的应用。虽然在具体电路上不完全一样，但都是基于这个基本原理的。

（3）电阻链细分。电阻链细分实际上就是电桥细分，只是结构形式略有不同而已。它的差别是电阻链在取出信号点把总电阻分为两个电阻，而对于这两个电阻，依然是一个细分电桥。对于光电器件来说，电阻链细分是一个分压关系，其功率较小，但电阻阻值的调整比较困难。

2）辨向原理与电路

单个光电器件接收一固定点的莫尔条纹信号，只能判别明暗的变化，而不能辨别莫尔条纹的移动方向，因而就不能判别物体的运动方向，以致不能正确测量位移。

如果能够在物体正向移动时，将得到的脉冲数累加，而物体反向移动时可从已累加的脉冲数中减去反向移动的脉冲数，这样就能得到正确的测量结果。

图 13.12 为辨向电路原理图，可以在细分电路之后用"与"门和"或"门，将 0°、90°、180°、270°处产生的 4 个脉冲适当地进行逻辑组合，就能辨别出光栅的运动方向。

当光栅正向移动时，产生的脉冲为加法脉冲，送到计数器中作加法计数；当光栅反向移动时，产生减法脉冲，送到计数器中作减法计数。这样计数器的计数结果才能正确地反映光栅副的相对位移量。辨向电路各点波形图如图 13.13 所示。

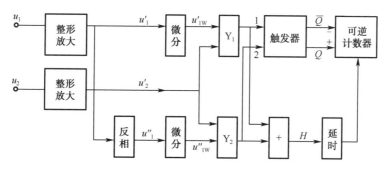

图 13.12 辨向电路原理图

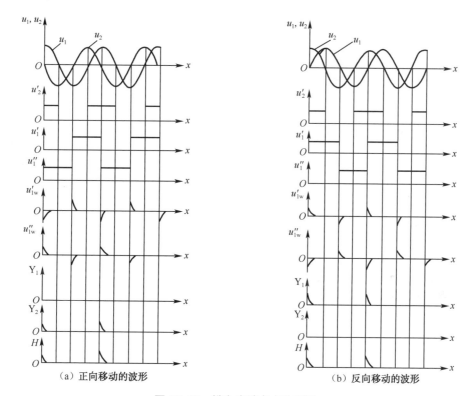

（a）正向移动的波形　　　　　　（b）反向移动的波形

图 13.13 辨向电路各点波形图

13.1.4 光栅测量系统的应用

光栅测量可以广泛用于长度与角度的精密测量（如数控机床、测量机等），以及能变为位移的物理量（如振动、应力、应变等）。其特点是：精度高，为 $0.2\sim0.4\mu m/m$，仅次于激光；分辨率高，为 $0.1\mu m$；量程大，可大于 $1m$；抗干扰能力强，可实现动态测量。

13.2 磁栅传感器

磁栅传感器由磁栅（又称磁尺）与磁头组成，它是一种新型的传感元件。

磁栅上录有等间距的磁信号，它是利用磁带录音原理将等节距的周期性变化的电信号

（正弦波或矩形波）用录磁的方法记录在磁性尺子或圆盘上而制成的。装有磁栅传感器的仪器或装置工作时，磁头相对于磁栅有一定的相对位置，在这个过程中，磁头把磁栅上的磁信号读出来，这样就把被测位置或位移转换成电信号了。

与其他类型的检测器件相比，磁栅传感器具有制作工艺简单、复制方便、易于安装、调整方便、测量范围广（从0.001mm到10m）、使用寿命长等一系列优点，因而在大型机床的数字检测和自动化机床的自动控制等方面得到广泛的应用。

13.2.1　磁栅及其分类

1. 磁栅的结构

磁栅的结构如图13.14所示。磁栅基体是用非导磁材料（如玻璃、磷青铜等）制成的，上面镀一层均匀的磁性薄膜（即磁粉），经过录磁，其磁信号排列情况如图13.14所示，要求录磁信号幅度均匀，幅度变化应小于10%，节距均匀。

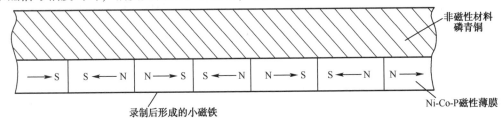

图 13.14　磁栅的结构

目前长磁栅常用的磁信号节距一般为0.05mm和0.02mm两种，圆磁栅的角节距一般为几分至几十分。

磁栅基体要有良好的加工性能和电镀性能，其线膨胀系数应与被测件接近。基体也常用钢制作，然后用镀铜的方法解决隔磁问题，铜层厚度为0.15～0.2mm。长磁栅基体工作面平直度误差应不大于0.005～0.01mm/m，圆磁栅工作面不圆度应不大于0.005～0.01mm。粗糙度Ra在0.16μm以下。

磁性薄膜的剩余磁感应强度B_r要大、矫顽力H_c要高、性能稳定、电镀均匀。目前常用的磁性薄膜材料为镍钴磷合金，其$B_r = 0.7\sim0.8T$，$H_c = 6.37\times104A/m$，薄膜厚度为0.10～0.20mm。

2. 磁栅的类型

磁栅可分为长磁栅和圆磁栅两大类。前者用于测量直线位移，后者用于测量角位移。

长磁栅又可分为尺型、带型和同轴型三种。

一般常用尺型磁栅，如图13.15（a）所示。它是在一根不导磁材料（如铜或玻璃）制成的尺基上镀一层Ni-Co-P或Ni-Co磁性薄膜，然后录制而成。磁头一般用片簧机构固定在磁头架上，工作时磁头架沿磁栅的基准面运动，磁头不与磁尺接触。尺型磁栅主要用于精度要求较高的场合。

同轴型磁栅是在φ2mm的青铜棒上电镀一层磁性薄膜，然后录制而成的。磁头套在磁棒上工作，如图13.15（b）所示，两者之间具有微小的间隙。由于磁棒的工作区被磁头围住，因此对周围的磁场起了很好的屏蔽作用，增强了它的抗干扰能力。这种磁栅传感器结构特别小巧，可用于结构紧凑的场合或小型测量装置中。

当量程较大或安装面不好安排时，可采用带型磁栅，如图13.15（c）所示。带型磁栅是在一条宽约20mm、厚约0.2mm的铜带上镀一层磁性薄膜，然后录制而成的。带型磁栅的录磁与工作均在张紧状态下进行。磁头在接触状态下读取信号，能在振动环境下正常工作。为了防止磁栅磨损，可在磁栅表面涂上一层几微米厚的保护层，调节张紧预变形量可在一定程度上补偿带型磁栅的累积误差与温度误差。

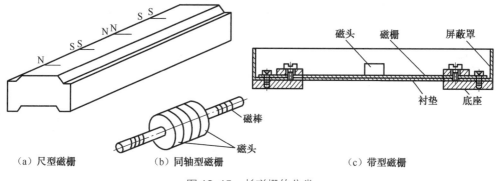

图 13.15　长磁栅的分类

13.2.2　磁头及其结构

磁栅上的磁信号先由录磁头录好，再由读磁头将磁信号读出。按读取信号的方式不同，读磁头可分为动态磁头与静态磁头两种。

1. 动态磁头

动态磁头为非调制式磁头，又称速度响应式磁头，它只有一组输出绕组，只有当磁头磁栅有相对运动时，才有信号输出。常见的录音机信号取出就属于此类。

（1）动态磁头的结构。图 13.16 所示为动态磁头的结构。磁芯材料由每片厚度为 0.2mm 的铁镍合金片（含 Ni 80%）叠成需要的厚度（如 3mm-窄型、18mm-宽型），前端放入 0.01mm 厚度的铜片，后端磨光靠紧。线圈线径 $d=0.05\text{mm}$，匝数 $N=2\times1000\sim2\times1200$，电感量约为 $L=4.5\text{mH}$。

当磁头与磁栅之间以一定的速度相对移动时，由于电磁感应将在磁头线圈中产生感应电动势。当磁头与磁栅之间的相对运动速度不同时，输出感应电动势的大小也不同，静止时，则没有信号输出。因此，它不适用于长度测量。

（2）动态磁头的信号读取。用此类磁头读取信号原理如图 13.17 所示。图 13.17 中，1 为动态磁头；2 为磁栅；3 为读出的正弦信号，此信号表明磁信号在 N、N 重叠处为正的最强，磁信号在 S、S 重叠处为负的最强；W 为磁信号节距。当磁头沿着磁栅表面做相对位移时，就输出周期性的正弦电信号，若记下输出信号的周期数 n，就可以测量出位移量 $s=nW$。

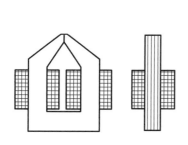

图 13.16　动态磁头的结构

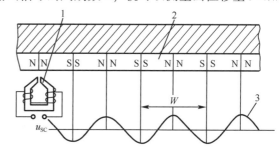

图 13.17　动态磁头读取信号原理

2. 静态磁头

静态磁头即调制式磁头，又称磁通响应式磁头，它与动态磁头的根本区别在于，在磁头和磁栅间没有相对运动的情况下也有信号输出。

（1）静态磁头的结构。图 13.18 所示为静态磁头的结构。它有两组绕组，一组为励磁绕组，$N_1 = 4 \times 15 \sim 4 \times 20$ 匝，另一组为输出绕组，$N_2 = 100 \sim 200$ 匝，线径 $d_1 = d_2 = 0.10\text{mm}$，磁芯材料也是铁镍合金。

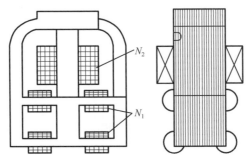

图 13.18　静态磁头的结构

（2）静态磁头的信号读取。读取信号的原理如图 13.19 所示。图 13.19 中，1 为静态磁头；2 为磁栅；3 为磁头读出信号。在静态磁头励磁绕组中通过交流励磁电流，使磁芯的可饱和部分（截面较小）在每周内两次被电流产生的磁场饱和，这时磁芯的磁阻很大，磁栅上的漏磁通不能由磁芯流过输出绕组而产生感应电动势。只有在励磁电流每周两次过零时，可饱和磁芯不被饱和时，磁栅上的漏磁通才能流过输出绕组的磁芯而产生感应电动势，其频率为励磁电流频率的两倍，输出电压的幅值与进入磁芯漏磁通的大小成比例。

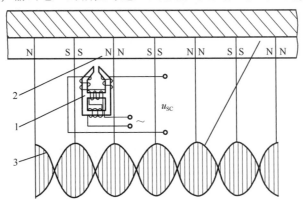

图 13.19　静态磁头读取信号原理

（3）多间隙静态磁头。为了增大输出，实际使用时，常将多个静态磁头串联起来制成一体，称为多间隙静态磁头，如图 13.20 所示。磁头铁芯由 A、B、C、D 四种形状不同的铁镍合金片按 ABCBDBCBA… 顺序叠合，每片厚度为 $W/4$。这样 AC 构成第一个分磁头，B 中的铜片起气隙作用，CD 构成第二个分磁头，DC 构成第三个分磁头，CA 构成第四个分磁头等。A、B、C、D 做成不同形状，为的是让它们只有在通过励磁线圈的铁芯段时才能形成磁路。只有这样，才能使它们的铁芯磁阻 RT 受到励磁电流的调制。

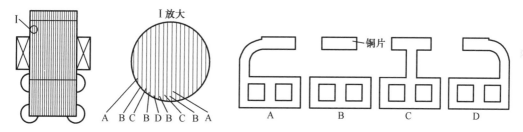

图 13.20　多间隙静态磁头

由于 A 与 C、C 与 D 各相距 $W/2$，对于磁栅磁场的基波成分，若 A 片对准 N 极，那么 C 片对准 S 极，D 片对准下一个 N 极，则进入铁芯的漏磁通在 C 片的中部是互相加强的。输出线圈套在 C 片中部上，输出感应电动势得到加强。对于磁场的偶次谐波成分，A、C、D 等都对准同名极，铁芯中没有磁通通过，这样就消除了偶次谐波的影响。

上述磁头结构能把基波成分叠加起来，因此气隙数 n 越大，输出信号也越大，这是多隙式磁头的特点。但 n 也不能太大，否则不仅会使体积加大，且叠片厚度的加工误差也将加大。因此常取 $n=30 \sim 50$，同时还应限制叠片厚度的总误差不得超过 $\pm W/10$。

增加输出绕组的匝数 N_2 有利于增大输出信号。但 N_2 越大，外界电磁干扰引起的噪声电压也越大，一般取 N_2 为几百匝，使输出信号达到几十毫伏即可。

13.2.3　信号处理方式

根据磁栅和磁头相对移动时读出的磁栅上的信号的不同，所采用的信号处理方式也不同。

1. 动态磁头的信号处理方式

动态磁头利用磁栅与磁头之间以一定的速度发生相对移动而读出磁栅上的信号，将此信号进行处理后使用。例如，某些动态丝杠检测仪，就是利用动态磁头读取磁栅上的磁信号，作为长度基准，与圆光栅盘（或磁盘）上读取的圆基准信号进行相位比较，以检测丝杠的精度。

动态磁头只有一组绕组，其输出信号为正弦波，信号的处理方法也比较简单，只要将输出信号放大整形，然后由计数器记录脉冲数 n，就可以测量出位移量的多少（$s=nW$）。但这种方法测量精度较低，而且不能判别移动方向。

2. 静态磁头的信号处理方式

静态磁头一般总是成对使用的，即采用两个间距为 $n \pm W/4$ 的磁头，其中 n 为正整数，W 为磁信号节距，也就是两个磁头布置成相位差为 90° 的关系。磁栅位移传感器的结构示意图如图 13.21 所示。

其信号处理方式分为鉴幅方式和鉴相方式两种。

（1）鉴幅方式。图 13.21 所示的两个静态磁头（通常两个磁头做成一体），它们的输出电压可用下式表示

$$u_1 = U_m \sin \frac{2\pi x}{\omega} \sin \omega t$$

$$u_2 = U_m \cos \frac{2\pi x}{\omega} \sin \omega t$$

式中，U_m 为磁头读出信号的幅值；x 为位移；ω 为励磁电压角频率的两倍。

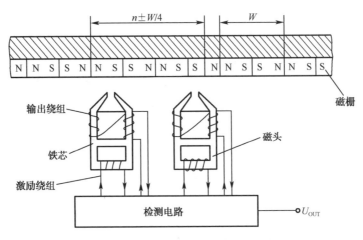

图 13.21　磁栅位移传感器的结构示意图

经检波器去掉高频载波后可得

$$u_1' = U_m \sin \frac{2\pi x}{\omega} x$$

$$u_2' = U_m \cos \frac{2\pi x}{\omega} x$$

两组磁头相对于磁尺每移动一个节距发出一个正弦和余弦信号，此两个电压相位差为90°的信号送有关电路进行细分和辨向后输出计数。

可见，经信号处理后可进行位置检测。这种方法的检测电路比较简单，但分辨率受到录磁节距 λ 的限制，若要提高分辨率，就必须采用较复杂的倍频电路，所以不常采用。

（2）鉴相方式。采用相位检测可以大大提高精度，并可以通过提高内插脉冲频率以提高系统的分辨率。将第一个磁头的励磁电流移相45°或将其读出信号移相90°，则其输出变为

$$u_1 = U_m \sin \frac{2\pi x}{\omega} \cos \omega t$$

$$u_2 = U_m \cos \frac{2\pi x}{\omega} \sin \omega t$$

将两个磁头的输出用求和电路相加，则获得总输出

$$u = U_m \sin \left(\frac{2\pi x}{\omega} + \omega t \right)$$

由上式可以看出，输出电压 u 幅值恒定，而相位随磁头与磁尺的相对位置 x 变化而变化。即相位与位移量 x 有关。只要鉴别出相移的大小，然后用有关电路进行细分与输出，读出输出信号的相位，就可确定磁头的位置，从而测量出位移量的大小。

13.2.4　磁栅传感器的应用

磁栅传感器在使用时要注意对磁栅传感器的屏蔽。磁栅外面应有防尘罩，防止铁屑进入，不要在仪器未接地时插拔磁头引线插头，以防磁头磁化。

磁栅传感器具有下列特点。

（1）录制方便，成本低廉。当发现所录磁栅不合适时可抹去重录。

（2）使用方便，可在仪器或机床上安装后再录制磁栅，因而可避免安装误差。

（3）可方便地录制任意节距的磁栅。例如，检查蜗杆时希望基准量中含有 π 因子，可在节距中考虑。

图 13.22 所示为应用较为成熟的鉴相型磁栅数字位移显示装置（简称磁栅数显表）的原理框图。

图 13.22 中 400kHz 晶振是磁头励磁及系统逻辑判别的信号源。由晶振输出 400kHz 的方波信号，经分频器后，变为方波信号，送入励磁电路。在励磁电路中，由励磁功率放大器进行功率放大，功率放大器中设有一电位器，对输出的励磁电压进行调整。输出的励磁电压对两个磁头进行励磁。

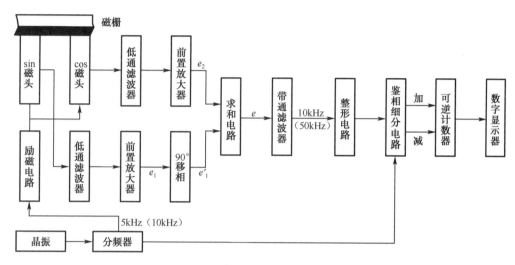

图 13.22 鉴相型磁栅数显表的原理框图

两只磁头的输出信号分别送到各自的低通滤波器和前置放大器进行整理。因为磁头铁芯存在剩磁，所以设置偏磁调整电位器，对磁头的输出加上一微小的直流电流（称为偏磁电流），通过调整偏磁电位器以使两磁头的剩磁情况对称，可以获得两路较对称的输出电信号。前置放大器的作用是保证两路信号的最大幅值相等。

其中一路输出送入 90°移相电路，获得余弦信号。

经过上述处理后，将两路信号送入求和电路，使输出的合成信号的相位与磁头和磁栅的相对位置相对应。再将此输出信号送入一个"带通滤波器"，滤去高频、基波、干扰等无用的信号波，取出二次谐波，此正弦波的相位角是随磁头与磁栅的相对位置变化而变化的。当磁头相对磁栅位移一个节距 W（通常 $W=0.20\text{mm}$）时，其相位角变化 360°，检测此正弦波的相位变化，就能得到磁头和磁栅的相对位移量的变化。

为了检测更小的位移量，需要在一个节距 W 内进行电气细分，即将输出的正弦波送到限幅整形电路，使其成为方波。经相位微调电路，进入鉴相细分电路。

磁头相对磁栅的位移方向是由相位超前或滞后一个预先设计好的基准相位来判别的。例如，磁头相对磁栅朝右移动时，相位是超前的，则鉴相细分电路输出"+"脉冲；若反之，则鉴相细分电路输出"−"脉冲。"+"和"−"脉冲经方向判别电路送到可逆计数器记录下来，再经译码显示电路指示磁头与磁栅的相对位移量。

13.3 数字编码器

数字编码器有计数型和代码型两大类。

计数型又称脉冲计数型，它可以是任意一种脉冲发生器，所发出的脉冲数与输入量成正比，加上计数器就可以对输入量进行计数。这时执行机构每移动一定距离或转动一定角度就会发出一个脉冲信号。光栅检测器和增量式光电编码器就属于此类传感器。

代码型即绝对值式编码器，它输出的信号是二进制数字代码，代码"1"为高电平，"0"为低电平，高、低电平可用光电器件或机械式接触元件输出。代码型传感器通常被用来检测执行元件的位置或速度，如绝对值型光电编码器、接触型编码器等。

13.3.1 接触式码盘编码器

1. 接触式码盘编码器的结构与工作原理

接触式码盘编码器由码盘和电刷组成，适用于角位移测量。码盘利用制造印制电路板的工艺，在铜箔板上制作某种码制图形，如图13.23所示。电刷采用活动触点结构，在外界力的作用下，旋转码盘时，电刷与码盘接触处就产生某种码制的数字编码输出。下面以如图13.23所示的四位二进制码盘为例，说明其结构和工作原理。

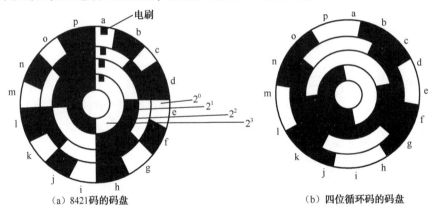

(a) 8421码的码盘   (b) 四位循环码的码盘

图13.23 接触式四位二进制码盘

涂黑处为导电区，将所有导电区连接到高电位（"1"）；空白处为绝缘区，为低电位（"0"）。4个电刷沿着某一径向安装，四位二进制码盘上有四圈码道，每圈码道有一个电刷，电刷经电阻接地。当码盘转动其一角度后，电刷就输出一个数码；码盘转动一周，电刷就输出16种不同的四位二进制数码。

由此可知，二进制码盘所能分辨的旋转角度为 $\alpha = 360/2^n$，若 $n = 4$，则 $\alpha = 22.5°$。位数越多，可分辨的角度越小，若取 $n = 8$，则 $\alpha = 1.4°$。当然，可分辨的角度越小，对码盘和电刷的制作和安装要求越严格。当 n 多到一定位数后（一般为 $n>8$），这种接触式码盘将难以制作。

2. 误差的产生与消除

（1）误差的产生。对于 8421 码的码盘，由于电刷安装不可能绝对精确，必然存在机械偏差，这种机械偏差会产生非单值误差。例如，由二进制码 0111 过渡到 1000 时（电刷从 h 区过渡到 i 区），即由 7 变为 8 时，如果电刷进出导电区的先后不一致，就会出现 8～15 之间的某个数字。这就是所谓的非单值误差。下面讨论如何消除这些非单值误差。

（2）采用循环码（格雷码）。采用循环码可以消除非单值误差。循环码的特点是任意一个半径径线上只可能在一个码道上会有数码的改变，根据这一特点就可以避免因制造或安装不精确而带来的非单值误差。

循环码的码盘如图 13.23（b）所示。由循环码的特点可知，即使制造或安装不准，产生的误差最多也只是最低位的一个比特。因此，采用循环码码盘比采用 8421 码码盘的准确性和可靠性要高得多。

（3）采用扫描法。扫描法有 V 扫描、U 扫描和 M 扫描三种。它是在最低位码道上安装一个电刷，在其他位码道上均安装两个电刷，其中一个电刷位于被测位置的前边，称为超前电刷；另一个放在被测位置的后边，称为滞后电刷。

若最低位码道有效位的增量宽度为 x，则各位电刷对应的距离依次为 x、$2x$、$4x$、$8x$ 等。这样在每个确定的位置上，最低位电刷输出电平反映了它真正的位值，由于高电位有两个电刷，就会输出两种电平，根据电刷分布和编码变化规律，可以读出真正反映该位置的高位二进制码对应的电平值。

当低一级码道上电刷真正输出的是"1"时，高一级码道上的真正输出必须从滞后电刷读出；当低一级码道上电刷真正输出的是"0"时，高一级码道上的真正输出则要从超前电刷读出。由于最低位轨道上只有一个电刷，它的输出就代表真正的位置，这种方法就是 V 扫描法。

这种方法是根据二进制码的特点设计的。由于 8421 码制的二进制码是从最低位向高位逐级进位的，因此最低位变化最快，高位逐渐减慢，如图 13.24 所示。

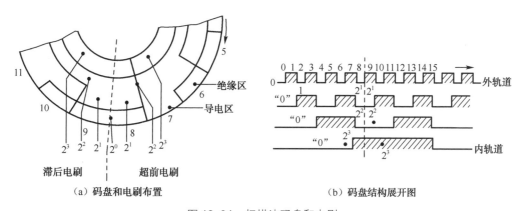

（a）码盘和电刷布置　　　　　　　　　　　（b）码盘结构展开图

图 13.24　扫描法码盘和电刷

当某一个二进制码的第 i 位是 1 时，该二进制码的第 i 位和前一个数码的 $i+1$ 位状态是一样的，故该数码的第 $i+1$ 位的真正输出要从滞后电刷读出。相反，当某个二进制码的第 i 位是 0 时，该数码的第 $i+1$ 位的输出要从超前电刷读出，如图 13.25 所示。

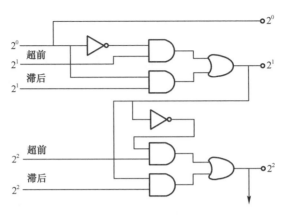

图13.25　扫描法读出电路

13.3.2　光电编码器

光电编码器是一种通过光电转换将输出轴上的机械几何位移量转换成脉冲或数字量的传感器，是目前应用最多的数字式传感器。光电编码器是由光栅盘和光电检测装置组成的。

光栅盘是在一定直径的圆板上等分地开通若干个长方形孔。光栅盘与电动机同速旋转，其原理示意图如图13.26所示。在发光元件和光电接收元件之间，有一个直接装在旋转轴上的具有相当数量的透光与不透光扇区的编码盘。当它转动时，就可得到与转角或转速成比例的脉冲电压信号。经发光二极管等电子器件组成的检测装置检测输出若干脉冲信号，通过计算每秒光电编码器输出脉冲的个数就能反映当前电动机的转速。

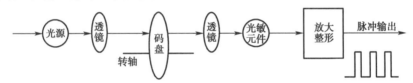

图13.26　光电编码器原理示意图

光电编码器的最大特点是非接触，因此它的使用寿命长，可靠性高。

1. 光电式码盘编码器

光电式码盘编码器在转轴的任何位置都可以输出一个与位置相对的数字码。这一点与接触式码盘编码器相同。

（1）结构和工作原理。光电式码盘编码器与接触式码盘编码器不同的是其码盘采用照相腐蚀工艺，在一块圆形光学玻璃上刻有透光和不透光的码形。在几个码道上，装有相同个数的光电转换元件代替接触式编码器的电刷，并将接触式码盘上的高、低电位用光源代替。

光电式码盘是目前应用较多的一种，它是在透明材料的圆盘上精确地印制上二进制编码。图13.27（a）所示为四位二进制码盘，码盘上各圈圆环分别代表一位二进制数字码道，在同一个码道上印制黑白等间隔图案，形成一套编码。黑色不透光区和白色透光区分别代表二进制的"0"和"1"。在一个四位二进制光电式码盘上，有四圈数字码道，每一个码道表示二进制的一位，里侧是高位，外侧是低位，在360°范围内可编码数为 $2^4 = 16$ 个。

工作时，码盘的一侧放置电源，另一侧放置光电接收装置，每个码道都对应有一个光电管及放大整形电路。码盘转到不同位置，光电管接收光信号，并将其转换成相应的电信号，经放大整形后，成为数码电信号。由于制造和安装精度的影响，同样会产生无法估计的数值误差，称为非单值性误差。

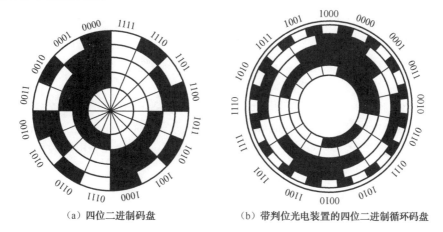

（a）四位二进制码盘　　　　　（b）带判位光电装置的四位二进制循环码盘

图 13.27　两种四位二进制码盘

光电式码盘编码器与接触式码盘编码器一样，可采用循环码或 V 扫描法来解决非单值误差的问题。

带判位光电装置的二进制循环码盘是在四位二进制循环码盘的最外圈再增加一圈信号位。图 13.27（b）所示就是带判位光电装置的二进制循环码盘。该码盘最外圈上的信号位的位置正好与状态交线错开，只有当信号位处的光电元件有信号时才读数，这样就不会产生非单值性误差了。

（2）用插值法提高分辨率。为了提高测量的精度和分辨率，常规的方法是增加码盘的码道数，即增加刻线数。但是，由于制造工艺的限制，当刻度数多到一定数量后，就难以实现了。在这种情况下，可以采用一种光学分解技术（插值法）来进一步提高分辨率。

例如，若码盘已具有 14 条（位）码道，在 14 位的码道上增加 1 条专用附加码道，如图 13.28所示。附加码道扇形区的形状和光学几何结构与前 14 位有所差异，且使之与光学分解器的多个光敏元件相配合，产生较为理想的正弦波输出。附加码道输出的正弦或余弦信号，在插值器中按不同的系数叠加在一起，形成多个相移不同的正弦信号输出。各正弦波信号再经过零比较器转换为一系列脉冲，从而细分了附加码道的光电元件输出的正弦信号，于是产生了附加的低位的几位有效数值。

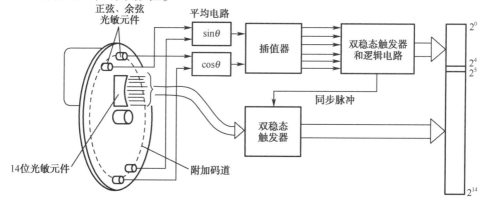

图 13.28　用插值法提高分辨率的光电编码器

图 13.28 中所示的 19 位光电编码器的插值器产生 16 个正弦信号。每两个正弦信号之间的相位差为 π/8，从而在 14 位编码器的最低有效数值间隔内插入了 32 个精确等分点，即相当于附加 5 位二进制数的输出，使编码器的分辨率从 2^{-14} 提高到 2^{-19}，角位移小于 3″。

2. 光电式脉冲盘编码器

光电式脉冲盘编码器又称光电式增量编码器，它一般只有三个码道，不能直接产生几位编码输出。

（1）结构和工作原理。光电式增量编码器的圆盘上等角距地开有两道缝隙，内、外圈（A、B）的相邻两缝错开半条缝宽；另外，在某一径向位置（一般在内、外两圈之外）开有一狭缝，表示码盘的零位。在它们相对的两个侧面分别安装光源和光电接收元件，其工作原理如图 13.29 所示。

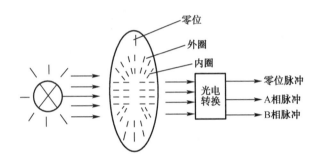

图 13.29　光电式脉冲盘编码器的工作原理

当转动码盘时，光线经过透光和不透光的区域，每个码道将有一系列光电脉冲由光电元件输出，码道上有多少缝隙，每转过一周就将有多少个相差 90°的两相（A、B 两路）脉冲和一个零位（C 相）脉冲输出。光电式增量编码器的精度和分辨率主要取决于码盘本身的精度。

（2）旋转方向的判别。为了辨别码盘旋转方向，可以采用图 13.30 所示的电路，利用 A、B 两相脉冲来实现。

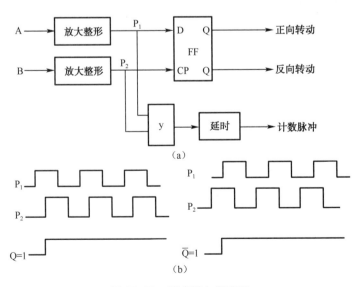

图 13.30　码盘辨向原理图

光电元件 A、B 的输出信号经放大整形后，产生 P_1 和 P_2 脉冲。将它们分别接到 D 触发器的 D 端和 CP 端，由于 A、B 两相脉冲（P_1 和 P_2）相差 90°，故 D 触发器 FF 在 CP 脉冲（P_2）的上升沿触发。

正转时 P_1 脉冲超前 P_2 脉冲，FF 的 Q="1" 表示正转；当反转时，P_2 超前 P_1 脉冲，FF 的 Q="0" 表示反转。可以用 Q 控制可逆计数器按正向或反向计数，即可将光电脉冲变成编码输出。

C 相脉冲接至计数器的复值端，实现每码盘转动一圈复位一次计数器的目的。码盘无论正转还是反转，计数器每次反映的都是相对于上次角度的增量，故这种测量称为增量法。

除了光电式增量编码器，还相继开发了光纤增量传感器和霍尔效应式增量传感器等，它们都已得到了广泛的应用。

13.3.3 光电编码器的应用

钢带式光电编码数字液位计是典型的光电编码器的应用实例。

1. 结构与工作原理

钢带式光电编码数字液位计如图 13.31 所示，它是目前油田浮顶式诺铀罐液位测量普遍应用的一种测量设备。在量程超过 20m 的应用环境中，液位测量分辨率仍可达到 1mm，可以满足计量的精度要求。

该测量设备主要由编码钢带、读码器、卷带盘、定滑轮、牵引钢带用的细钢丝绳及伺服系统等构成。编码钢带的一端（最大量程读数的一端）系在细钢丝绳上，细钢丝绳绕过罐顶的定滑轮系在大罐的浮顶上，编码钢带的另一端绕过大罐底部的定滑轮缠绕在卷带盘上。

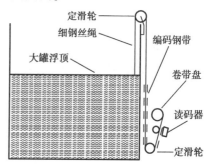

图 13.31 钢带式光电编码数字液位计

当大罐液位下降时，细钢丝绳和编码钢带中的张力增大，卷带盘在伺服系统的控制下放出盘内的编码钢带；当大罐液位上升时，细钢丝绳和编码钢带中的张力减小，卷带盘在伺服系统的控制下将编码钢带收入卷带盘内。读码器可随时读出编码钢带上反映液位位置的编码，经处理后进行就地显示或以串行码的形式发送给其他设备。

13.4 感应同步器

感应同步器是利用两个平面形绕组的互感随位置不同而变化的原理制成的。按其用途可分为两大类，分别是直线感应同步器和圆感应同步器，前者用于直线位移的测量，后者用于转角位移的测量。

感应同步器具有精度高、分辨率高、抗干扰能力强、使用寿命长、工作可靠等优点，被广泛应用于大位移静态与动态测量中。

13.4.1 感应同步器的结构

1. 直线感应同步器

直线感应同步器由定尺和滑尺组成，其外形和截面结构如图 13.32 和图 13.33 所示。定尺和滑尺上均做成印制电路绕组，定尺为一组长度为 250mm 均匀分布的连续绕组。如图 13.34所示，节距 $W_2 = 2(a_2 + b_2)$，其中 a_2 为导电片片宽，b_2 为片间间隔。滑尺上分布有两组间断绕组，两绕组相差 90° 相位角，分别称为正弦绕组和余弦绕组。为此，两相绕组中心线距应为 $l_1 = (n/2 + 1/4)W_2$，其中 n 为正整数。两相绕组节距相同，都为 $W_1 = 2(a_1 + b_1)$，其中 a_1 为导电片片宽，b_1 为片间间隔。目前一般取 $W_2 = 2$mm。滑尺有如图 13.34（b）所示的 W 形和如图 13.34（c）所示的 U 形两种类型。

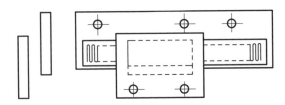

图 13.32　直线感应同步器的外形

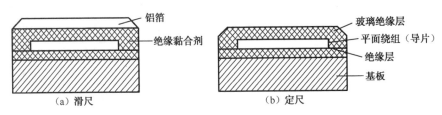

（a）滑尺　　　　　　　　　　　　　（b）定尺

图 13.33　定尺、滑尺的截面结构

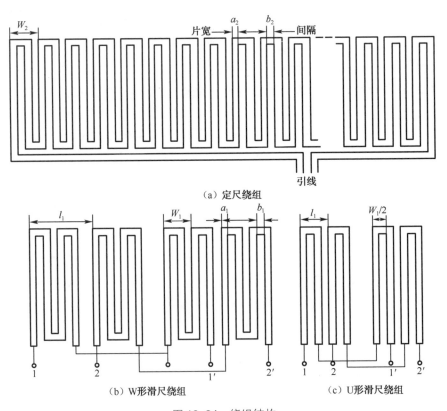

（a）定尺绕组

（b）W形滑尺绕组　　　　　　　　（c）U形滑尺绕组

图 13.34　绕组结构

2. 圆感应同步器

圆感应同步器的结构如图 13.35 所示。圆感应同步器又称旋转式感应同步器，其转子相当于直线感应同步器的定尺，定子相当于滑尺。目前按圆感应同步器直径大致可分成 302mm、178mm、76mm、50mm 四种，其径向导体数也称极数，有 360 极、720 极、1080 极和 512 极。一般来说，在极数相同的情况下，圆感应同步器的直径做得越大，越容易做得准确，精度也就越高。

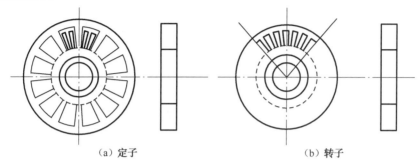

（a）定子 （b）转子

图 13.35 圆感应同步器的结构

13.4.2 感应同步器的工作原理

当励磁绕组用正弦电压励磁时，将产生同频率的交变磁通，如图 13.36 所示（这里只画了一相励磁绕组）。这个交变磁通与感应绕组耦合，在感应绕组上产生同频率的交变电动势。这个电动势的幅值，除了与励磁频率、感应绕组耦合的导体组、耦合长度、励磁电流、两绕组间隙有关，还与两绕组的相对位置有关。为了说明感应电动势和位置的关系，由图 13.37 可知，当滑尺上的正弦绕组 S 和定尺上的绕组位置重合时（A 点），耦合磁通最大，感应电动势最大；当继续平行移动滑尺时，感应电动势慢慢减小，当移动到 1/4 节距位置处时（B 点），在感应绕组内的感应电动势相抵消，总电动势为 0；继续移动到半个节距时（C 点），可得到与初始位置极性相反的最大感应电动势；在 3/4 节距处（D 点）又变为 0；移动到下一个节距时（E 点），又回到与初始位置完全相同的耦合状态，感应电动势为最大。这样感应电动势随着滑尺相对定尺的移动而呈周期性变化。

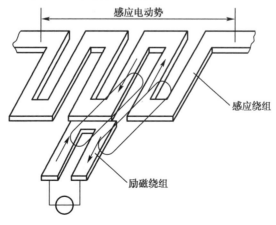

图 13.36 感应同步器的工作原理

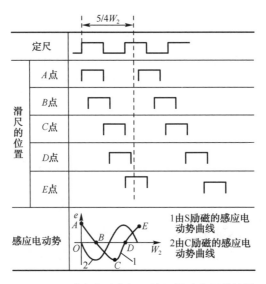

图 13.37　感应电动势与两绕组相对位置的关系

同理，可以得到定尺绕组与滑尺上余弦绕组 C 之间的感应电动势周期性变化曲线，如图 13.37 中曲线 2 所示。

适当加大励磁电压将获得较大的感应电动势，但过大的励磁电压将引起过大的励磁电流，致使温升过高而不能正常工作，一般选用 1～2V。当励磁频率 f 等一些参数选定之后，通过信号处理电路就能得到被测位移与感应电动势之间的对应关系，从而达到测量的目的。

13.4.3　数字位置测量系统

将感应同步器作为位置检测元件构成数字位置测量系统，是感应同步器应用最广泛的一个方向。对于数字位置测量系统，只需在结构上做某些变化，就可以构成精密定位、随动跟踪等自动控制系统。这里只介绍鉴幅型数字位移测量系统。

鉴幅型数字位移测量系统的原理框图如图 13.38 所示。该系统的功能部件有感应同步器、放大器、逻辑控制电路和函数发生器，此外还有显示计数器、变换计数器及振荡器等辅助部件。

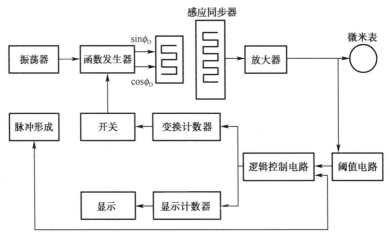

图 13.38　鉴幅型数字位移测量系统原理框图

感应同步器由函数发生器供电，进行鉴幅型位—模转换，再配以逻辑开关电路，构成测量位移的闭环系统。

当滑尺相对于定尺移动一个微小距离后，定尺产生一输出信号。该信号一般只有 $10\mu V$，且含有干扰和谐波成分，通过放大滤波环节变为优特级的正弦波送入阈值电路。当位移小于 0.01mm 时，经放大后的误差电压低于阈值电平，闸门被关闭，计数器没有脉冲输入。当位移大于 0.01mm 时，经放大后的误差电压高于阈值电平，闸门被打开，脉冲形成电路输出的恒定频率脉冲可以通过逻辑控制电路变为跟踪速度信号，同时送入变换计数器和显示计数器。

小　结

计量光栅按其形状和用途可分为长光栅和圆光栅两类，前者用于测量长度，后者可测量角度（有时也可测量长度）。光栅传感器由光源、光栅副、光敏器件三大部分组成，也称为光栅测量装置。用光栅测量位移时，由于刻线过密，数出测量对象上某一个确定点相对于光栅移过的刻线，直接对刻线计数很困难，因而目前利用光栅的莫尔条纹或相位干涉条纹进行计数。莫尔条纹的测量原理有幅值光栅测量、相位光栅测量。莫尔条纹技术的特点为误差平均效应、移动放大作用、方向对应关系、倍频提高精度、直接数字测量。

光栅测量系统由光栅光学系统和电子系统组成。光栅光学系统又称光栅系统，是由照明系统、光栅副、光电接收系统组成的。通常将照明系统、指示光栅、光电接收系统（除标尺光栅外）组合在一起组成光栅读数头。电子系统是完成电信号处理的部分，由细分电路、辨向电路和显示系统组成。

磁栅传感器由磁栅（又称磁尺）与磁头组成，它是一种新型的传感元件。

磁栅上录有等间距的磁信号，它是利用磁带录音原理将等节距的周期性变化的电信号（正弦波或矩形波）用录磁的方法记录在磁性尺子或圆盘上而制成的。装有磁栅传感器的仪器或装置工作时，磁头相对于磁栅有一定的相对位置，在这个过程中，磁头把磁栅上的磁信号读出来，这样就把被测位置或位移转换成电信号了。

磁栅上的磁信号先由录磁头录好，再由读磁头将磁信号读出。按读取信号的方式不同，读磁头可分为动态磁头与静态磁头两种。

根据磁栅和磁头相对移动时读出的磁栅上的信号的不同，所采用的信号处理方式也不同。有动态磁头的信号处理方式、静态磁头的信号处理方式，后者又可分为鉴幅方式和鉴相方式两种。

数字编码器主要分为计数型和代码型两大类。这两种形式的数字编码器，由于具有高精度、高分辨率和高可靠性，已被广泛应用于各种位移量的测量中。

接触式码盘编码器的分辨率受电刷的限制不可能很高；而光电编码器由于使用了体积小、易于集成的光电元件代替机械的接触电刷，其测量精度和分辨率能达到很高的水平。

光电编码器是一种通过光电转换将输出轴上的机械几何位移量转换成脉冲或数字量的传感器，是目前应用最多的数字式传感器。光电编码器是由光栅盘和光电检测装置组成的。

光电编码器的最大特点是非接触，因此它的使用寿命长，可靠性高。

感应同步器是利用两个平面形绕组的互感随位置不同而变化的原理制成的。按其用途可分为两大类，分别是直线感应同步器和圆感应同步器，前者用于直线位移的测量，后者用于转角位移的测量。

随着微型计算机的迅速发展及其在各领域中的广泛渗透，对信号的检测、控制和处理必然进入数字化阶段。利用模拟式传感器和A/D转换器将信号转换成数字信号，然后由微机和其他数字设备处理，虽然是一种很简便和有用的方法，但由于A/D转换器的转换精度会受到参考电压精度的限制，从而使得系统的总精度也将受到限制。如果有一种传感器能直接输出数字量，那么上述的精度问题就可以得到解决。这种传感器就是数字式传感器。显然，数字式传感器是一种能把被测模拟量直接转换成数字量的输出装置。

思考与练习

1. 莫尔条纹是怎样产生的？它具有哪些特性？

2. 在精密车床上使用刻线为5400条/周圆光栅进行长度检测时，其检测精度为0.01mm，问该车床丝杆的螺距为多少？

3. 试分析四倍频电路，当传感器做反向移动时，其输出脉冲的状况（画图表示），该电路的作用是什么？

4. 动态读磁头与静态读磁头有何区别？

5. 磁栅传感器的输出信号有哪几种处理方法？区别何在？

6. 感应同步器有哪几种？各有什么特点？

7. 机械工业中常用的数字式传感器有哪几种？各利用了什么原理？它们各有何特点？

8. 什么是细分？什么是辨向？它们各有何用途？

第14章 物联网传感器技术及其应用

物联网将新一代IT技术充分运用到各行各业中,将物联网与现有的互联网整合起来,实现人类社会与物理系统的整合。在这个整合的网络中,存在着能力超级强大的中心计算机群,能够对整合网络内的人员、设备和基础设施实施实时的管理和控制。随着物联网时代的来临,人们的日常生活将发生极大的变化。

本章首先介绍物联网的基本概念、物联网的核心技术和体系结构,随后介绍物联网中常用的传感器,最后讨论了传感器在智能家居中的具体应用。

14.1 物联网基础知识

14.1.1 什么是物联网

"物联网"(Internet of Things)这一概念在1999年由麻省理工学院提出。2005年11月,国际电信联盟ITU发布了《国际电信联盟互联网报告2005:物联网》,开始聚焦这一名词。

物联网是新一代信息技术的重要组成部分。顾名思义,物联网就是物物相连的互联网。它有两层含义:第一,物联网的核心和基础仍然是互联网,是在互联网基础上延伸和扩展的网络;第二,其用户端延伸和扩展到了任何物品与物品之间,进行信息交换和通信。我国对物联网的定义是:物联网指的是将无处不在的末端设备和设施,包括具备"内在智能"的传感器、移动终端、工业系统、楼控系统、家庭智能设施、视频监控系统等,和"外在使能"的如贴上RFID的各种资产、携带无线终端的个人与车辆等"智能化物件或动物"或"智能尘埃",通过各种无线和/或有线的长距离和/或短距离通信网络实现互联互通、应用大集成以及基于云计算的SaaS营运等模式,在内网、专网和/或互联网环境下,采用适当的信息安全保障机制,提供安全可控乃至个性化的实时在线监测、定位追溯、报警联动、调度指挥、预案管理、远程控制、安全防范、远程维保、在线升级、统计报表、决策支持、领导桌面集中展示等管理和服务功能,实现对"万物"的"高效、节能、安全、环保"的"管、控、营"一体化。

综上可知,物联网是通过射频识别、红外感应器、全球定位系统、激光扫描器等信息传感设备,按约定的协议,把任何物品与互联网相连接,进行信息交换和通信,以实现对物品的智能化识别、定位、跟踪、监控和管理的网络。

物联网可以以简单的RFID电子标签和智能传感器为基础,结合已有的网络技术、数据库技术、中间件技术等,构建一个比互联网更为庞大的物-物、物-人相连的网络。

相对于已有的各种通信和服务网络,物联网在技术和应用层面具有以下几个特点。

(1)感知识别普适化。作为物联网的末梢,近年来自动识别和传感器技术有了迅猛发展,应用广泛。人们的衣食住行与感知识别技术紧密相关。感知与识别将物理世界信息化,将传统上分开的物理世界和信息世界实现高度融合。

（2）异构设备互联化。物联网中的硬件和软件平台千差万别，各种异构设备（如不同型号和类别的 RFID 标签、传感器、手机、笔记本电脑等）利用无线通信模块和标准通信协议，构建自组织网络。在此基础上，运行不同协议的异构网络之间通过"网关"互联互通，实现网际间信息的共享及融合。

（3）联网终端规模化。物联网时代的一个重要特征是"物品联网"，每一件物品均具有通信功能，成为网络终端。

（4）管理调控智能化。物联网将大规模数据高效、可靠地组织起来，为上层行业应用提供智能的支撑平台。数据存储、组织以及检索成为行业应用的重要基础研究。与此同时，各种决策手段（包括运筹学理论、机器学习、数据挖掘、专家系统等）被广泛应用于各行各业。

（5）应用服务链条化。以工业生产为例，物联网技术覆盖原材料引进、生产调度、节能减排、仓储物流、产品销售、售后服务等各个环节，成为提高企业整体信息化水平的有效途径。

14.1.2 物联网的核心技术和体系结构

物联网的核心技术包括传感器技术、无线射频识别技术、传感器网络、红外感应器、全球定位系统、互联网与移动网络、网络服务、各种行业应用软件等。物联网包括综合服务应用层（简称应用层）、网络传输层（简称传输层）和感知、识别与控制层（简称感知层）三级结构。物联网的体系结构如图 14.1 所示。

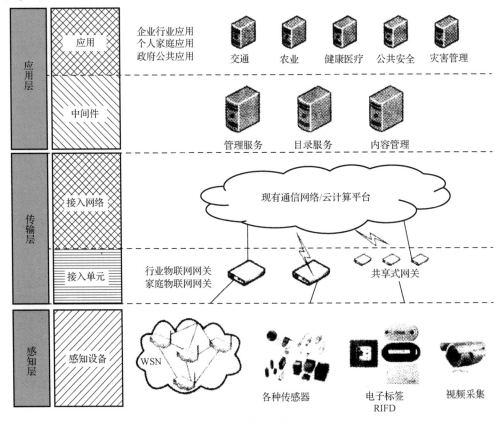

图 14.1　物联网的体系结构

可见，物联网的结构复杂，从应用角度看，主要包括 3 大部分：首先是感知层，承担信息的采集工作，可以通过各种传感器、电子标签 RIFD、视频采集等方式获取信息；其次是传输层，承担信息的传输工作，借用无线网、移动网、固联网、互联网、广电网等即可实现；最后是应用层，实现物与物之间、人与物之间的识别与感知，发挥智能作用。

1. 应用层

在高性能计算和海量存储技术的支撑下，综合服务应用层将大规模数据高效、可靠地组织起来，为上层行业应用提供智能的支撑平台。综合服务应用层的主要特点是"智慧"。有了丰富翔实的数据，运筹学理论、机器学习、数据挖掘、专家系统等手段才有了更广阔的施展舞台。

2. 传输层

传输层的主要作用是将物联网中感知与被识别的数据接入到综合服务应用层，供其使用。互联网作为物联网技术的重要传输层，负责将数据以各种网络传输形式传送到数据中心、用户终端等。

在非互联网的传输层面上，大量的感知信息需要通过便捷、可靠、安全的方式传输给信息处理单元。下一代互联网 IPv6 技术为节点访问提供了大量的地址，无线传感器、ZigBee、3G、LTE 和 Mesh 等技术为物联网的数据传输提供了传输保障。

无线传感器网络是由部署在监测区域内大量的廉价微型传感器节点组成的，通过无线通信方式形成一个多跳自组织网络，从而扩展了人们与现实世界进行远程交互的能力。

无线传感器网络是一种全新的信息获取平台，能够实时监测和采集网络分布区域内的各种监测对象的信息，并将这些信息发送到网关节点上，以实现复杂的指定范围内目标的监测与跟踪。所以，无线传感器网络具有快速展开、抗毁性强等特点。无线网络是实现物联网必不可少的基础设施之一，安置在动物、植物、机器和物品上的电子介质产生的数字信号可随时随地通过无处不在的无线网络传送出去。

ZigBee 是基于 IEEE802.15.4 标准建立的针对 WPAN（Wireless Personal Area Network Communication Technologies，无线个人局域网通信技术）的整套协议。基于 ZigBee 的射频芯片在数千个微小的传感器之间相互协调以实现通信，这些传感器只需要很小的能力，以接力的方式通过无线电波将数据从一个传感器传到另一个传感器。这种方式通信效率非常高，目前已经被广泛地应用在物联网的信息获取方面。

3. 感知层

感知、识别与控制层作为物联网的神经末梢，是联系物理世界和信息世界的纽带。感知层既包括 RFID、传感器等信息自动生成设备，也包括各种用来人工生成信息的智能电子产品装置。随着物联网的发展，大量的智能传感器及物体识别设备也将获得更快的发展。感知层相关技术主要包括物体标识、传感器、全球定位系统、摄像机及智能装置等。感知层位于物联网三层模型的底端，是所有上层结构的基础。感知识别技术能够让物品"开口说话、发布信息"，起到融合物理世界和信息世界的作用，同时，也是物联网区别于其他网络的最独特的地方。物联网的"触手"就是位于感知层的大量信息生成设备。信息生成方式的多样性是物联网的重要特征之一。物联网各层之间既相对独立又紧密联系。同一层上的不同技术互为补充，以便适用于不同的应用环境；不同层之间需要提供各种技术的配置和组合，根据应用需求构成完整的解决方案。总而言之，物联网设计方案与技术的选择应该以实际应用为导向，根据具体的需求和环境，选择合适的感知识别技术、联网技术和信息处理技术。

14.2　物联网中常用的传感器

物联网中常用的传感器有温度传感器、压力传感器、磁传感器、气体传感器、湿度传感器、声敏传感器、红外传感器、光电传感器、加速度传感器等。除了这些普通的传感器，应用在物联网感知层的传感器往往需要满足体积小、精度高、生命周期长的要求。

随着计算机硬件和软件技术的发展，微处理器和传感器得以结合，产生了具有一定数据处理能力，能够自检、自校、自补偿的新一代传感器——智能传感器。智能传感器的出现是传感器技术的一次革命，对传感器的发展产生了深远的影响，如 IC 总线数字温度传感器、智能倾角 RS-232 传感器、智能压力网络传感器、振动网络传感器等。

下面介绍一种在物联网中使用的智能压力传感器。智能压力传感器的工作原理如图 14.2 所示，它由检测和变送两部分组成。被测的力或压力通过隔离的膜片作用于扩散电阻上，引起阻值变化。扩散电阻接在惠斯通电桥中，电桥的输出代表被测压力的大小。在硅片上制作两个辅助传感器，分别用于检测静压力和温度。由于采用接近于理想弹性体的单晶硅材料，传感器的稳定性很好。在同一个芯片上检测到的差压、静压和温度三个信号，经多路开关分时地送到 A/D 转换器中进行 A/D 转换，再将数字量送到变送部分。

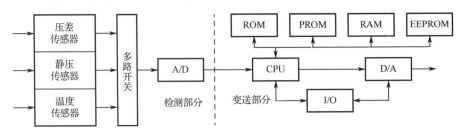

图 14.2　智能压力传感器工作原理

变送部分由 CPU、ROM、PROM（可编程只读存储器）、RAM、EEPROM（电可擦可编程只读存储器）、D/A 转换器、I/O 接口组成。CPU 负责处理 A/D 转换器送来的数字信号，从而使传感器的性能指标大大提高。存储在 ROM 中的主程序控制传感器工作的全过程。传感器的型号、输入/输出特性、量程可设定范围等都存储在 PROM 中。设定的数据通过导线传到传感器内，存储在 RAM 中。EEPROM 作为 RAM 后备存储器，RAM 中的数据可随时存入 EEPROM 中，不会因突然断电而丢失数据。恢复供电后，EEPROM 可以自动地将数据送到 RAM 中，使传感器继续保持原来的工作状态，这样可以省掉备用电源。CPU 利用数字输入/输出接口与其他相关设备进行数据传输。

目前，在物联网的应用中通常使用加州大学伯克利分校研制的无线传感器节点（Mote），该感知节点包括光照传感器、温湿度传感器以及大气压传感器等多种传感器。在进行系统设计时，选择可替换、精度高的传感器对于环境监测来说至关重要。另一个选择传感器的重要因素是传感器的启动时间，即传感器从加电到稳定读取数据的时间。在启动时间内，传感器需要一个持续的电流作业，因此需要采用启动时间较短的传感器以节省能量。加州大学伯克利分校研制的无线传感器节点参数如表 14.1 所示。

表14.1 加州大学伯克利分校研制的无线传感器节点参数

传感器	精确度	替换精度	采样频率/Hz	启动时间/ms	工作电流/mA
光照传感器	N/A	10%	2000	10	1.235
1℃温度传感器	1K	0.20K	2	500	0.150
大气压传感器	1.5mbar	0.5%	10	500	0.010
大气压温度传感器	0.8K	0.24K	10	500	0.010
湿度传感器	2%	3%	500	～3000	0.775
温度电堆传感器	3K	5%	2000	200	0.170
热敏电阻传感器	5K	10%	2000	10	0.126

注：$1bar = 1×10^5 Pa$。

将多种传感器联合使用可以完成一些比较复杂的监测工作。例如，联合使用温度传感器、热敏电阻和光敏电阻可以测量云层的覆盖度。此外，同一种传感器也可以用作不同的用途，例如，大气压传感器既可以在初始高度已知的情况下作为高度仪，也可以作为风速和风向测量仪。

14.3 传感器在智能家居领域的应用

随着经济的发展和人们生活水平的提高，在智能化、自动化高新技术的驱动下，智能家居行业进入了飞速发展时期。智能家居最基本的目标是为人们提供一个舒适、安全、方便和高效的生活环境。

目前，智能家居系统主要为用户提供以下控制功能：智能家电控制、智能灯光控制、电动窗帘控制、防盗报警、门禁对讲、煤气泄漏等，同时还可以拓展诸如三表抄送、视频点播等服务功能。

1. 智能家居系统的结构

智能家居系统主要由云服务器、控制主机（又称智能网关）、传感器、探测器、遥控器、智能开关、智能插座以及家庭网络等组成，如图14.3所示。

（1）云服务器。当我们想要控制各个家电、选择情景模式、打开监控视频等时，从各种客户端发来的控制命令都会汇总到云服务器里，云服务器收到命令后先对它们进行处理，然后按照一定的次序把这些命令分发出去，去控制家里的各种设备。

（2）智能网关。智能网关的作用主要有两个。一方面，云服务器不断发来控制命令等信息，智能网关收到后通过判断命令的正确与否，决定是否控制各个设备；另一方面，各个传感器节点都会不断上报环境参数等数据给智能网关，智能网关经过初步的数据处理后，将这些数据打包发给云服务器。

在智能家居系统中，一个云服务器下面可以有很多个智能网关。以一户三室一厅的住宅为例，三个房间和厅里可以各安装一个智能网关，这4个智能网关可以分别管理4个房间里的所有家电，然后汇总到统一的云服务器中，这样所有的信息都能由这个云服务器来集中管理了。

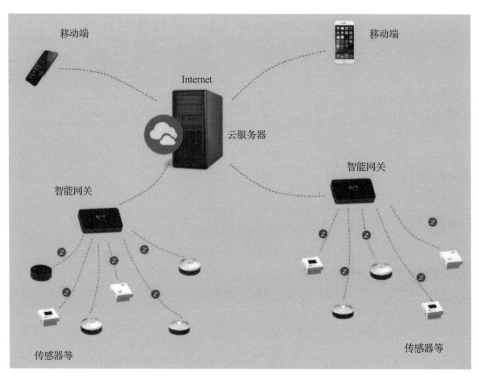

图 14.3　智能家居系统结构

（3）传感器。传感器是整个智能家居系统的末端，通过传感器可以采集房间内环境的温度、湿度、光照、空气成分等信息，感知居室不同部分的微观状况，从而对空调、门窗以及其他家电进行自动控制。

2. 智能家居中常用的传感器

（1）光照传感器。光照传感器如图 14.4 所示，它就像人体的眼睛一样，能够感受环境光照的强弱。光照传感器主要用于测量室内可见光的亮度，以便调整室内亮度。如晚上主人在家时，亮度已经下降到特定的范畴以下，系统会自动打开主人周边的照明设备，方便主人的生活。

图 14.4　光照传感器

（2）温度传感器。温度传感器主要用于测量室内的温度，方便调节室内温度。一年中的不同季节或一天中的不同时段都存在着或大或小的温差，根据不同的温度，系统将启动室内的降温或取暖设备，使人们的生活更加舒适。

（3）湿度传感器。湿度传感器主要用于测量室内的湿度，方便调节室内湿度。一年中有的季节潮湿，有的季节干燥，系统可以根据需要调节室内的空气湿度，将湿度保持在最适宜人们居住的状态。温、湿度传感器常集成在一起，如图14.5所示。

图 14.5　温湿度传感器

（4）PM2.5传感器。细颗粒物又称细粒、细颗粒、PM2.5，指环境空气中空气动力学当量直径小于等于2.5μm的颗粒物。它能较长时间悬浮于空气中，其在空气中含量浓度越高，就代表空气污染越严重。PM2.5传感器可用于检测环境中的细颗粒物浓度，即PM2.5值的大小。

（5）烟雾传感器。烟雾泛指以工业排放的固体粉尘为凝结核所生成的雾状物（如伦敦烟雾），或由碳氢化合物和氮氧化物经光化学反应生成的二次污染物（如洛杉矶光化学烟雾），它是多种污染物的混合体。烟雾传感器能够检测环境中的烟雾，内置蜂鸣器，可报警产生强烈声响。

（6）燃气传感器。燃气是气体燃料的总称，它能燃烧并放出热量，供城市居民和工业企业使用。燃气的种类很多，主要有天然气、人工燃气、液化石油气、沼气等。燃气传感器可用于监测可燃性气体的泄露，以预防气体泄露引起的爆炸和不安全燃烧引起的中毒。

（7）气压传感器。气压是作用在单位面积上的大气压力，在数值上等于单位面积上向上延伸到大气上界的垂直空气柱所受到的重力。下雨时或者高原地区气压很低，人们会有胸闷的感觉，所以气压传感器（如图14.6所示）就像人的肺一样，能实时监测大气压强。

图 14.6　气压传感器

（8）继电器传感器。继电器是一种电控器件，当输入量（激励量）的变化达到规定要求时，在电气输出电路中使被控量发生预定的阶跃变化。它实际上是用小电流去控制大电流的一种"自动开关"，在电路中起着自动调节、安全保护、转换电路等作用。继电器传感器（如图 14.7 所示）类似于人体的手臂，当云服务器发出命令时，由手臂来完成相应的操作。

图 14.7　继电器传感器

（9）人体红外传感器。人体红外传感器（如图 14.8 所示）是一种可探测静止人体的红外热释感应器，由透镜、感光元件、感光电路、机械部分和机械控制部分组成。人体红外传感器可在夜间监视周围的活动情况，只要人在距离传感器小于或等于一定距离时，就能开启监视器，并启动防盗报警。

图 14.8　人体红外传感器

（10）RFID 门禁传感器。射频识别是一种通信技术，可通过无线电信号识别特定目标并读写相关数据。RFID 门禁传感器（如图 14.9 所示）在现在的小区安保中应用比较广泛，智能家居中的门禁系统在传统的门禁系统中加入了远程控制，做到了远程控制和布防。

图 14.9　RFID 门禁传感器

综上可知，传感器的种类非常多，在实际应用中，我们应根据具体的需求来确定使用什么样的传感器。传感器在整个系统中既要收集环境的实时信息，又要执行智能网关发送过来的执行命令，所以传感器在智能家居系统中是不可或缺的。智能家居只是物联网在家庭方面的应用，如果掌握了传感器的使用方法和整个系统的运作流程，就可以按照自己的想法来做智能应用了。

14.4 物联网传感器技术在其他领域的应用

随着传感器技术的提升以及物联网技术的发展，物联网传感器技术不止用在家居环境中，也可以应用在温室大棚、计算机机房等环境中。

1. 温室大棚

在温室准备投入生产阶段，通过在温室内布置各类传感器，可以实时分析温室内部环境信息，从而更好地选择适宜种植的品种。在生产阶段，从业人员可以用物联网技术手段采集温室内温度、湿度等多种信息，来实现精细管理，如可以根据温室内温度、光照等信息来控制遮阳网开闭的时间，可以根据采集的温度信息来调控加温系统启动时间等。在产品收获后，还可以利用智能环境监测系统采集的信息，把不同阶段植物的表现和环境因子进行分析，反馈到下一轮的生产中，从而实现更精准的管理，获得更优质的产品。

2. 计算机机房

计算机机房环境监控系统是一个综合利用计算机网络技术、数据库技术、通信技术、自动控制技术、传感器技术等构成的计算机网络，系统监控对象主要是机房动力和环境设备等，如配电、空调、温湿度、漏水、烟雾、门禁、防雷、消防等。

系统可实时收集各设备的运行参数、工作状态及告警信息，对智能型和非智能型的设备进行监控，根据需要远程地对监控现场对象进行方便的控制操作。

小　　结

本章介绍了物联网的基本概念、核心技术和体系结构。物联网技术的核心和基础仍然是"互联网技术"，是在互联网技术基础上延伸和扩展的一种网络技术，其用户端延伸和扩展到了任何物品和物品之间，进行信息交换和通信。本章还以智能家居为例，介绍了物联网传感器技术在生活中的典型应用，并简单介绍了温室大棚、计算机机房管理等应用实例。

思考与练习

1. 解释一下什么是物联网。
2. 物联网在技术和应用层面具有哪些特点？
3. 物联网的层次结构是如何划分的？
4. 介绍一下你所熟悉的物联网在某一领域的应用情况。
5. 按照自己的理解，设计一个基于物联网的智能家居系统。

参 考 文 献

[1] 马西秦，许振中. 自动检测技术. 北京：机械工业出版社，2005.

[2] 柳桂国主编. 检测技术及应用. 北京：电子工业出版社，2003.

[3] 黄贤武，郑筱霞. 传感器原理与应用. 成都：电子科技大学出版社，2000.

[4] 郑华耀. 检测技术. 北京：机械工业出版社，2004.

[5] 栾桂冬，张金铎，金欢阳. 传感器及其应用. 西安：西安电子科技大学出版社，2002.

[6] 陈平，罗晶编. 现代检测技术. 北京：电子工业出版社，2005.

[7] 梁森，王侃夫. 自动检测与转换技术. 北京：机械工业出版社，2005.

[8] 牟爱霞. 工程检测与转换技术. 北京：化学工业出版社，2005.

[9] 郭爱民. 冶金过程检测与控制. 北京：冶金工业出版社，2004.

[10] 何希才. 传感器及其应用电路. 北京：电子工业出版社，2001.

[11] 张洪润，张亚凡. 传感技术与应用教程. 北京：清华大学出版社，2005.

[12] 周继明，江世明. 传感技术与应用. 长沙：中南大学出版社，2005.

[13] 郁有文，常健. 传感器原理及工程应用. 西安：西安电子科技大学出版社，2000.

[14] 徐甲强，张全法，范福玲. 传感器技术. 哈尔滨：哈尔滨工业大学出版社，2004.

[15] 高晓蓉. 传感器技术. 成都：西南交通大学出版社，2003.

[16] 金发庆. 传感器技术与应用. 北京：机械工业出版社，2002.

[17] 陈杰，黄鸿. 传感器与检测技术. 北京：高等教育出版社，2002.

[18] 沈聿农. 传感器及应用技术. 北京：化学工业出版社，2002.

[19] 常健生. 检测与转换技术（第三版）. 北京：机械工业出版社，2005.

反侵权盗版声明

电子工业出版社依法对本作品享有专有出版权。任何未经权利人书面许可，复制、销售或通过信息网络传播本作品的行为，歪曲、篡改、剽窃本作品的行为，均违反《中华人民共和国著作权法》，其行为人应承担相应的民事责任和行政责任，构成犯罪的，将被依法追究刑事责任。

为了维护市场秩序，保护权利人的合法权益，我社将依法查处和打击侵权盗版的单位和个人。欢迎社会各界人士积极举报侵权盗版行为，本社将奖励举报有功人员，并保证举报人的信息不被泄露。

举报电话：（010）88254396；（010）88258888

传　　真：（010）88254397

E-mail：　dbqq@phei.com.cn

通信地址：北京市海淀区万寿路 173 信箱
　　　　　电子工业出版社总编办公室

邮　　编：100036